Georg Ossian Sars

Fauna Norvegiæ

Vol. I: Descriptions of the Norwegian Species at present Known Belonging to the

Sub-Orders Phyllocarida and Phyllopoda

Georg Ossian Sars

Fauna Norvegiæ
*Vol. I: Descriptions of the Norwegian Species at present Known Belonging to the Sub-Orders
Phyllocarida and Phyllopoda*

ISBN/EAN: 9783337086299

Printed in Europe, USA, Canada, Australia, Japan

Cover: Foto ©berggeist007 / pixelio.de

More available books at **www.hansebooks.com**

FAUNA NORVEGIÆ

Bd. I.

BESKRIVELSE AF DE HIDTIL KJENDTE NORSKE ARTER
AF UNDERORDNERNE

PHYLLOCARIDA og PHYLLOPODA

VED

G. O. SARS

MED 20, TILDELS FARVETRYKTE PLANCHER

CHRISTIANIA
TRYKT I AKTIE-BOGTRYKKERIET
(Forhen: Det Mallingske Bogtrykkeri.)
1896

FAUNA NORVEGIÆ

Vol. I.

DESCRIPTIONS OF THE NORWEGIAN SPECIES AT PRESENT KNOWN
BELONGING TO THE SUB-ORDERS

PHYLLOCARIDA AND PHYLLOPODA

BY

G. O. SARS

WITH 20 PLATES, COLOURED AND UNCOLOURED

CHRISTIANIA
PRINTED BY THE JOINT-STOCK PRINTING COMPANY
(Formerly: Det Mallingske Bogtrykkeri.)
1896

FORTALE.

Nærværende Værk, til hvis Udgivelse Staten har bevilget de fornødne Midler, blev paabegyndt for mere end et Decennium siden; men forskjellige uforudseede Omstændigheder har bevirket, at Udarbeidelsen af samme i længere Tid har maattet standses, saa at forst nu Værket kan udkomme i sin Helhed. Oprindelig var Bevillingen givet til den fortsatte Udgivelse af *Fauna littoralis Norvegiæ*, hvoraf tidligere er udkommet 3 Bind, forfattede dels af min Fader alene, dels af ham i Forening med nu afdøde Overlæge Danielssen og Konservator Koren. Da det forekom mig, at denne Titel paa en mindre heldig Maade vilde komme til at begrændse Stoffet, tillod jeg mig at foreslaa, at Benævnelsen *littoralis* udgik og at Værket herefter skulde udkomme under den her anvendte Titel. Det af mig til nærværende Bind valgte Stof er ogsaa af den Art, at det vanskeligt vilde passe indenfor Rammen af den tidligere Titel, da jo her ikke blot Søåyr, men ogsaa en Del ægte Ferskvandsdyr er omhandlede. Idethele syntes mig, at den mere omfattende Titel, *Fauna Norvegiæ*, bedre maatte kunne svare til sin Hensigt, da der herunder vil kunne leveres Bidrag til Belysning af hvilkensomhelst Branche af vor Fauna, der maatte frembyde en særlig Interesse. I Overensstemmelse med de 3 udkomne Bind af *Fauna littoralis*, tror jeg at nærværende Værk bør indeholde Afhandlinger af en mere udførlig anatomisk-biologisk Character, behandlende visse udvalgte Dele af vor Fauna og udstyrede paa en saavidt muligt tidsmæssig Maade, saavel hvad Text som Plancher angaar. I et andet, paa engelsk skrevet Værk har jeg paabegyndt en Bearbeidelse af vor Fauna efter et herfra temmelig forskjelligt Princip, idet dette Værk er nærmest beregnet paa at

PREFACE.

The present work, for the publication of which the Government has granted the necessary funds, was begun more than ten years ago; but various unforeseen circumstances having combined to put a stop to the preparation of the work for a considerable time, it is only now that it can be published in its entirety. The grant was originally given for the continued publication of *Fauna littoralis Norvegiæ*, of which three volumes had already been published, written partly by my father alone, partly by him in conjunction with the late Dr. Danielssen, and Curator Koren. As it seemed to me that this title would limit the subject-matter somewhat infelicitously, I ventured to suggest that the designation *littoralis* should be struck out, and that the work should hereafter appear under the title here employed. The matter chosen by me for the present volume, is also of such a kind, that it could hardly be included under the former title, as not only marine animals, but also some true fresh-water animals are here treated of. Upon the whole, it seemed to me that the more comprehensive title, *Fauna Norvegiæ*, would better answer its purpose, as under it, contributions might be made to the information concerning any branch of our fauna that might offer special interest. In accordance with the 3 published volumes of *Fauna littoralis*, I think that the present work should contain treatises of a more exhaustive anatomical-biological character, dealing with certain parts of our fauna, and got up as far as possible in a manner suitable to the times, as regards text and plates. In another work, written in English, I have begun an account of our fauna on a very different principle to this, as it is rather calculated to give, as far as possible, a brief,

give en saavidt muligt kortfattet systematisk Oversigt af samtlige hidtil kjendte norske Arter, hvorved der er lagt hovedsagelig Vægt paa dets praktiske Anvendelighed ved Artsbestemmelsen, mindre paa det ydre Udstyr eller paa en mere indgaaende anatomisk Behandling af de enkelte Former. Jeg tror, at zoologiske Arbeider udarbeidede efter ethvert af disse Principer har sin fulde Berettigelse og Nytte Side om Side, og skulde ogsaa af denne Grund ønske, at *Fauna Norvegiæ* blev forbeholdt mere udførlige Monographier af enkelte mindre kjendte Dyreformer eller af begrændsede Grupper, der maatte frembyde en særlig Interesse i anatomisk-biologisk Henseende.

Plancherne til nærværende Bind er i sin Tid udførte paa nu afdøde Lithograf Lynghs Officin, og ved deres Udførelse er anvendt al den Omhyggelighed og Kunst, som da kunde præsteres, saavel hvad Lithographering som Farvetrykning angaar. Texten er i Lighed med de 2 sidste Bind af *Fauna littoralis* og med Nordhavs-Expeditionens Generalberetning, dobbeltspaltet, den ene Spalte norsk, den anden engelsk. Oversættelsen af de 6 første Ark er besørget af nu afdøde Translateur Wilson, Resten af Miss Jessie Muir.

Idet jeg herved fremlægger for Offentligheden 1ste Bind af *Fauna Norvegiæ*, sker det med det Haab, at der maa gives vore fremtidige Zoologer Anledning til at fortsætte dette Værk med flere paafølgende Bind udstyrede paa en for vort Land værdig Maade.

Forfatteren.

systematic survey of all the hitherto known Norwegian species, whereby special importance is laid on its practical applicability in the determination of species, and less on its external get-up, or on a more detailed anatomical treatment of the various forms. I think that zoological works written on these two principles are perfectly legitimate and useful side by side; and I therefore wish that *Fauna Norvegiæ* could be kept for more detailed monographs on certain less familiar animal forms, or of limited groups that offered special interest in an anatomical-biological direction.

The plates to the present volume were executed, in their time, in the late lithographer Lyngh's printing-office, and all the care and art of which that time was capable, both as regards lithography and colour-printing, were employed in their execution. The letter-press is similar to that of the last 2 volumes of *Fauna littoralis*, and to the General Report of the North Atlantic Expedition, being in two columns, the one column Norwegian, the other English. The translation of the first 6 sheets was made by the late Mr. Wilson, translator, the remainder by Miss Jessie Muir.

In now presenting the first volume of *Fauna Norvegiæ* to the public, I do so in the hope that opportunity may be given to our future zoologists to continue this work with successive volumes, got up in a manner worthy of our country.

The Author.

INDHOLD.

CONTENTS.

INDLEDNING.

Crustaceernes vidtloftige Classe inddeles, som bekjendt, ialmindelighed i to store Afdelinger, *Malacostraca*, eller de høiere Krebsdyr, og *Entomostraca*, eller de saakaldte Smaakrebse. Enhver af disse Afdelinger lader sig igjen dele i 4 Grupper eller Ordener. Til den første hører 1) *Podophthalmata*, eller de stilkøiede Krebse (Decapoda, Schizopoda og Stomatopoda), 2) *Cumacea*, 3) *Isopoda* og 4) *Amphipoda*; til den sidste: 1) *Branchiopoda*, 2) *Ostracoda*, 3) *Cirripedia*, og 4) *Copepoda*. Hertil kommer endnu den i mange Henseender meget anomale, og i visse Punkter med Arachniderne beslægtede Gruppe, *Xiphosuræ*, eller Dolkhalerne, som dog af flere Naturforskere ikke henregnes til Crustaceerne, men betragtes som Typen for en egen Arthropodeclasse. Naar undtages denne sidste Gruppe, er alle de øvrige ovenanførte Ordener vel repræsenterede i vor Fauna. For det første vil vi alene komme til at beskjæftige os med den første af de til Entomostraceerne hørende Ordener, *Branchiopoda*. Denne Orden har faaet sit Navn deraf, at et større eller mindre Antal af de bag Munddelene følgende Lemmer antager en eiendommelig bladdannet Structur, der gjør dem fortrinlig skikkede til at fungere som Respirationsorganer, om de end i enkelte Tilfælde paa samme Tid kan fungere som Svømmeapparatur. Undertiden, saaledes hos visse Cladocerer, kan disse Lemmers saavel respiratoriske som motoriske Function være meget reduceret, hvorimod de faar sin væsentligste Betydning som Griberedskaber, der understøtter Munddelene ved at fastholde og bringe til Munden de Fødemidler, hvoraf disse Dyr lever, en Function, som imidlertid ogsaa for en Del kan paavises hos Former med forøvrigt normalt udviklede Branchialfødder, f. Ex. *Apus*. Ogsaa hos fuld-

INTRODUCTION.

As is known, the extensive class Crustacea is, in general, classified into two great divisions viz., *Malacostraca*, or the higher Crustaceans, and *Entomostraca*, or the so-called lower Crustaceans. Each of those divisions may be subdivided, again, into 4 groups or orders. To the first division pertain: — 1) *Podophthalmata* or the stalk-eyed Crustaceans (Decapods, Schizopods and Stomapods), — 2) *Cumacea*, — 3) *Isopoda*, and — 4) *Amphipoda*. To the second division pertain: — 1) *Branchiopoda*, — 2) *Ostracoda*, — *Cirripedia*, and — 4) *Copepoda*. To them is added the *Xiphosuræ*, or sword-tails — in many respects very anomolous, and in certain characters related to the group Arachnida — which are by several naturalists, however, not assigned to the Crustaceans, but is considered to be the type of a special class af Arthropods. With the exception of that last-named group all the other abovementioned orders are well represented in the Norwegian Fauna. At present we shall only occupy ourselves with the first of the orders pertaining to the Entomostracans viz: Branchiopoda. This order has obtained its appellation from the circumstance, that a larger or smaller number of the appendages behind the oral parts assume a peculiar foliaceous structure, which causes them to be admirably adapted to serve as respiratory organs, even although they, in a few cases, may at same time serve as swimming apparatuses. Occasionally, as in certain Cladocerans, both the respiratory and motoric functions of these appendages may be greatly diminished; and their essential importance becomes that of a prehensile-apparatus which aids the oral parts in securing and carrying to the mouth the nutriment upon which these animals feed; a function which

kommen typiske Branchiopoder vil vi finde, at Lemmerne, ved Siden af sin Function som Respirationsorganer, altid er af væsentlig Betydning for Tilveiebringelsen af Foden, idet de ved sine rythmiske Bevægelser frembringer en continuerlig Strømning af Vandet ind mod Munden, hvorved de Smaapartikler, hvoraf Dyret lever, bringes indenfor Munddelenes Omraade. I ethvert Fald maa den ovenomtalte eiendommelige Modification af Lemmerne, hvortil vi egentlig ikke har noget tilsvarende hos andre Crustaceer, betragtes som den for de her omhandlede Dyr vigtigste og mest udprægede Character.

Branchiopoderne indtager i flere Henseender en central Stilling inden Crustaceernes Classe, og Prof. Claus har endog fremsat den Hypothese, at alle nulevende Crustaceer i sidste Instans nedstammer fra en phyllopodeagtig Dyreform (Protophyllopod). Skjondt denne Hypothese af andre Zoologer (Packard) har været bestridt, er der dog al Grund til at antage, at disse Dyr har conserveret adskillige Characterer, der efter al Sandsynlighed er i hoi Grad primitive og maaske endog skriver sig fra de ældste paa vor Klode optrædende Arthropoder. Allerede det i hoi Grad varierende og ofte excessivt forøgede Antal Kropssegmenter, samt disses ialmindelighed mindre skarpt udprægede Gruppering til distincte Kropsafsnit, synes at vise, at vi her har at gjøre med Former af en kun lidet udarbeidet Character, hos hvem endnu ikke det for Nutidens Crustaceer typiske Forhold rigtigt har fæstnet sig; og hvad Lemmernes Bygning angaar, saa er vel alle enige i at de, ialfald hos de typiske Branchiopoder, repræsenterer et mere primitivt Standpunkt end hos nogen af de ovrige Crustacegrupper. Ogsaa hvad den indre Organisation angaar, findes hos de herhen horende Former kun lidet fixerede Forhold, men derimod en Mangfoldighed af Modificationer i Bygningen af snart sagt alle Organer, hvad der ligeledes giver denne Crustacegruppe et ganske eiendommeligt Præg ligeoverfor de ovrige Ordener. Endelig vil vi i disse Dyrs Levevis, Forplantning og Udvikling støde paa baade characteriske Forskjelligheder mellem de forskjellige Former og tildels ganske høist eiendommelige, fra samme hos andre Crustaceer afvigende Forhold. Et noiere Studium af denne Crustacegruppe vil derfor ogsaa være af særlig Interesse, saavel i phylogenetisk som biologisk Henseende og vil passende kunne tjene som Udgangspunkt ved Bearbeidelsen af den her omhandlede Dyrclasse.

may also, to some extent, be demonstrated in forms with otherwise normally developed branchial-legs e. g. *Apus*. Also in perfectly typical Branchiopods we may observe that the appendages, besides their function as respiratory organs, are always of material importance in the procuring of the nutriment, as they by their rhythmical movement produce a continuous current of the water in towards the mouth, by which the minute particles upon which the animal exists are brought within the range of the oral parts. At any rate, the above mentioned peculiar modification of the appendages, to which we meet with nothing really correspondent in other Crustaceans, must be considered to be the most important and prominent characteristic of the animals here spoken of.

The Branchiopods occupy, in several respects, a central position in the class of the Crustaceans, and Prof. Claus has even proposed the hypothesis, that all the now-existent Crustaceans may descend, in the final instance, from a phyllopodous animal-form (Protophyllopod). Although that hypothesis has been rejected by other zoologists (Packard), there is still every reason to assume that those animals have retained several characteristics which are, in all probability in a high degree primitive, and perhaps even emanate from the oldest Arthropods that have appeared on our Earth. The extremely variable and frequently excessively increased number of body-segments, as well as in general their less distinctly prominent grouping into distinct sections, at once appears to point to the circumstance that we have here to do with forms of only vaguely developed character, in which the typical features characteristic of the modernly existent Crustaceans, have not yet become permanently established: and as regards the structure of the appendages all unite, we believe, in the opinion that it, at any rate in the typical Branchiopods, represents a more primitive condition than in, any of the other groups of Crustaceans. Also in regard to the internal organization there is found, in the forms belonging to this order, only little of permanent features but, on the other hand, a multitude of modifications in the structure of, it may be said, all the organs. a circumstance that also imparts to this group of Crustaceans a quite peculiar imprint compared with the other orders. Finally we meet in these animals' mode of life, propagation and development, both characteristic differences between the various forms and partly, also, highly peculiar features differing from those in other Crustaceans. A closer study of this group of Crustaceans will, therefore, prove of special interest, both in phylogenetic and biological respects, and will serve as a suitable point of departure in the treatment of the animal-class here spoken of.

Branchiopodernes Orden lader sig naturligt ind-
dele i 4 underordnede Grupper, eller Underordener,
der saavel hvad den ydre Habitus som den anato-
miske Bygning angaar, skiller sig temmelig skarpt fra
hinanden. Disse Underordener er følgende: 1) *Phyllo-
carida*, 2) *Phyllopoda*, 3) *Cladocera* og 4) *Branchiura*.
De 2 første af disse Underordener vil blive gjorte
til Gjenstand for en nøiere Behandling i nærværende
Bind af *Fauna Norvegiæ*.

The order of Branchiopods may be naturally
divided into 4 subordinate groups or sub-orders,
which, both in regard to external habitus and ana-
tomical structure, distinguish themselves pretty
sharply from each other. These sub-orders are, as
follows viz: 1) *Phyllocarida*, — 2) *Phyllopoda*, —
3) *Cladocera*, and — 4) *Branchiura*. The two first-
named sub-orders will be made the subject of a
closer treatment in the present volume of *Fauna
Norvegiæ*.

Subordo I.

PHYLLOCARIDA

(Leptostraca, Claus).

Character. — Branchiopoder med den forreste Del af Legemet dækket af et stort, mere eller mindre udpræget tveklappet Rygskjold, forsynet fortil med en bevægelig Pandeplade. Den bagre Del af Kroppen cylindrisk, afsmalnende bagtil og endende med 2 bevægelige Grene (Furca), mellem hvilke der undertiden er en dolkformig Haleplade. Øinene stilkede og bevægelige. Begge Par Folere vel udviklede, mangeleddede, 2det Par enkle, hverken locomotoriske eller prehensile. Alle Forkropslemmer bag Munddelene udelukkende respiratoriske; Bagkropslemmerne meget ulig disse og fordetmeste locomotoriske, manglende paa de bagerste Segmenter. Havdyr.

Alm. Bemærkninger. — Typen for denne Underorden er den i mange Henseender høist mærkværdige og anomale Slægt *Nebalia*, om hvis systematiske Stilling der har hersket den største Uenighed blandt Zoologerne. Medens man for ialmindelighed med Milne-Edwards henregnede denne Form til *Phyllopoderne*, har i den nyere Tid, navnlig efter de af Prof. Claus anstillede Undersøgelser, en ganske anden, allerede meget tidlig af enkelte Naturforskere ytret Opfatning vundet Overhaand, nemlig at denne Form slutter sig nærmest til de stilkøiede Krebsdyr, navnlig til visse Schizopoder (Euphausiidæ), og at den saaledes snarere tilhører Malacostraceernes Afdeling end Entomostraceerne. Jeg har paa et andet Sted[1] nærmere udviklet mine Grunde til fremdeles at bibeholde denne Slægt under Entomostraceerne, og blandt disse er Branchiopoderne de, hvormed nær-

[1] Report on the *Phyllocarida*, collected during the Expedition of H. M. S. «Challenger».

Sub-Order I.

PHYLLOCARIDA

(Leptostraca, Claus).

Characters. — Branchiopods, with the foremost portion of the body covered by a large, more or less distinctly bi-lobate carapace, furnished anteriorly with a mobile frontal plate. The posterior portion of the body cylindrical tapering backwards, and terminating in 2 mobile rami (furca), between which there is occasionally a mucroniform caudal plate. Eyes pedunculated and mobile. Both pairs of antennæ well developed, multiarticulate; 2nd pair simple, neither locomotory nor prehensile. All the appendages of the anterior division of the body behind the oral parts, exclusively respiratory. The appendages of the posterior division of the body very unlike the former and chiefly locomotory; absent on the posterior segments. Marine animals.

General remarks. The type of this sub-order is — the in many respects highly remarkable and anomalous genus — *Nebalia*, regarding whose systematic position the greatest difference of opinion has prevailed among zoologists. Whilst, previously, zoologists in general agreed with Milne-Edwards in assigning this form to the *Phyllopods*, there has prevailed in later times, especially since the result of the investigations made by Prof. Claus, a quite different opinion, which already much earlier was expressed by a few naturalists, viz: that this form approximates closest to the stalk-eyed Crustaceans, especially to certain Schizopods (Euphausiidæ), and that it, therefore, pertains rather to the Malacostracan than to the Entomostracan division. I have elsewhere[1] explained, in greater detail, my reasons for still retaining this genus under the Entomo-

[1] Report on the *Phyllocarida* collected during the Expedition of H. M. S. «Challenger».

værende Form viser mest Afinitet. At den imidlertid ikke længere kan opfattes som en virkelig Phyllopode, derom kan der vel neppe for Tiden være mere end en Mening, efterat dens anatomiske Bygning, navnlig ved Prof. Claus's udmærkede Undersøgelser, er bleven noiere udredet. Spørgsmaalet er nu, om de Eiendommeligheder, denne Form viser i anatomisk Henseende, gjør det absolut nødvendigt at skille den helt ud fra de øvrige Entomostracæer som Typen for en egen Orden. Saagodtsom samtlige Forskere synes for Tiden i Virkeligheden at være af denne Mening, og baade Packard's Benævnelse *Phyllocarida* og den af Claus foreslaaede *Leptostraca* er beregnet paa at udtrykke en distinct Orden. Undersøger vi imidlertid, hvorledes Forholdet er med de for Tiden ialmindelighed til Branchiopodernes Orden henførte Former, saa vil vi ogsaa her støde paa særdeles store og væsentlige Forskjelligheder i den anatomiske Bygning; ja de saakaldte *Branchiurer* (Argulus), som vel de fleste Forskere nu er enige om at henføre til Branchiopodernes Orden, forekommer mig endog, saavel hvad den ydre Habitus som den indre Organisation og Levevis angaar, at skille sig endnu betydelig mere fra de typiske Branchiopoder end Tilfældet er med *Nebalia*. Hos denne sidste Slægt er der ialfald en Character, og det netop den for Branchiopodernes Orden mest betegnende, der staar i den bedste Harmoni med hvad vi finder som typiskt for denne Krebsdyrgruppe; jeg mener Forkropslemmernes Bygning. Disse viser ikke blot ved sin udpræget bladdannede Form den største Lighed med samme hos virkelige Branchiopoder; men, hvad der er af end større Vægt, deres respiratoriske Function er fuldkommen ligesaa tydeligt udpræget som hos de mest typiske Former blandt hinc. Alene denne ene Character synes mig at maatte stemple Slægten *Nebalia* som en veritabel Branchiopode, og ialfald at være af adskillig større Vægt end Mesteparten af de Characterer, man har anført for at modbevise en saadan Antagelse, og hvoraf flere faktisk er fuldstændig ubrugelige. Efter min Mening bør derfor Slægten *Nebalia* henføres til Branchiopodernes Orden, om den end her maa danne Typen for en egen, i visse Henseender meget anomal Afdeling eller Underorden, for hvilken den først af Packard foreslaaede Benævnelse *Phyllocarida* vil kunne beholdes.

I den nyere Tid har man troet i nogle, tildels kjæmpemæssige, fossile Former fra den palæozoiske Formation (*Ceratiocaris, Dithyrocaris* etc.) at gjenkjende visse for Slægten *Nebalia* eiendommelige Characterer, saaledes Legemets almindelige Form, Udviklingen af Rygskjoldet og navnlig den meget characteristiske bevægelige Pandeplade; og, skjøndt

stracans, and among these the Branchiopods are those with which the present form exhibits most affinity. That it may, however, be no longer regarded as a genuine Phyllopod, there can, now be scarcely any diversity of opinion since its anatomical structure has been precisely elucidated, especially through Prof. Claus's admirable investigations. The question now is, whether the peculiarities this form exhibits in anatomical respects makes it absolutely neccessary to separate it entirely from the other Entomostracans, as the type of a special order. Nearly all investigators appear, at present, to really entertain that view, and both Packard's appellation, *Phyllocarida*, and that proposed by Claus, *Leptostraca*, are intended to express a distinct order. If we, however, investigate what the relations of the forms at present generally assigned to the order of Branchiopods are, we will also here meet with particularly great and material divergencies in the anatomical structure; indeed the so-called *Branchiura* (Argulus), which most investigators are now, we think, unanimous in assigning to the order of Branchiopods, yet appears to me, both in regard to external habitus, internal organization, and the mode of life, to distinguish itself even more considerably from the typical Branchiopods than is the case with *Nebalia*. In the latter genus there is, at any rate, one character, and just the one most characteristic of the order of Branchiopods, which stands in the most perfect harmony with what we find to be typical in that group of Crustaceans. I refer here to the structure of the appendages of the anterior division of the body. These exhibit, not only in their distinguished foliaceous form the greatest similarity with the same limbs in genuine Branchiopods, but, what is of still greater importance, their respiratory function is perfectly as prominent as in the most typical form of Branchiopods. That single characteristic alone, it appears to me, must stamp the genus *Nebalia* as a true Branchiopod, and, in any case, is of considerably more importance than the greater part of the characteristics that have been adduced to disprove such an assumption, and some of which are really perfectly unserviceable. In my opinion the genus *Nebalia* ought, therefore, to be assigned to the order of Branchiopods, even although it here must form the type of a special, in certain respects very anomalous division or suborder, for which the appellation *Phyllocarida*, first proposed by Packard, may be retained.

In later times it has been thought, that we, in some partly gigantic fossil forms from the Paleozoic formation (*Ceratiocaris, Dithyrocaris* &c.) were able to recognize certain characteristics peculiar to the genus *Nebalia*, for instance the general form of the body, the development of the carapace, and especially the very characteristic mobile frontal

disse Formers Organisation forovrigt kun er yderst ufuldstændigt kjendt (endnu har man saaledes ingensomhelst Kjendskab til Lemmernes Beskaffenhed hos disse Former), har Packard nylig indbefattet dem under samme Gruppe (Orden) som *Nebalia*. Uagtet jeg for flere af disse fossile Formers Vedkommende anser det for meget tvivlsomt, hvorvidt de lader sig henfore til denne Gruppe, har jeg dog forsogt at give den ovenstaaende Diagnose af Underordenen en saavidt rummelig Character, at de nævnte fossile Former til Nod lader sig indbefatte under samme. De faa hidtil kjendte levende Former horer utvivlsomt alle til en og samme Familie, der passende vil kunne benævnes efter den først opstillede og derfor typiske Slægt.

plate; and although the organization of those forms is, otherwise, extremely imperfectly known (we have, for instance, not the slightest knowledge of the nature of the appendages in those forms), Packard has lately included them in the same group (order), as *Nebalia*. Although I, in regard to several of those fossil forms, consider it very doubtful whether they can be assigned to that group, I have yet endeavoured to give the above diagnosis of the sub-order such a broad character, that the fossil forms referred to, may, if necessary, be included in it. The few hitherto known living forms all belong, undoubtedly, to one and the same family, which may suitably be named after the first established and therefore typical genus.

Fam. Nebaliidæ.

Character. — Legemet mere eller mindre forlænget, successivt afsmalnende bagtil, uden skarpt markeret Begrændsning mellem For- og Bagkrop. Rygskjoldet kun helt fortil umiddelbart forbundet med Legemet, sammentrykt, tveklappet, Valvlerne bevægelige og sammenholdte ved en tydelig Adductormuskel; Pandepladen tungedannet, forbundet med Rygskjoldet ved et tydeligt Led. Truncus løst overdækket af Rygskjoldet og delt i 8 fuldstændige Segmenter af ens Udvikling. Bagkroppen bestaaende af 2 mere eller mindre tydeligt begrændsede Afsnit, hvert sammensat af 4 Segmenter. Øinene fæstede tæt sammen under Basis af Pandepladen og divergerende til hver Side. Begge Par Følere kraftigt udviklede, subpediforme, Skaftet dobbelt knæboiet, Svoben mangeleddet; de ovre med et lamelleformigt børstebesat Vedhæng ved Enden af Skaftet. Kindbakkerne forholdsvis smaa, men med vel udviklet Palpe; Tyggedelen hovedsagelig repræsenteret af Molarprocessen. 1ste Par Kjæver med 2 indadrettede Tyggelappe og en lang, børsteformig, bagudrettet Palpe; 2det Par lamellære, med mere eller mindre udviklet Palpe og Exognath. 8 Par mere eller mindre udpræget bladdannede, respiratoriske Lemmer tilstede paa Forkroppen, bestaaende af Endo-, Exog og Epipodit, den første mere eller mindre forlænget, med Inderkanten tæt børstebesat, men uden tydelige Enditer eller Flige. De 4 forreste Par Bagkropslemmer omformede til kraftige, tvegrenede Svømmefødder; de 2 følgende Par rudimentære. De 2 sidste Segmenter uden Bnglemmer. Halegrenene simple, lineære eller lamellære, tæt børstebesatte

Fam. Nebaliidæ.

Characters. — Body more or less prolonged, tapering backwards gradually, without sharply defined demarcation between the anterior and posterior divisions. Carapace attached, only quite in front, immediately to the body, compressed, bilobate, the valves mobile and kept together by a distinct adductor muscle. Frontal plate linguiform, attached to the carapace by a distinct joint. Truncus loosely covered by the carapace and divided into 8 perfect segments of uniform development. The posterior division of the body consisting of 2 more or less distinctly defined sections, each composed of 4 segments. Eyes secured close together below the base of the frontal plate, and divergent to each side. Both pairs of antennæ powerfully developed, subpediform, peduncle double-geniculated, flagellum multiarticulate; the superior ones with a lamelliform setous appendage at the extremity of the peduncle. Mandibles relatively small, but with well developed palp; the masticatory part represented chiefly by the molar expansion. First pair of maxillæ with two inwardly directed masticatory lobes and a long setaceous palp directed backwards; 2nd pair lamellar with more or less developed palp and exognath. Eight pairs of more or less prominently foliaceous respiratory appendages present on the anterior division of the body, consisting of endo-, exo-, and epipodite; the first more or less prolonged, with the inner edge closely beset with bristles but without distinct endites or laps. The 4 foremost pairs of appendages of the posterior division of the body transformed into

ved Spidsen og i Inderkanten. Ingen median Haleplade tilstede. Den indre Organisation nærmest lig samme hos Amphipoderne. Æggene gjennemgaar sin Udvikling indenfor Rygskjoldets Valvler, mellem Forkroppens Branchialfødder. Ungens Udvikling directe, uden Metamorphose.

Bemærkninger. — Indtil for ganske nylig kjendte man af nærværende Familie kun en eneste Slægt nemlig Slægten *Nebalia*. Under Challenger-Expeditionen blev imidlertid opdaget 2 herhen hørende Former, der begge danner Typer for særskilte Slægter og nærmere er omtalte i min Bearbeidelse af de under denne Expedition indsamlede Phyllocarider. Begge disse Slægter udmærker sig ved den eiendommelige Udvikling af Branchialfødderne. Medens disse hos den ene Slægt, *Paranebalia* Claus, er, navnlig hos Hunnen, ualmindelig stærkt forlængede, saa at de i visse Henseender selv minder om Forkropslemmerne hos visse Schizopoder (Euphausiidæ), er de hos den anden Slægt, *Nebaliopsis* G. O. Sars, reducerede til mèget smaa, utydeligt lappede, membranøse Plader, der viser endnu mindre Lighed med sædvanlige Fødder end hos de mest typiske Branchiopoder. Den 3die Slægt, *Nebalia*, staar i Henseende til Branchialføddernes Udvikling paa en Maade midt imellem hine 2 Slægter og repræsenterer saaledes det for Familien typiske Forhold. I Henseende til den øvrige Organisation synes der ikke at være synderlig stor Forskjel mellem de 3 Slægter, omend man ogsaa her forefinder Characterer af utvivlsom generisk Betydning. Alene den typiske Slægt, *Nebalia*, er repræsenteret i vor Fauna.

Gen. Nebalia, Leach.

Slægtscharacter. — Rygskjoldet stærkt sammentrykt, bagtil i Midten dybt indbugtet, Sidelappene af betydelig Størrelse, bredt afrundede og dækkende næsten hele det forreste Afsnit af Bagkroppen. Pandepladen smalt tungeformig, med eller uden terminal Spina. Truncus forholdsvis kort. Bagkroppen betydelig længere end Forkroppen, jevnt afsmalnende bagtil, uden skarp Begrændsning mellem det forreste og bagerste Afsnit. Øinene mere eller mindre udviklede, hvert ved Basis dækket af en tilspidset, skjælformig Plade. De øvre Følere kortere end de nedre, Skaftet 4-leddet, med en stærk knæformig Bøining mellem 2det og 3die Led; sidste Led noget udvidet mod Enden og løbende fortil ud i et kort,

powerful bifurcate swimming legs; the 2 succeeding pairs rudimentary. The 2 last segments without any ventral appendages. Caudal rami simple, linear or lamellar, closely beset with bristles at the tip and on the inner edge. No medial caudal plate. Internal organization approximating closest to that of the Amphipods. The ova undergo their development inside the valves of the carapace, between the branchial legs of the anterior division of the body. The development of the young direct, without any metamorphosis.

Remarks. — Until quite lately we knew only a single genus of this family viz., the genus *Nebalia*. There were collected on the Challenger Expedition, however, 2 forms pertaining to the family, which both form types of special genera, and are more particularly described in my Report of the Phyllocarida collected by that Expedition. Both of those genera distinguish themselves by the peculiar development of the branchial legs. Whilst these in the one genus, *Paranebalia*, Claus, are, especially in the female, unusually greatly prolonged, so that in certain respects they even remind one of the appendages of the anterior division of the body in certain Schizopods (Euphausiidæ), they are in the other genus, *Nebaliopsis*, G. O. Sars, reduced to very small, indistinctly lobate membranous plates that show still less resemblance to ordinary legs than in the most typical Branchiopods. The 3rd genus, *Nebalia*, stands, in regard to the development of the branchial legs, in a manner intermediate between those two genera, and thus represents the relation that is typical of the family. In regard to the rest of the organization there does not appear to be any material difference between the 3 genera, although we, here, also find characteristics of indubitable generic importance. Only the typical genus, *Nebalia*, is represented in the Norwegian Fauna.

Gen. Nebalia, Leach.

Generic characters. — Carapace greatly compressed, deeply insinuated in the middle posteriorly, the lateral lobes of considerable size, broadly rounded and covering nearly the entire front section of the posterior division of the body. Frontal plate narrow linguiform, with or without terminal spina. Truncus relatively short. The posterior division of the body considerably longer than the anterior division, tapering evenly backwards, without sharp demarcation between the foremost and hindmost sections. Eyes more or less developed, each covered at the base by an acuminate squamiform plate. Superior antennæ shorter than the inferior ones; peduncle 4-jointed with a strong geniculate bend

simpelt triangulært Fremspring; det lamelleformige Vedhæng ovalt, tæt haaret; Svoben hos Hannen mere forlænget end hos Hunnen og forsynet med talrige krandsformigt stillede Sandsebørster. De nedre Følere med Skaftet 3-leddet, 2det Led ved Enden fortil gaaende ud i et kort tandformigt Fremspring og dannende med sidste Led en knæformig Bøining; Svoben hos Hannen overordentlig tynd og forlænget. Kindbakkernes Palper meget store, 3-leddede, sidste Led sammentrykt, lineært, stumpt tilrundet i Enden og tæt børstebesat langs Inderkanten. 1ste Par Kjæver med begge Tyggelappe korte, den yderste bredest, Palpen stærkt forlænget, besat med lange stive Børster; 2det Par med vel udviklet 2-leddet Palpe og smal elliptisk Exognath. Branchialfødderne ganske dækkede af Rygskjoldets Valvler; Endopoditen jevnt afsmalnende mod Enden, hos Hunnen stærkere forlænget end hos Hannen samt ved Spidsen besat med lange, cilierede Børster; Exopoditen lamelleformig, bredt oval; Epipoditen meget stor, pladeformig, saavel oventil som nedentil uddraget til en lamellær Lap. Svømmefødderne kraftigt udviklede, den ydre Gren kortest og i Yderkanten bevæbnet med stærke Torner, den indre smalt lancetformig. Halegrenene lineære, stærkere forlængede hos Hannen, tæt børstebesatte langs Inderkanten og i Spidsen.

Bemærkninger. — Fra de 2 ovennævnte Slægter, *Paranebalia* og *Nebaliopsis*, er nærværende Slægt, foruden ved Branchialfødderness forskjellige Udseende, blandt andet characteriseret ved Rygskjoldets Form, som navnlig hos Slægten *Nebaliopsis* er temmelig afvigende, fremdeles ved de eiendommelige skjælformige Øienplader, ved Følernes Bygning og navnlig disses eiendommelige Udvikling hos Hannen, endelig ved Kjævernes Bygning. Ogsaa i det indbyrdes Forhold mellem de forskjellige Kropsafsnit er der charactreristiske Differentser mellem de 3 Slægter. — Man kjender for Tiden med Sikkerhed kun 2 Arter af denne Slægt, som begge forekommer hos os og nedenfor vil blive noiere beskrevne [1].

between the 2nd and 3rd joints; last joint somewhat expanded towards the extremity and, anteriorly, produced to a short plain triangular projection; the lamelliform appendage oval, densely hirsute; flagellum in the male more prolonged than in the female, and furnished with numerous verticilate sensory bristles. Inferior antennæ with the peduncle 3-jointed, 2nd joint, at the anterior extremity, produced to a short dentiform projection, and forming with the last joint a geniculate bend; flagellum in the male extremely slender and prolonged. Mandibular palps very large, 3-jointed, last joint compressed, linear, bluntly rounded at the extremity, and closely beset with bristles along the inner edge. First pair of maxillæ with both masticatory lobes short, the outer one broadest, palp greatly prolonged, beset with long stiff bristles; 2nd pair with well developed 2-jointed palp and small elliptical exognath. Branchial legs quite covered by the valves of the carapace, the endopodite diminishing uniformly towards the extremity, more prolonged in the female than in the male, and at the extremity beset with long ciliated bristles; the exopodite lamelliform, broadly oval; the epipodite very large, lamelliform, drawn out above and below to a lamellar lappet. Natatory legs powerfully developed, the outer ramus shortest and on the outer margin beset with strong spines; the inner ramus narrow lanceolate. Caudal rami linear, more prolonged in the male, closely beset with bristles along the inner edge and at the tip.

Remarks. — The present genus is, besides by the different appearance of the branchial legs, among other things distinguished from the 2 above-mentioned genera, *Paranebalia* and *Nebaliopsis*, by the form of the carapace, which, especially in the genus *Nebaliopsis* is pretty different; further, by the peculiar squamiform ocular, plates, the structure of the antennæ and especially their peculiar development in the male, and finally by the structure of the maxillæ. In the mutual relations, also, between the various sections of the body, there are characteristic divergencies between the 3 genera. At present we know, with certainty of only 2 species of this genus, both of which belong to the Norwegian Fauna and will be more particularly described in the sequel [1].

---

[1] Den af Thomson (Ann. Nat. Hist. Ser. 6. Vol. 4), fra New Zeeland anførte *N. longicornis* tør dog, efter Lokaliteten at dømme, repræsentere en egen Art. Det afbildede Exemplar, en fuldt udviklet Han, ligner imidlertid særdeles meget Hannen af vor *N. bipes*.

[1] *N. longicornis* mentioned by Thomson, from New Zealand, (Ann. Nat. Hist. Ser. 5, Vol. 4) may, however, judged by its locality, represent a distinct species. The specimen illustrated, a fully developed male, resembles, however, very greatly the male of the northern *N. bipes*

1. Nebalia bipes (Fabr).

1. Nebalia bipes (Fabr).

(Tab. I, Fig. 1—3; Tab. II og III; Tab. IV, Fig. 1—8; Tab. V).

(Pl. I, figs. 1—3; Pl. II and III; Pl. IV, figs. 1—8; Pl. V.).

Cancer bipes, O Fabricius, Fauna Grönlandica n. 223.
Cancer gamarellus bipes, Herbst, Geschichte der Krabben etc. II, III.
Nebalia Herbstii, Leach, Zool. miscell. I, p. 100.
— — Milne—Edwards, Hist. nat. des Crustacés. III, p. 356.
Nebalia Montagui, Thompson, Zool. Researches.
Nebalia bipes, Kröyer, Grönlands Amphipoder, p. 91.
— — Naturh. Tidsskr. 2den Række, II, p. 436.
— — Gaimard's Voyage en Scandinavie, Pl. 40, Fig. 2, a—x.
— Baird, British Entomostraca.
Nebalia Geoffroyi, Milne—Edwards, Ann. d. sc. nat. 1828.
— — M—Edwards, Hist. nat. d. Crustacés. III.
— — Claus, Zeitschr. f. wissensch. Zoologie, XXII, p. 323, Tab. XXV.
— — Claus, Untersuchungen zur Erforschung der genealogischen Grundlage des Crustaceen-systems, p. 24, Tab. XV, Fig. 4—6.
Nebalia bipes, A. S. Packard, A Monograph of the Phyllopod Crustacea of North America, with Remarks on the Order Phyllocarida, p. 432, Pl. XXXVI—XXXVII.

Cancer bipes, O. Fabricius, Fauna Grönlandica n. 223.
Cancer gamarellus bipes, Herbst, Geschichte der Krabben &c. II, III.
Nebalia Herbstii, Leach, Zool. miscell. I. p. 100.
— — Milne—Edwards, Hist. nat. des Crustacés, III.
p. 356.
Nebalia Montagui, Thompson, Zool. Researches.
Nebalia bipes, Kröyer, Grönlands Amphipoder, p. 91.
— — Naturh. Tidsskr. 2 Series, II, p. 436.
— — Gaimard's Voyage en Scandinavie, Pl. 40, fig. 2, a—x.
— Baird, British Entomostraca.
Nebalia Geoffroyi, Milne—Edwards, Ann. de sc. nat. 1828.
— — M-Edwards, Hist. nat. d. Crustacés, III.
— — Claus, Zeitschr. f. wissensch. Zoologie, XXII, p. 323, Pl. XXV.
— — Claus, Untersuchungen zur Erforschung der genealogischen Grundlage des Crustaceen-systems, p. 24, Pl. XV, fig. 4—6.
Nebalia bipes, A. S. Packard, A Monograph of the Phyllopod Crustacea of North America, with Remarks on the order Phyllocarida. p. 432, Pl. XXXVI—XXXVII.

Artscharacter. — Legemet af temmelig slank Form, navnlig hos Hannen. Rygskjoldet af betydelig Størrelse, seet fra Siden hos Hunnen af oval, hos Hannen af elliptisk Form, omtrent lige hoit fortil som bagtil. Pandepladen jevnt tilrundet i Enden, uden terminal Spina. Øinene vel udviklede, noget sammentrykte, med den ydre Del noget udvidet og skjævt afrundet, Pigmentet af mørkerød Farve. De øvre Følere hos Hunnen omtrent af Forkroppens Længde, med Svøben omtrent saa lang som Skaftet og det lamelleformige Vedhæng ovalt; hos Hannen betydelig stærkere forlængede, med Svøben mere end dobbelt saa lang som Skaftet og det lamelleformige Vedhæng smalt elliptiskt. De nedre Følere hos Hunnen ½ Gang til saa lange som de øvre; hos Hannen af hele Legemets Længde, med Svøben overordentlig tynd og forlænget. Branchial-føddernes Epipodit meget stor, elliptisk, med den nedre Lap af samme Størrelse som den øvre. 1ste Par Svømmefødder med Yderkanten af den ydre Gren tandet i hele sin Længde. Halegrenene hos Hunnen omtrent saa lange som de 2 sidste Bagkrops-segmenter tilsammen, hos Hannen af mere end den dobbelte Længde. Farven varierende fra' lyst hvid-gult til intensiv rodbrun. Legemets Længde indtil 12 mm.

Bemærkninger. — Den middelhavske Form, N. Geoffroyi, M. Edw., hvoraf jeg har havt Exemplarer til Undersogelse, tagne af min Fader ved Neapel, synes i ingensomhelst Henscende at skille sig fra vor nordiske Form, der utvivlsomt er identisk med Fabricius's Art. Det samme er ogsaa Tilfældet med N. Herbstii Leach og N. Montagui Thomp-

Specific characters. — Body of rather slender form, especially in the male. Carapace of considerable size, viewed laterally in female oval, in male elliptical in form, about the same height in front as behind. Frontal plate evenly rounded at the extremity, without terminal spina. Eyes well developed, somewhat compressed, with the outer part somewhat expanded and obliquely rounded, pigment of dark red colour. Superior antennæ in female about the length of the anterior division of the body, with the flagellum about as long as the peduncle and the lamellar appendage oval; in male considerably more prolonged, with the flagellum more than twice as long as the peduncle, and the lamelliform appendage narrow elliptical. Inferior antennæ in female half again as long as the superior ones; in male as long as the entire body, with the flagellum extremely thin and prolonged. Epipodite of the branchial legs very large, elliptic, with the lower lobe of same size as the upper one. First pair of swimming legs dentated along the entire length of the exterior edge of the outer ramus. Caudal rami in female about as long as the 2 last segments of the posterior division of the body together; in male more than twice the length. Colour varying from light whity-yellow to intense red-brown. Length of the body reaching 12 m. m.

Remarks. — The Mediterranean form, N. Geoffroyi, M. Edw. of which I have had specimens for investigation, collected by my father off Naples, appears in no respect, whatever, to distinguish itself from our northern form, which is, undoubtedly, identical with Fabricius's species. The same is also the case with N. Herbstii Leach, and N. Montagui Thompson.

son. Overhovedet synes kun denne ene Art at være observeret af andre Forskere. Fra den følgende meget nærstaaende, skjøndt sikkert specifiskt forskjellige Form er den strax kjendelig ved de vel udviklede og med tydeligt Pigment og Synselementer forsynede Øine, samt ved Pandepladens forskjellige Form.

Altogether, only this single species appears to have been observed by other investigators. From the following very closely related, although certainly specifically different, form, it is immediately distinguishable by the well developed eyes furnished with distinct pigment and visual elements, and also by the different form of the frontal plate.

Beskrivelse af Hunnen.

Legemets Længde, regnet fra Spidsen af Pandepladen til Enden af de sammenlagte Halegrene, er hos de største af mig observerede Exemplarer, tagne ved Lofoten, omtrent 12 mm. Exemplarer fra vor Syd- og Vestkyst er ialmindelighed noget mindre. Legemets Form (se Tab. I, Fig. 1 og 2) maa idethele siges at være temmelig slank, især naar man observerer Dyret i levende Tilstand. Paa de i Spiritus opbevarede Exemplarer synes ialmindelighed Legemet noget kortere og mere undersætsigt paa Grund af en ved Spiritusens Action frembragt kjendelig Contraction i Ledføiningerne mellem de forskjellige Segmenter; noget der ogsaa bemærkes paa de fleste af andre Forskere givne Figurer af dette Dyr. Hele den forreste Halvpart af Legemet dækkes mere eller mindre fuldstændigt af Rygskjoldet, bag hvilket den bagtil successivt afsmalnende og meget bevægelige Hale rager frit frem. Den habituelle Lighed med en Copepode (navnlig visse Herpacticider) er umiskjendelig og bliver endmere paafaldende, naar man observerer Dyret i levende Tilstand, idet Bevægelserne foregaar paa en fuldkommen lignende Maade.

Rygskjoldet er meget stærkt sammentrykt fra Siderne, saa at dets Brede kun lidet overgaar den halve Høide, og, da det desuden mellem sine Sidedele fuldstændig indeslutter ikke blot Munddelene, men ogsaa alle følgende Forkropslemmer (Branchialfødderne). har det mere Lighed med en tveklappet Skal. saaledes som vi finder det hos visse Phyllopoder og Cladocerer. Ogsaa i andre Henseender er denne Lighed tydeligt fremtrædende. Saaledes vil man finde, at dette Rygskjold kun paa et meget indskrænket Omraade helt fortil og oventil, danner den umiddelbare Kropsvæg (se Tab. II. Fig. 1), medens det forøvrigt kun ganske løst dækker Legemet, som derfor frit kan bevæges indenfor samme. Endelig kan de 2 Sidedele, eller Valvler, ligesom hos de ovennævnte Branchiopoder, bevæges imod hinanden ved Hjælp af en stærk transversal Adductormuskel (Tab. II, Fig. 7, ms), der lige bag Munddelene forbinder de 2 Valvler med hinanden. Insertionen af denne Adductormuskel er ogsaa udvendigt meget tydeligt at se i den forreste Del af hver Valvel, nærmere Dorsalsiden, i Form af en vel begrændset oval Area, hvori bemærkes en Ansam-

Description of the female.

The length of the body measured from the tip of the frontal plate to the extremity of the caudal rami is, in the largest specimens that I have observed, taken off Lofoten, about 12 mm. Specimens from the south and west coasts of Norway are generally somewhat smaller. The form of the body (see Pl. I fig. 1 and 2) must be said to be, on the whole, rather slender, especially when the animal is observed in the living state. In specimens preserved in alcohol, the body appears, in general, to be somewhat shorter and stouter, owing to an appreciable contraction of the articulations between the various segments, produced by the influence of the alcohol, a circumstance also noticed in the illustrations of this animal supplied by most other naturalists. The entire foremost half of the animal is covered more or less completely by the carapace, behind which the gradually backwards-diminishing and very mobile tail projects freely. The habitual resemblance to a Copepod (especially certain Harpacticids) is unmistakeable and becomes still more conspicuous when we observe the animal in the living state, as the movements occur in an exactly similar manner.

The carapace is very strongly compressed from the sides, so that its breadth but little exceeds half the height, and, besides, as it completely encloses between its lateral parts not only the oral parts but also all the succeeding appendages of the anterior division of the body (the branchial legs), it has more of resemblance to a bivalve shell, such as we find it in certain Phyllopods and Cladoceres Also in other respects is this resemblance distinctly prominent. We may thus observe that this carapace forms, only within a very limited space quite in front and above, the immediate wall of the body (see Pl. II fig. 1), whilst it, otherwise, only quite loosely covers the body, which can therefore move itself freely within it. Finally, the 2 lateral parts or valves can, as in the above-mentioned Branchiopods, be moved towards each other with the aid of a powerful transversal adductor muscle (see Pl. II fig. 7, ms.) which immediately behind the oral parts connects the 2 valves to each other. The insertion of this adductor muscle may also be very distinctly observed from the exterior, in the foremost part of each valve next the dorsal side, in the form of

11

ling af klare Pletter (lucid spots), svarende til de enkelte Bundter af Adductormuskelen (se Fig. 1 ms). Nogen virkelig Laasrand, saaledes som hos Ostracoderne og enkelte Phyllopoder (Estheria, Limnetis), er imidlertid ikke tilstede, idet de 2 Valvler dorsalt gaar umærkeligt over i hinanden med en jevn Krumning. Seet fra Siden (Tab. I, Fig. 1) har Rygskjoldet en noget uregelmæssig oval, eller næsten rhombisk Form, med omtrent samme Høide fortil som bagtil. Rygkanten er ganske svagt buet og danner med de skraat afskaarne bagre Kanter en meget stump Vinkel. Fortil udgaar fra Rygskjoldet øverst den bevægelige Pandeplade, som i denne Stilling tager sig ud som et tilspidset, noget nedadboiet Pandehorn. Imellem denne og de forreste, noget udbuede Kanter af Rygskjoldet er der et smalt Indsnit, hvorfra Øinene rager frem. De nedre Kanter er i sin forreste Del stærkt buede, længere bagtil næsten lige, og forbinder sig under en stærk Krumning med de bagre Kanter, hvorved fremkommer til hver Side en afrundet Sidelap, der næsten rækker lige til Enden af Bagkroppens 4de Segment. Ovenfra seet (Fig. 2) viser Rygskjoldet sig meget smalt og stærkere afsmalnende fortil end bagtil, hvor det har en dyb, i Bunden smalt afrundet median Indbugtning, der skiller de 2 Sidelappe fra hinanden. Ved den forreste Ende af Rygskjoldet sees Pandepladen, som nu viser en smal tungedannet Form, med Enden jevnt afrundet (se ogsaa Tab. II, Fig. 2). Den er forbundet med Rygskjoldet ved et tydeligt Led, saa at den ved særegne Muskler kan snart rettes lige fortil, snart indboies mod Forkanten, i hvilket Tilfælde den ligesom et Laag dækker fortil for Indgangen til Rygskjoldets Hule. Rygskjoldet er ganske glat, uden nogen tydeligt udpræget Sculptur og uden Børster eller Torner, af temmelig tynd, boielig, chitinøs Consistens og halvt gjennemsigtigt, saa at den indenfor liggende Krop tilligemed dens Lemmer kan skimtes igjennem samme.

For noiere at kunne undersøge denne sidste, er det imidlertid hensigtsmæssigt at fjerne den ene af Rygskjoldets Valvler (se Tab. II, Fig. 1). Det viser sig da, at Legemet i sin hele Længde er tydeligt segmenteret, og at Segmenterne grupperer sig til vel markerede Kropsafsnit. Man kan ialt adskille 4 saadanne Afsnit, hvoraf de 2 tilhører Forkroppen, de 2 øvrige Bagkroppen. Det forreste Afsnit af Forkroppen kan passende benævnes Hovedet (Cephalon), da det, foruden Øinene, kun bærer de 2 Par Følere og de egentlige Munddele (Over- og Underlæbe, Kindbakkerne og 2 Par Kjæver). Dets dorsale Parti, der er af betydelig større Udstrækning end dets ventrale, er fast forbundet med Rygskjoldet,

a well defined oval area, in which are observed a number of lucid spots corresponding to the individual bundles of the adductor-muscle (see fig. 1, ms). A true cardinal margin, such as appears in the Ostracods and some Phyllopods (Estheria, Limnetis), does not, however, exist, as the 2 valves pass dorsally, imperceptibly into each other by an even curvature. Viewed laterally (Pl. I, fig. 1) the carapace has a somewhat irregular oval or almost rhomboid form, having nearly the same height in front as behind. The dorsal margin is quite gently curved, and forms with the obliquely truncated posterior margins a very obtuse angle. The mobile frontal plate issues anteriorly from the upper part of the carapace, and in this situation appears as an acuminate, somewhat downwards-bent rostrum. Between it and the foremost somewhat bulging edges of the carapace, there is a narrow incision from which the eyes project. The lower edges are in their foremost portion greatly curved, but further back almost straight, and unite with a strong curve to the posterior edges, whereby is formed on each side a rounded lateral lobe that almost extends to the extremity of the 4th segment of the posterior division of the body. Viewed from above (fig. 2) the carapace appears very narrow and diminishing more rapidly in front than behind, where occurs a deep median sinus narrowly rounded at the bottom, which separates the 2 lateral lobes from each other. At the foremost extremity of the carapace appears the frontal plate, which now exhibits a narrow linguiform shape with the extremity evenly rounded (see also Pl. II fig. 2). It is connected to the carapace by a distinct articulation, so that it can by means of special muscles be directed, now straight forward now bent in towards the anterior margin, in which case it, like a lid, covers in front the entrance to the cavity of the carapace. The carapace is perfectly smooth, without any distinctly marked sculpture, and is devoid of bristles or spines; of rather thin, flexible, chitinous consistency and semi-transparent, so that the enclosed body with its appendages may be observed through it.

In order to closely investigate the last-named, it becomes desirable to remove the one of the valves of the carapace (see Pl. II fig. 1); it then appears, that the body throughout its entire length is distinctly segmented, and that the segments group themselves into well defined sections of the body. We are able to distinguish in all 4 such sections, of which 2 pertain to the anterior division, and the other 2 to the posterior division of the body. The front section of the anterior division of the body may be suitably termed the head (cephalon), as it, besides the eyes, only bears the 2 pairs of antennæ and the oral parts proper (anterior and posterior lips, the mandibles and 2 pairs of maxillæ). Its

som her danner den umiddelbare Kropsvæg. Det følgende Afsnit, der forestiller hvad man ialmindelighed pleier at kalde «Truncus» eller «Thorax», men som maaske mere passende bør kaldes Midtkroppen (mesosome), bestaar af 8, i sin hele Omkreds tydeligt sondrede, og ensformigt udviklede Segmenter, der hvert bærer et Par Branchialfødder. Omvendt hvad Tilfældet er med Hovedet, har dette Afsnit sin største Udstrækning ventralt, idet begge Afsnit forbinder sig med hinanden langs en meget skraat gaaende Linie. Maalt langs Dorsalsiden er dét her omhandlede Afsnit derfor neppe længere end Hovedet, medens det ventralt er næsten dobbelt saa langt. Bagtil forbinder det sig med Bagkroppen, uden at være afsat fra samme ved nogen mærkbar Indknibning. Det forreste Afsnit af Bagkroppen («Præabdomen», metasome) er sammensat af 4 Segmenter, alle betydelig større end de til Truncus hørende Segmenter, og hvert forsynet med et Par kraftigt udviklede Svømmefødder. Det sidste af disse Segmenter har tydelige pladeformige Epimerer, der ender bagtil med et retvinklet Hjørne. Hele Bagkanten af dette Segment er desuden regelmæssigt sagtakket, og ogsaa paa det foregaaende Segment bemærkes i den dorsale Del en lignende, skjøndt mindre udpræget Bevæbning af Bagkanten. Afsnittet, der successivt afsmalnes bagtil, dækkes til Siderne næsten fuldstændigt af Rygskjoldet, medens dets dorsale Del træder mere eller mindre frit frem indenfor den dybe Indbugtning i Rygskjoldets bagre Del (se Tab. I, Fig. 2). Angaaende Længden af dette Afsnit, saa er den noget forskjellig hos de 2 Kjøn. Hos Hunnen 'er det, ialfald maalt langs Ventralsiden, neppe længere end Truncus, medens det selv hos endnu ikke fuldt udviklede Hanner (se Tab. II, Fig. 1) altid er betydelig større, i Overensstemmelse med den kraftigere Udvikling af Svømmefødderne. Det ydre, meget bevægelige Afsnit af Bagkroppen («Postabdomen», urosome), der gaar i Flugt med det forreste[1]) og jævnt og hurtigt afsmalnes bagtil (se Tab. I, Fig. 1 og 2), bestaar ligeledes af 4 Segmenter, hvoraf de 2 forreste er forsynede med rudimentære Buglemmer, medens de 2 bagerste ganske mangler saadanne. Det er af trind Form, næsten dobbelt saa langt som det forreste Afsnit og har Bagkanten af de 3 forreste Segmenter regelmæssigt sagtakket, ligesom paa de bagre Segmenter af hint. Til Enden af sidste Segment er Halegrenene indleddede; de synes at svare til den saakaldte Furca hos Copepoderne og tør saaledes nærmest være at betragte som et i 2 Dele kløvet Endesegment. Under Basis af Halegrenene gaar sidste Segment ud i 2, ved et smalt mediant Indsnit

dorsal portion, which is of considerably greater extent than the ventral one, is firmly connected to the carapace, which here forms the immediate wall of the body. The succeeding section, which represents what is usually termed the «truncus» or «thorax», but which might perhaps be more properly termed the middle section of the body (mesosome) consists of 8 uniformly developed segments, distinctly separated throughout their entire circumference, each of which carries a pair of branchial legs. This section, contrary to what is the case with the head, has its greatest extent ventrally, as both sections are connected to each other along a very oblique line of union. Measured along the dorsal side, the section referred to here is, therefore scarcely any longer than the head, while the ventral part is almost twice as long. Posteriorly it connects to the posterior division of the body without being demarcated from it by any noteworthy constriction. The front section of the posterior division of the body («præabdomen», metasome) is composed of 4 segments, all considerably larger than the segments pertaining to the truncus, and each furnished with a pair of powerfully developed swimming legs. The last of those segments has distinct lamelliform epimeræ that terminate behind in a right-angled corner. The entire posterior margin of this segment is, further, regularly serrated, and also in the preceding segment there is observed, on the dorsal part, a similar although not so distinct armature of the posterior margin. The section, which diminishes gradually backwards, is almost completely covered at the sides by the carapace, while the dorsal part appears more or less uncovered inside the deep sinus in the posterior part of the carapace (see Pl. I fig. 2). Regarding the length of this section, it is somewhat different in the 2 sexes. In the female it is, at any rate when measured along the ventral side, scarcely longer than the truncus, while it, in even not yet fully developed males (see Pl. II fig. 1), is always considerably larger, in correspondence with the more powerful development of the swimming legs. The outer, very mobile section of the posterior division of the body («postabdomen», urosome) which forms the immediate continuation of the anterior one[1]) and diminishes evenly and rapidly backwards (see Pl. I figs. 1 and 2) consists also of 2 segments, of which the 2 foremost ones are furnished with rudimentary ventral appendages, while the 2 hindmost ones are quite devoid of such appendages. It is cylindrical in form, almost twice as long as the foremost section, and has the posterior edge of the 3 foremost segments regularly

---

[1]) Hos Sl. *Paranebalia* er dette Afsnit skarpt afsat fra Præabdomen.

[1]) In the gen. *Paranebalia* this section is sharply defined from the præabdomen.

skilte, tilspidsede Plader, der delvis dækker Anal-aabningen nedentil (se Tab. III, Fig. 12).

Øinene (Tab. II, Fig. 1 og 7, O, Fig. 3 og 4), der er fæstede temmelig nær sammen ved den forreste Ende af Hovedet, lige under Pandepladens Basis, er vel udviklede og omtrent af Pandepladens halve Længde. De er tydeligt stilkede og meget frit be-vægelige, saa at de snart kan rettes ud til hver Side, snart lægges tæt ind mod hinanden og bøies nedad, i hvilket Tilfælde de ganske skjules mellem den forreste Del af Rygskjoldets Valvler. Af Form er de noget sammentrykte, aflangt ovale, eller næ-sten halvmaanedannede, med den ydre Del noget udvidet og skjævt afrundet, endende nedentil i et vinkelformigt Hjørne. Forkanten af Øiet er ganske glat, uden Spor af de stærke Sagtakker, som findes her hos Sl. Paranebalia. Øiepigmentet, der hos det levende Dyr er af en vakker purpurrød Farve, fyl-der næsten ganske den ydre Halvpart af Øiet, og fra det udstraaler til alle Kanter talrige Synsele-menter, i Form af smaa stærkt lysbrydende Legemer (Krystalkegler) af kort pæredannet Form. Derimod mangler den Øiet omgivende Hud (Cornea) ganske ethvert Spor af nogen egentlig Facettering som hos de hoiere Crustaceer. Hvert Øie dækkes ved Roden af en fra Pandedelen udspringende skjælformig, i en skarp Spids udgaaende Plade, der næsten rækker til Midten af Øiets Længde (se Fig. 3, 4).

De øvre Følere (Tab. II, Fig. 1, a¹, Fig. 5), der udspringer lige under Øinene, er af kraftig, næsten fodformig Bygning og, lige udstrakte, omtrent af af Forkroppens Længde. Man kan paa dem adskille et tykkere, dobbelt vinkelbøiet Skaft og 2 terminale Vedhæng af ulige Form, hvoraf det ene har Ud-seendet af en skjælformig Plade, det andet af en forlænget, mangeleddet Svøbe. Skaftet bestaar af 4 Segmenter, hvoraf de 2 yderste er fast forbundne med hinanden, medens det foregaaende (2det) Led har en meget bevægelig Articulation saavel med 1ste som 3die Led. 1ste Led af Skaftet er, som det synes meget fast forbundet med Hovedet og kun lidet bevægeligt, hvorfor det ved Dissection vanske-ligt kan erholdes i Forbindelse med den øvrige Del. Det er (se Fig. 1, Fig. 7 a¹) af oval Form, uden en-hver Børstevæbning og opfyldt med stærke Muskel-

serrated, as in the posterior segments of the former. The caudal rami are articulated to the extremity of the last segment; they appear to correspond to the so-called furca of the Copepods, and may, therefore, be most properly considered to be a bifurcated terminal segment. Below the base of the caudal rami the last segment projects into 2, by a narrow median incision, separated acuminate lamellæ which partly cover the anal aperture beneath (see Pl. III fig. 12).

The eyes (Pl. II, fig. 1 and 7, O, figs. 3 and 4), which are secured pretty closely together at the foremost extremity of the head, just below the base of the frontal plate, are well developed and about half the length of the frontal plate. They are distinctly stalked and very freely mobile, so that they may be directed, now to each side now laid close in to each other and bent downwards, in which case they become quite concealed between the foremost part of the valves of the carapace. In form they are somewhat compressed, oblongo-oval, or almost semi-lunar, with the outer part somewhat expanded and obliquely rounded, ter-minating below in an angular corner. The anterior edge of the eye is perfectly smooth without trace of the powerful sawteeth found in the gen. Paranebalia. The ocular pigment, which, in the liv-ing animal, has a beautiful purple-red colour, occu-pies almost completely the outer half of the eye, and from it radiate numerous visual elements in all directions, in the form of small, strongly re-fractive bodies (crystal cones) of short pyriform shape. On the other hand the enclosing integument (cornea) of the eye is quite deficient in every trace of any real facets such as exist in the higher Cru-staceans. Each eye is covered at the base by a squamiform plate that issues from the frontal part, and terminates in a sharp point which reaches nearly to the middle of the length of the eye (see figs. 3, 4).

The superior antennæ (Pl. II, fig. 1 a¹, fig. 5), which issue just under the eyes, are of powerful, almost pediform structure, and when straightly extended are about same length as the anterior division of the body. We can in them distinguish a thickish doubly geniculated peduncle and 2 terminal appen-dages of dissimilar form, of which the one has the appearance of a squamiform plate, the other of a pro-longed multi-articulate flagellum. The peduncle con-sists of 4 segments, of which the two outermost ones are firmly attached to each other, while the preceding joint (2nd) has a very flexible articulation both with the 1st and 3rd joints. The 1st joint of the peduncle is, apparently, very firmly connected to the head and but little flexible, hence it can with difficulty be obtained on dissection, in union with the remaining part. It is oval in form (see fig. 1,

knipper, der tjener til at bevæge den øvrige frie Del af Føleren. 2det Led, der ialmindelighed er rettet lige fortil, dannende med 1ste en mere eller mindre tydeligt udpræget albueformig Bøining, er omtrent saa langt som de 2 følgende tilsammen og noget forstykket paa Midten, næsten tendannet. Det bærer i Midten af den øvre Kant en enkelt stærk Fjærbørste og i den nedre Kant, nærmere Enden, en Rad af omkring 8 saadanne, der hurtigt aftager i Længde udad; ved Spidsen af Leddet findes desuden et Knippe af divergerende simple Børster. 3die Led, der sædvanlig med det foregaaende danner en meget stærk, retvinklet knæformig Bøining, er noget indknebet ved Basis, men udvides successivt mod Enden, der er skjævt afskaaret i Retningen forfra bagtil. Det har i hver Kant, nær Enden, en Rad af cilierede Børster, hvoraf de i Bagkanten er længst. 4de Led er meget kort og bredt, næsten triangulært og ligesom foregaaende skjævt afskaaret i Enden, men i modsat Retning, hvorved dets Bagkant bliver meget kort. Forkanten er bevæbnet med en Rad af korte Torner og ender med et noget sammentrykt, kort triangulært Fremspring, der ved Spidsen bærer en noget større Torn[1]. Af de 2 terminale Vedhæng har det forreste Formen af en oval Plade, omtrent af samme Længde som Skaftets 3die Led, og langs Yderkanten og Spidsen tæt besat med fine haarformige Børster ordnede i to Rader. Det bagre Vedhæng, der repræsenterer den egentlige Svøbe, er omtrent af Skaftets Længde og afsmalnes successivt mod Enden. Den bestaar af omtrent 15 Led, hvoraf dog de 3 første ikke er tydeligt sondrede fra hinanden. Hvert Led bærer ved Enden i Forkanten et Knippe af smaa Børster, hvoraf nogle har Characteren af Sandsevedhæng (Lugtepapiller), og i Bagkanten en enkelt simpel Børste. Hos den endnu ikke slægtsmodent udviklede Han (Fig. 1) ligner disse Følere temmelig samme hos Hunnen, alene med den Forskjel, at Svøben er mere opsvulmet ved Basis og delt i et noget større Antal Led.

De nedre Følere (Fig. 1, a², Fig. 6), som udspringer tæt bag de øvre, mangler ganske det bladformige Vedhæng, men er forøvrigt byggede efter samme Type som hine og har ligeledes Skaftet dobbelt geniculeret. 1ste Led er, som paa de øvre, meget fast forbundet med Hovedet, stærkt musculøst

fig. 7, a[1]), without trace of any setaceous armature, and filled with strong muscular bundles, which serve to move the remaining free part of the antenna. The 2nd joint — which is usually directed straight forward, forming with the 1st a more or less distinctly marked elbow-shaped bend — is about as long as the 2 succeeding ones together and somewhat tumefied at the middle, almost fusiform. It carries in the middle of the upper edge a single strong, plumose bristle, and on the lower edge, nearer the extremity, a series of about 8 similar bristles that rapidly diminish in length outwards: at the tip of the joint there is, further, observed a bundle of divergent simple bristles. The 3rd joint, which with the preceding one usually forms a very strong right-angled geniculate bend, is somewhat constricted at the base but gradually expands towards the extremity, which is obliquely truncated in a direction from before backwards. It has on each edge, near the extremity, a series of ciliated bristles, of which those on the posterior edge are the longest. The 4th joint is very short and broad, almost triangular, and like the preceding one obliquely truncated at the extremity but in the opposite direction, causing its posterior edge to be very short. The anterior edge is armed with a series of short spines and terminates in a somewhat compressed short triangular prominence, which at the point carries a somewhat largish spine[1]. Of the two terminal appendages the foremost one has the form of an oval lamella, about the same length as the 3rd joint of the peduncle, and along the outer edge and at the point it is closely beset with delicate capilliform bristles arranged in two series. The posterior appendage, which represents the flagellum proper, is about same length as the peduncle and tapers gradually towards the extremity. It consists of about 15 joints, of which, however, the 3 first ones are not distinctly separated from each other. Each joint carries at the extremity, on the anterior margin, a bundle of small bristles, of which some have the nature of sensory appendages (olfactory papillæ), and on the posterior edge a single simple bristle. In the still incompletely sexually developed male (fig. 1) these antennæ resemble pretty much those of the female, with the sole difference, that the flagellum is more tumefied at the base and divided into a somewhat larger number of joints.

The inferior antennæ (fig. 1 a², fig. 6) which issue close behind the superior ones, are completely without the foliaceous appendage, but are constructed, otherwise, according to the same type as those, and have also the peduncle doubly geniculated. The 1st joint is, as in the superior ones, very firmly united to

---

[1] Hos bl. *Paranebalia* er dette Fremspring betydelig større og grovt sagtakket i Forkanten.

[1] In the gen. *Paranebalia*, this prominence is considerably larger and coarsely serrated on the anterior edge.

og uden enhver Børstebevæbning. 2det Led, der omtrent er af samme Størrelse som 1ste, mangler ligeledes Børster. men gaar fortil ud i et kort tandformigt Fremspring. Den ydre Del af Skaftet danner ogsaa her en stærk knæformig Bøining med foregaaende Led, men bestaar kun af et enkelt Led, paa hvilket dog en oprindelig Tvedeling er antydet ved en skarpt markeret Afsats baade fortil og bagtil [1]). Til den bagre Afsats er fæstet en stærk Fjærborste, og langs Forkanten af Leddet findes en hel Del saadanne Børster, tildels af betydelig Længde. navnlig ved Enden, hvor de delvis er krandsformigt stillede omkring Leddet. Desuden findes langs den øvre Halvpart af Forkanten en Rad af Smaatorner, der nedad successivt tiltager i Længde, og en Del lignende Torner bemærkes ogsaa ved Enden af Leddet fortil mellem Børsterne. Svøben er betydelig (næsten dobbelt) længere end paa de ovre Følere og bestaar af omkring 20 børstebesatte Led, hvoraf dog de 3 eller 4 inderste er mindre tydeligt begrændsede. Hos den endnu ikke slægtsmodent udviklede Han skiller disse Følere (Fig. 1, a[2]) sig væsentlig kun derved, at Svøben er meget tæt ringet, eller delt i et stort Antal, endnu ufuldstændigt begrændsede Led.

Overlæben (Fig. 7, L, Fig. 8), der til Siderne ganske dækkes af de nedre Føleres Basalled, danner et tydeligt convext Fremspring af afrundet Form og med den bagre Kant svagt indbugtet i Midten samt her besat med fine Haar.

Underlæben (Fig. 7, l, Fig. 9) er meget liden og vanskelig at isolere. Den har imidlertid forekommet mig at frembyde det Fig. 9 fremstillede Udseende af en i Midten dybt indskaaret og delvis cilieret Plade.

Kindbakkerne (Fig. 1, M, Fig. 10) har et forholdsvis meget lidet Corpus, hvis ydre Del er baadformig og ender opad i en Spids, hvormed det articulerer til Rygskjoldets indre Flade. Dets indre Hule er fyldt med de stærke, i Midten ved en chitinagtig Sene forbundne Adductormuskler (se Fig. 10), og fra den bagre Kant udgaar en tynd Chitinsene, hvortil Kindbakkernes Rotationsmuskler fæster sig. Den næsten under en ret Vinkel med det øvrige Corpus indbøiede Tyggedel er (se Fig. 11) i Enden delt i 2 Grene, hvoraf den ydre har Formen af en liden triangulær Lamelle, der svarer til det tandede Parti (cutting edge) hos andre Crustaceer, medens

the head, strongly musculous, and without any armature of bristles. The 2nd joint, which is about the same size as the 1st one, is also quite deficient in bristles, but passes, in front, into a short dentiform projection. The outer part of the peduncle also forms here a strongly geniculated bend with the preceding joint, but consists of only a single joint, upon which, however, there is an indication of an original subdivision in the shape of a sharply defined ledge both in front and behind [1]). Attached to the posterior ledge there is a powerful plumose bristle, and along the anterior edge of the joint quite a number of such bristles may be observed, partly of considerable length, especially at the extremity, where they are partly arranged in a verticillate manner around the joint. Further, there may be observed along the upper half of the anterior edge a series of small spines, which gradually increase in length below; and a number of similiar spines are also observed at the extremity of the joint in front, between the bristles. The flagellum is considerably longer (nearly double) than on the superior antennæ, and consists of about 20 joints beset with bristles, of which, however, the 3 or 4 innermost ones are less distinctly defined. In the not yet sexually fully developed male these antennæ distinguish themselves chiefly (fig. 1, a[2]), only by the circumstance that the flagellum is very closely annulated, or divided into a large number of still imperfectly defined joints.

The anterior lip (fig. 7 L, fig. 8) which, at the sides, is quite covered by the basal joints of the inferior antennæ, forms a distinctly convex prominence of rounded form, with the posterior margin faintly hollowed in the middle and beset here with delicate hairs.

The posterior lip (fig. 7 l, fig. 9) is very small and difficult to isolate. It appears, however, to me, to present the appearance of a partly ciliate lamella, deeply incised in the middle, as shown in fig. 9.

The mandibles (fig. 1, M, fig. 10) have, relatively, a very small corpus, whose outer portion is navicular in form and terminates above in a point, by which it articulates with the inner surface of the carapace. Its inner cavity is occupied by the powerful adductor. muscles, which are connected in the middle by a chitinous tendon (see fig. 10), and from the posterior margin a thin chitinous tendon issues, to which the rotatory muscles of the mandibles are attached. The masticatory part, which is bent inwards almost at a right angle to the remaining corpus (see fig 11), is divided at the extremity into 2 rami, of which the outer has the form of a

---

[1]) Hos Sl. *Nebaliopsis* bestaar denne Del af 2 tydeligt begrændsede Led.

[1]) In the gen. *Nebaliopsis* this part consits of 2 distinctly defined joints.

den indre og betydelig større Gren svarer til Molar-processen. Den første er ganske simpel og har kun strax indenfor Spidsen et yderst lidet tandformigt Fremspring. Den sidste er af cylindrisk Form, lidt buet, og har som sædvanlig Enden fint riflet samt mere tvært afkuttet paa høire end paa venstre Kindbakke. Palpen (Fig. 1, 7, Mp, Fig. 10), der ud-gaar fra Corpus noget fortil paa det Sted, hvor Tyggedelen forbinder sig med den ydre, baadformige Del, er af særdeles betydelig Størrelse, næsten 3 Gange saa lang som selve Corpus, og viser en Byg-ning idethele overensstemmende med samme hos høiere Crustaceer, navnlig Amphipoderne. Den be-staar af 3 skarpt begrændsede Segmenter eller Led, alle omtrent af ens Størrelse, eller kun ganske lidt tiltagende i Længde udad. 1ste Led er simpelt cylin-driskt, dog noget fortykket i hver Ende, og mangler ganske Børster. Det forbinder sig med 2det Led paa en ganske egen Maade, saa at begge med hin-anden danner et Slags Knæ. 2det Led er i sit ba-sale Parti noget opsvulmet og danner umiddelbart indenfor Ledføiningen med 1ste, en albuformig Ud-vidning. Det afsmalnes successivt mod Enden og har i Midten af Yderkanten 3—5 tynde Børster. Sidste Led, der er meget bevægeligt forbundet med 2det, er temmelig smalt, stærkt sammentrykt fra Siderne og ganske lidt bredere i sit ydre Parti, som er jevnt tilrundet i Enden. Det bærer langs den nedadvendte skarpe Kant en tæt Rad af fint cili-erede, toleddede Børster og har desuden ved Spid-sen nok en Rad af meget fine og stærkt krummede Børster. Leddets øvre Kant mangler Børster, men viser i sit bagre Parti en særdeles fin Ciliering. I sin normale Situs convergerer de to Palper stærkt ved Basis (se Fig. 10), saa at 2det Led paa begge kommer til at ligge tæt sammen i Juxtaposition, indenfor Basalleddene af de 2 Par Følere. Sidste Led paa hver divergerer igjen noget og træder frit frem enten foran eller mellem Følernes Rod (se Fig. 1, Mp).

1ste Par Kjæver (Tab. II, Fig. 1 & 7, m¹, Tab. III, Fig. 1) er af afrundet Form og gaar indad ud i to korte, stumpt afrundede Tyggelappe, hvoraf den ydre er størst, næsten af øxedannet Form og, foruden med nogle tildels cilierede Børster, bevæbnet i sit bagre Parti med en Gruppe af smaa, i Enden tve-delte Torner (Fig. 1a). Den indre Tyggelap er for-holdsvis liden, af membranøs Beskaffenhed og paa den næsten tvært afkuttede Ende forsynet med en tæt Rad af særdeles fine cilierede Børster, foruden en Del korte Torner. Fra Enden af disse Kjæver

small triangular lamella, which corresponds to the denticular portion (cutting edge) in other Crusta-ceans; while the inner, considerably larger ramus corresponds to the molar expansion. The first-named is quite simple, and has, immediately inside the point, only an extremely small dentiform prominence. The last-named is cylindrical in form, slightly curved, and, as usual, has the extremity finely fluted and more obtusely truncated on the right than on the left mandible. The palp, (fig. 1, 7, Mp. fig. 10), which issues from the corpus a little in advance of the place where the masticatory part is con-nected to the outer navicular part, is of parti-cularly large size, almost 3 times as long as the corpus itself, and exhibits a structure corresponding, upon the whole, with that of the higher Crustaceans, especially the Amphipods. It consists of 3 sharply defined segments or joints, all of about the same size, or only quite slightly increasing in length out-wards. The 1st joint is simple cylindric in form but somewhat tumefied at each extremity, and is quite devoid of bristles. It is connected to the 2nd joint in quite a peculiar manner, so that they form with each other a kind of knee. The 2nd joint is some-what tumefied in its basal part, and forms imme-diately inside the articulation to the 1st joint an elbow-shaped expansion. It diminishes gradually towards the extremity, and has 4—5 slender brist-les on the middle of the outer margin. The ter-minal joint, which is very flexibly connected to the 2nd one, is pretty narrow, strongly compressed from the sides and quite slightly broader in its outer part, which is evenly rounded at the extremity. It bears along the downward bent sharp margin a close series of delicate double-jointed bristles, and has, further, at the point, yet another series of very delicate and strongly bent bristles. The upper mar-gin of the joint has no bristles, but exhibits a parti-cularly delicate ciliation in its posterior part. In its normal situs the 2 palpi converge strongly at the base (see fig. 10), so that the 2nd joint of each lies in close juxtaposition inside the basal joints of the 2 pairs of antennæ. The terminal joint of each diverges again a little, and appears freely forward either in front of or between the bases of the antennæ (see fig. 1, Mp).

The 1st pair of maxillæ (Pl. II, figs 1 and 7, m¹; Pl. III, fig. 1) are rounded in form and pass over, inwards, into two short, obtusely rounded mastica-tory lobes, of which the outer one is the largest, almost securiform, and armed, besides with some partly ciliate bristles, also, in its posterior part, with a group of minute spines bifurcated at the ex-tremity (fig. 1a). The inner masticatory lobe is relatively small, of membranous nature, and fur-nished on the almost obtusely truncated extremity with a close series of delicate ciliate bristles besides

udgaar et besynderligt, stærkt forlænget Vedhæng (Tab. III, Fig. 1, p), som ifølge sit Udspring anbenbart repræsenterer en eiendommeligt modificeret Palpe. Den bestaar af en noget tykkere, med en Del tynde Muskelbundter fyldt Basaldel, og en tynd Endesnært, som dog begge gaar ganske umærkeligt over i hinanden. Basaldelen, der paa 2 forskjellige Steder har et Bundt af tynde divergerende Børster, viser strax ved sit Udspring en abrupt dobbelt vinkelformig Bøining udad og bagtil, hvorfor den tynde, næsten børsteformige Endedel bliver rettet skraat bagtil og opad langs Siderne af Truncus, rækkende med sin Spids lige op til dennes dorsale Flade (se Tab. II, Fig. 1, m¹). Langs den ene Kant af denne Endedel er med korte Mellemrum fæstet circa 16 lange og tynde, ucilierede Børster og til Spidsen 3 liggende; alle Børster viser i Enden en eiendommelig, næsten korketrækkerformig Krumning og er temmelig stive, samt vende ialmindelighed nedad og indad. Angaaende dette eiendommelige Vedhængs Function, er der ingen Tvivl om, at det tjener til at rense Rygskjoldets Hule, og dermed ogsaa de tandre Branchialfødder, for fremmede i den indtrængende Dele, i Lighed med hvad Tilfældet er med det bagre Fodpar hos visse Ostracoder (Cypridinider, Cyprider).

2det Par Kjæver (Tab. II, Fig. 1 og 7, m², Tab. III, Fig. 2) er udpræget pladeformige og af temmelig complicered Bygning, mest mindende om samme hos de boiere Crustaceer (Podophthalmia). Man kan paa dem adskille en af 2 utydeligt begrændsede Segmenter bestaaende Basaldel og 2 fra denne fortil udgaaende Grene. Basaldelen har indad 4 børstebesatte Lappe, der utvivlsomt svarer til Tyggelappene paa 1ste Par, med den Forskjel, at hver Tyggelap her altsaa er dobbelt eller delt i to. Den forreste af disse 4 Lappe er imidlertid meget liden, knudeformig og bærer 6 lange, cilierede Børster. De 3 ovrige Lappe er ligeledes børstebesatte paa den tvært afkuttede Ende; men Børsterne er her meget kortere og tættere samt delvis ordnede i flere Rækker. Den midterste af disse 3 egentlige Tyggelappe er betydelig smalere end de 2 ovrige, som omtrent indbyrdes er af ens Størrelse. Af de 2 Endegrene er den indre (p), der forestiller Endognathen eller Palpen, af betydelig Størrelse, noget afsmalnende mod Enden og delt i 2 vel begrændsede Led, hvoraf det 1ste er størst. Begge Led er i Inderkanten besatte med talrige cilierede Børster, delvis ordnede i 2 Rækker, og en af de fra Spidsen udgaaende udmærker sig ved betydelig Længde. Den ydre Gren (ex), eller Exognathen, er betydelig mindre end den indre og rækker neppe udover dennes 1ste Led. Den har Formen af en meget smal elliptisk Plade, der langs hele Inderkanten og Spidsen er forsynet

a number of short spines. From the extremity of these maxillæ a strange, greatly prolonged appendage issues (Pl. III fig. 1, p.) which judged by its origin evidently represents a peculiarly modified palp. It consists of a somewhat thickish basal part occupied by a number of thin bundles of muscles, and a slender terminal lash which, however, pass imperceptibly the one into the other. The basal part, which in two different places has a bundle of slender divergent bristles, exhibits, immediately at its origin, an abrupt double-kneed bend outwards and backwards, which causes the thin, almost setiform terminal part to become directed obliquely backwards, and upwards along the sides of the truncus reaching, with its point, quite up to its dorsal surface (see Pl. II, fig. 1 m¹). Along the one margin of this terminal part there are secured at short intervals, about 16 long, slender, non-ciliate bristles, and 3 of the same kind at the tip: all the bristles exhibit at the extremity a peculiar, almost corkscrew-shaped bend and are rather stiff, and generally turn downwards and inwards. Regarding the function of this peculiar appendage, there is no doubt that it serves to clean the cavity of the carapace, and at same time the delicate branchial legs of foreign, to it penetrating, substances, like what is the case with the posterior pair of legs in certain Ostracods (Cypridinids, Cyprids).

The 2nd pair of maxillæ (Pl. II, fig. 1 and 7, m²; Pl. III fig. 2) are of distinguished lamelliform shape, and of rather complex structure, reminding one most of the same maxillæ in the higher crustaceans (Podopthalmia). We can in them distinguish a — of 2 indistinctly defined segments constructed — basal part, and two branches issuing from it in front. The basal part has, inwards, 4 lobes beset with bristles which indubitably correspond to the masticatory lobes of the 1st pair, with this difference, that each masticatory lobe is here double or bifurcated. The foremost of these 4 lobes is, however, very small, nodiform, and carries 6 long ciliated bristles. The 3 remaining lobes are also beset with bristles on the obtusely truncated extremity; but the bristles are here much shorter and closer and, also, partly arranged in several series. The mesial one of those 3 masticatory lobes proper is considerably narrower than the 2 others, which are mutually of about the same size. Of the 2 terminal branches, the inner one (p) which represents, the endognath or the palp, is of considerable size, diminishing somewhat towards the extremity, and divided into 2 well defined joints, of which the 1st one is the largest, Both joints are on the inner margin beset with numerous ciliated bristles, partly arranged in 2 series, and one of them issuing from the point distinguishes itself by its great length. The outer branch (ex), or the exognath, is considerably smaller

med en regelmæssig Rad af temmelig lange, fint cilierede Randborster.

De 8 Par Brunchialfødder, som umiddelbart følger efter Kjæverne, er alle byggede efter samme Type og ligger tæt ind mod hinanden i Form af tværstillede Plader, noget mere convexe fortil end bagtil (se Tab. II. Fig. 1). De tiltager noget i Størrelse indtil 4de Par og aftager saa igjen successivt bagtil. Paa dem alle kan man (se Tab. III, Fig. 3—6) adskille 3 fra en fælles Basis udgaaende Hoveddele, som vi, i Lighed med hvad man pleier hos andre Krebsdyr, kan benævne: Endopodit (p), Exopodit (ex) og Epipodit (ep). Den fælles Basaldel bestaar, som paa 2det Par Kjæver, af 2 ufuldkommen sondrede Segmenter, der i Inderkanten har en dobbelt Rad af Børster, hvoraf de paa 1ste Segment delvis udmærker sig ved betydelig Længde. Endopoditen (p), der danner den umiddelbare Fortsættelse af Basaldelen, danner en mod Enden successivt afsmalnende Stamme, paa hvilken der er en svag Antydning til Segmentering. Denne Del er hos den ægbærende Hun betydelig stærkere forlænget end hos yngre Individer af begge Kjøn og har sidste Led vel sondret, noget omboiet og besat med særdeles lange divergerende Fjærborster, der delvis rager frem nedenfor Rygskjoldets Valvler (se Tab. I, Fig. 1). Forøvrigt er Endopoditen langs hele Inderkanten besat med Børster, der fordetmeste er ordnede i en dobbelt Rad og umiddelbart fortsætter de paa Basaldelen forekommende Børsterækker. Exopoditen (ex), der er fæstet til Basaldelens 2det Segment, udenom Endopoditen, har Characteren af en bred, langs Midten med en noget fortykket Ribbe forsynet Plade, noget forskjellig i Form paa de forskjellige Brunchialfødder. Paa 1ste Par (Tab. III, Fig. 3) er den regelmæssig oval og i Yderkanten besat med en Rad af circa 18 tynde Børster, tiltagende i Længde mod Spidsen. Paa de følgende Par (Fig. 4, 5) bliver den successivt noget større og stærkere udvidet i Enden, som er skjævt afrundet og kun besat med faa og spredte Randborster. Paa sidste Par endelig (Fig. 6) har den antaget en temmelig smal elliptisk Form. Epipoditen (ep), der ved en kort Stilk er fæstet til Ydersiden af Basaldelens 1ste Segment, er af særdeles betydelig Størrelse; saa, at den mere eller mindre fuldstændigt dækker de øvrige Dele, naar disse Lemmer sees in situ fra Ydersiden (se Tab. II, Fig. 1). Den har Formen af en elliptisk eller næsten halvmaanedannet Plade og gaar ud i en dorsal og en ventral Lap, adskilte i Midten ved en tværs over Epipoditen fra dennes Fæste løbende fortykket Ribbe. Ligesom Tilfældet var med Exopoditen, er der ogsaa nogen Forskjel i Epipoditens Størrelse og Form paa de forskjellige

than the inner one and scarcely extends beyond its 1st joint. It has the form of a very narrow elliptical lamella which, along the entire inner margin and at the point, is furnished with a regular series of pretty long finely ciliated marginal bristles.

The 8 pairs of branchial legs which immediately succeed the maxillæ, are all constructed on the same type, and lie close in to each other in the form of transversally placed lamellæ, rather more convex in front than behind (see Pl. II, fig. I). They increase somewhat in size as far as to the 4th pair and then gradually diminish backwards. In all of them 3 chief portions issuing from a common base (see Pl. III, figs. 3—6) may be distinguished, which we, like what we are accustomed to do with other crustaceans, may term endopodite (p), exopodite (ex) and epipodite (ep). The common basal part consists, as in the 2nd pair of maxillæ, of 2 imperfectly separated segments which have a double series of bristles on the inner margin, of which those on the first segment are distinguished by their great length. The endopodite (p) which forms the immediate continuation of the basal part forms a trunk, diminishing gradually towards the extremity, upon which there is a faint indication of a segmentation. This part is, in the ovigerous female, considerably more prolonged than in young individuals of both sexes, and has the terminal joint well separated, somewhat recurvate and beset with particularly long divergent and plumose bristles, which partly project below the valves of the carapace (see Pl. I, fig. 1). The endopodite is, otherwise, beset with bristles along the entire inner margin, which are chiefly arranged in a double series, and are immediate continuations of the bristle series appearing on the basal part. The exopodite (ex), which is attached to the 2nd segment of the basal part, outside the endopodite, has the character of a broad lamella, furnished along the middle with a somewhat thickened rib, and is a little different in form in the various branchial legs. In the 1st pair (Pl. III, fig. 3) it is regularly oval and beset on the outer edge with a series of about 18 slender bristles increasing in length towards the point. In the succeeding pairs (figs. 4. 5) it becomes gradually somewhat larger and more strongly expanded at the point, which is unevenly rounded and beset with only few and scattered marginal bristles. Finally, in the last pair (fig. 6) it has assumed a pretty narrow elliptical form. The epipodite (ep), which is attached by a short stem to the outer side of the 1st segment of the basal part, is of particularly large size, so that it more or less completely covers the remaining parts when those appendages are viewed in situ from the outer side (Pl. II, fig. 1). It has the form of an elliptical, or almost semilunar plate, and passes out into a dorsal and a ventral lobe divided in the middle by a thickened rib which

Par Branchialfødder. Dens Størrelse tiltager noget indtil 4de Par, hvor den er størst, og aftager saa igjen successivt paa de bagenfor liggende Par (se Tab. II, Fig. 1). Paa 1ste Par (Tab. III, Fig. 3) er dens ventrale Lap betydelig større end den dorsale og smalt tilløbende i Enden, medens hin er jevnt afrundet. Paa de følgende Par (Fig. 4, 5) bliver Forskjellen mellem de 2 Lappe efterhvert mindre, og paa sidste Par (Fig. 6) er Forholdet det omvendte af hvad det er paa 1ste Par, idet den dorsale Lap her er den største og mere smalt udløbende end den ventrale. Saavel Exopoditen som Epipoditen, men især denne sidste, viser den for Gjelleclementerne hos andre Krebsdyr characteristiske spongiose Structur, idet der mellem de 2 Lameller, hvoraf begge disse Vedhæng begrændses, findes et compliceret System af med hinanden anastomoserende Hulrum, hvori der hos det levende Dyr foregaar en livlig Blodcirculation. At begge disse Vedhæng derfor er af respiratorisk Betydning, er ganske utvivlsomt, skjøndt, som senere skal vises, ogsaa selve Rygskjoldet spiller i denne Henseende en vigtig Rolle.

De 4 forreste Par Bagkropslemmer (se Tab. II, Fig. 1) er overordentlig kraftigt udviklede Svømmeapparater, der i flere Henseender, og ogsaa i den Maade, hvorpaa de bevæges, minder om Copepodernes Svømmefødder. De er alle byggede efter samme Type og bestaar hvert (se Tab. III, Fig. 7 og 9) af en med talrige stærke Muskelbundter fyldt, noget affladet Basaldel, og to fra dennes Ende udgaaende, med cilierede Svømmeborster forsynede, enleddede Grene eller Aarer, hvoraf den ydre ialmindelighed er rettet stærkt udad og i Yderkanten bevæbnet med kraftige Torner. Paa alle Par findes ved Enden af Basaldelen paa den indre Side en eiendommelig indadrettet Fortsats (Fig. 8), der møder den tilsvarende paa den anden Side og i Spidsen er bevæbnet med et Antal, sædvanlig 4, krogformige Torner (Fig. 8 a). Ved disse Torner hægtes de 2 til samme Par hørende Fødder ligesom sammen, saa at deres Bevægelser kun kan ske samtidigt.

1ste Par Svømmefødder (Fig. 7) skiller sig kjendeligt fra de øvrige, saavel ved Basaldelens Form og Bevæbning som ved Beskaffenheden af den ydre Gren. Basaldelen, der ligesom paa de øvrige Par har et ganske kort Rodled, er her forholdsvis længere og smalere, noget aftagende i Brede mod Enden, og bevæbnet med 4 lange Torner, hvoraf en er

crosses the epipodite from its point of attachment. As was the case with the exopodite, there is also some difference in the size and form of the epipodite in the various pairs of branchial feet. The size increases somewhat until the 4th pair, where it is greatest, and it then diminishes again, successively, in the pairs situated behind (see Pl. II, fig. 1). In the 1st pair (Pl. III, fig. 3) the ventral lobe is considerably greater than the dorsal one, and projects in a narrow pointed form at the extremity, while the latter is evenly rounded. In the succeeding pairs (figs. 4, 5) the difference between the two lobes becomes gradually less, and in the last pair (fig. 6) the relation is the reverse of what it was in the 1st pair; as the dorsal lobe is here the largest one and more narrowly projecting than the ventral one. Both the exopodite and the epipodite, but especially the last-named, exhibit the characteristic spongy structure for the gill-elements in other crustacea; as between the 2 lamellæ by which the appendages of both are limited, there is found a complicated system of cavities, anastomosing with each other, in which, in the living animal, an active blood circulation proceeds. That both these appendages are therefore of respiratory importance is perfectly indubitable, although, as will be subsequently shown, the carapace itself also plays an important part in that respect.

The 4 foremost pairs of the posterior appendages of the body (see Pl. II. fig. 1) are extremely powerfully developed swimming legs which, in several respects as well as in the manner in which they are moved, remind us of the swimming feet of the Copepods. They are all constructed on the same type, and consist, each (see Pl. III, figs. 7 and 9), of a somewhat flattened basal part filled with numerous strong bundles of muscles, and two branches or oars, issuing from its extremity and furnished with ciliated swimming-bristles. Of these branches the outer one is usually directed strongly outwards, and is armed on the outer edge with powerful spines. In all the pairs there is found, at the extremity of the basal part on the inner side, a peculiar projection directed inwards (fig. 8), which meets the corresponding one of the other side, and is armed at the point with a number – usually 4 – uncinate spines (fig. 8 a). The 2 feet pertaining to the same pair are, as it were, hooked together by these spines, so that their movements can only take place simultaneously.

The 1st pair of swimming feet (fig. 7) are perceptibly distinguished from the others, both by the form and armature of the basal part as well as by the nature of the outer branch. The basal part which, as upon the other pairs, has a quite short basal joint, is here relatively longer and narrower, somewhat narrowing in breadth towards the extre-

fæstet helt oppe ved Basis til Yderkanten, en anden helt nede ved det ydre Hjørne, medens de 2 øvrige udgaar fra den nederste Del af Inderkanten. Den ydre Gren er temmelig smal, men successivt noget bredere mod Enden, og har langs Yderkanten en regelmæssig Rad af circa 20 korte Torner, hvorpaa følger, fæstet til en særegen Afsats, en betydelig stærkere saadan. Fra den noget skraat afkuttede Ende udgaar 3 stærke divergerende Torner, hvoraf den yderste er længst, den midterste kortest. Hele den indre Kant af Grenen er forøvrigt besat med en tæt Rad af lange og tynde cilierede Børster. Den indre Gren er betydelig længere og ogsaa smalere end den ydre, næsten lineær, og viser ved Basis et ufuldstændigt sondret lidet Rodled. Den er i begge Kanter forsynet med en Rad af lignende Svømmeborster som paa den ydre Gren og gaar ved Enden ud i en kort dolkformig Spids, indenfor hvilken en lang bagudrettet Torn er fæstet.

Paa de øvrige Svømmefødder (Fig. 9) er Basaldelen kortere og bredere, mere affladet, og har Yderkanten tilskjærpet samt endende nedad med et spidst udtrukket Hjørne. Inderkanten er ligesom Yderkanten uden Torner, men har 2 Knipper af meget fine Børster, skilte ved et længere Mellemrum. Mellem de 2 Grene danner Basaldelen et lancetformigt tilspidset Fremspring. Den ydre Gren er forholdsvis større og bredere end paa 1ste Par og har langs Yderkanten 7 Afsatser, hver bevæbnet med 2 tæt sammenstillede divergerende Torner; fra Spidsen udgaar, som paa 1ste Par, 3 Torner, som her successivt tiltager i Længde indad. Den indre Gren er kun lidet længere end den ydre, men betydelig smalere, forøvrigt af samme Beskaffenhed som paa 1ste Par. Det bagerste Par skiller sig neppe fra de 2 foregaaende uden derved, at det er noget mindre.

De 2 Par rudimentære Bagkropslemmer, der er fæstede til Bugsiden ved Enden af 5te og 6te Segment (se Tab. I, Fig. 1), er begge af meget enkel Bygning og som det synes ganske ubevægelige. 1ste Par (Tab. III, Fig. 10) er det største og bestaar hvert af 2 Segmenter, et kort Basalled og et mere langstrakt, i sin ydre Del lidt udvidet Endeled. Dette sidste er langs Inderkanten besat med fine Børster og langs den skraat afskaarne Enderand en Rad af 7 Torner, hvoraf den yderste er længst: mellem Tornerne bemærkes ogsaa en Del fine lige udad rettede Børster. — 2det Par (Fig. 11) er neppe mere end halvt saa lange som 1ste og bestaar hvert af et enkelt ovalt Led, hvis Inderkant er ret, medens Yderkanten er noget buet. Til den

mity, and armed with 4 long spines, of which one is secured to the outer edge, quite up at the base; another quite down at the outer corner, whilst the 2 others issue from the lowest part of the outer edge. The outer branch is pretty narrow, but is somewhat more successively broad towards the extremity, and has a regular series of about 20 short spines along the outer edge, succeeded by a considerably more powerful one secured to a special projection. From the somewhat obliquely truncated extremity there issue, 3 strongly divergent spines, of which the outermost one is the longest, and the medial one shortest. The entire inner edge of the branch is otherwise beset with a close series of long and slender ciliated bristles. The inner branch is considerably longer and also narrower than the outer one, almost linear, and exhibits at the base an imperfectly separated, small basal joint. It is furnished on both edges with a series of similar swimming bristles as on the outer branch, and at its extremity passes into a short lanceolate point, inside of which a long spine, directed backwards, is secured.

On the other swimming feet (fig. 9) the basal part is shorter and broader, more flattened, and has the outer edge sharpened and terminating downwards in an acutely drawn out corner. The inner edge, like the outer one, is devoid of spines, but has two bundles of very fine bristles, separated by a longish interval. Between the two branches the basal part forms a lanceolate pointed projection. The outer branch is relatively larger and broader than in the 1st pair, and has 7 projections along the outer edge, each of which is armed with 2 divergent spines placed closely to each other; from the point there issue, as in the 1st pair, 3 spines, which increase here successively in length inwards. The inner branch is only a little longer than the outer one, but considerably narrower: otherwise of the same character as in the 1st pair. The last pair are scarcely distinguished from the 2 preceding ones, unless in that they are somewhat smaller.

The 2 pairs of rudimentary, posterior appendages of the body, which are secured to the ventral side at the extremity of the 5th and 6th segments (see Pl. I, fig. 1), are both of very simple structure, and, as it appears, quite immobile. The 1st pair (Pl. III, fig. 10) are the largest, and each consists of 2 segments, a short basal joint and a more elongated, in its outer part slightly widened, terminal joint. This last is beset along the inner edge with fine spines, and along the obliquely truncated terminal margin has a series of 7 spines, of which the outermost one is the longest; between the spines there are observed, also, a number of fine bristles directed straight outwards. The 2nd pair (fig. 11) are scarcely more than half as long as the 1st, and each consist of a

sidste er fæstet 4 stærke Torner, og fra Spidsen udgaar 2 lignende, hvoraf den inderste er længst. Imellem Tornerne findes ogsaa ber fine udadrettede Borster, medens Borsterne i Inderkanten er stærkt reducerede.

Halegrenene (Fig. 12) er omtrent saa lange som de 2 sidste Bagkropssegmenter tilsammen og ialmindelighed stærkt divergerende. De er af smal lineær Form, ganske lidt afsmalnende mod Enden og rundtom forsynede med en Rad af korte ucilierede Torner, der ved Spidsen antager Formen af stærkt forlængede Borster. Foruden disse findes langs Inderkanten en Rad af betydelig længere og finere, tæt cilierede Borster.

Dyrets Farve er noget varierende fra meget bleg gulagtig til temmelig intens rødbrun. De mest udpræget farvede Exemplarer har jeg observeret i vor arktiske Region.

Beskrivelse af den slægtsmodne Han.

Medens den endnu ikke slægtsmodne, skjondt forøvrigt fuldt udvoxede Han (se Tab. II, Fig. 1) kun lidet skiller sig i sit Udseende fra Hunnen, er Forskjellen mellem de to Kjøn i den slægtsmodne Tilstand saa skarpt udpræget (se Tab. I, Fig. 1 og 3), at man uden en noiere Undersøgelse knapt engang skulde tro, at de tilhørte samme Art. Kjønsforskjellen er udtrykt saavel i den hele Habitus som i Structuren af enkelte af Lemmerne, især de 2 Par Følere, der er modificerede paa en meget lignende Maade som hos Hannerne af de fleste Amphipoder.

De største Hanner, jeg har fundet, havde en Længde af omtrent 12 mm.; men jeg har ved vor Sydkyst truffet Hanner af knapt mere end den halve Størrelse, skjondt fuldstændigt slægtsmodent udviklede.

Legemets Form er (se Tab. I, Fig. 3) paafaldende smækrere end hos Hunnen, og navnlig er Rygskjoldet kjendelig smalere, seet fra Siden af elliptisk Form, med Hoiden neppe halvt saa stor som Længden. Fremdeles er Bagkroppen noget længere i Forhold til Forkroppen, og dens forreste Afsnit kraftigere udviklet end hos Hunnen. Endelig giver de enormt forlængede Halegrene Dyret et fra Hunnen meget afvigende Udseende.

Øinene er fuldkommen af samme Bygning som hos Hunnen, men synes noget større og har det ydre Parti stærkere udvidet.

single oval joint whose inner edge is straight, whilst the outer edge is somewhat curved. To the last named 4 strong spines. are secured, and 2 similar ones issue from the point, of which the innermost one is the longest. Between the spines there are also found here fine bristles directed outwards, whilst the bristles on the inner margin are greatly reduced.

The caudal rami (fig. 12) are about same length as the two last posterior segments of the body taken together, and are usually strongly divergent. They are of narrow, linear form, quite slightly narrowed towards the extremity, and furnished roundabout with a series of short non-ciliated spines, which at the tip assume the form of greatly prolonged bristles. Besides these there are found, along the inner edge, a series of considerably longer and finer, closely ciliated bristles.

The colour of the animal is somewhat variable, from very pale yellowish to pretty intense red-brown. I have observed the most distinguished coloured. specimens in the Norwegian Arctic region.

Description of the sexually ripe male.

Whilst the not yet sexually ripe male, although in other respects fully developed (see Pl. II, fig. 1), distinguishes itself in appearance only slightly from the female, the difference between the two sexes in the sexually ripe condition is so sharply defined (see Pl. I, fig. 1 and 3), that without a close examination the observer would scarcely even believe that they pertained to the same species. The sexual difference is expressed both by the entire habitus, as well as in the structure of some of the appendages, especially the two pairs of antennæ, which are modified in a very similar manner to that of the males of most Amphipods.

The largest males I have found had a length of about 12 mm; but on our south coast I have met with males of scarcely more than half the size, although completely sexually developed

The form of the body (see Pl. I, fig. 3) is conspicuously more slender than in the female, and the carapace, especially, is perceptibly narrower; viewed from the side the shape is elliptical, the height being scarcely half so great as the length. Further, the posterior division of the body is somewhat longer in relation to the anterior one, and its foremost section more powerfully developed than in the female. Finally, the enormously prolonged caudal rami impart to the animal a very different appearance from the female.

The eyes are of exactly the same structure as in the female, but appear to be somewhat larger, and have the outer portion more dilated.

De ovre Følere (Tab. IV, Fig. 1) er betydelig længere end hos Hunnen og, lige udstrakte, omtrent saa lange som Forkroppen og «Præabdomen» tilsammen. Skaftet skiller sig ikke væsentligt i sin Bygning fra samme hos Hunnen, hvorimod begge de terminale Vedhæng er kjendelig forskjellige. Det bladformige Vedhæng er forholdsvis betydelig større og mere forlænget, omtrent 4 Gange saa langt som bredt, eller paa det nærmeste af samme Længde som de to sidste Led af Skaftet tilsammen. Forøvrigt viser det den samme characteristiske tætte, kostformige Børstebesætning som hos Hunnen. Svøben er særdeles stærkt forlænget, mere end dobbelt saa lang som Skaftet og stærkt afsmalnende mod Enden. Den er sammensat af 17 vel begrændsede Led, hvoraf det 1ste egentlig repræsenterer 3 med hinanden sammensmeltede Led. De 9—10 første Led er stærkt opsvulmede i sit ydre Parti og her besatte med en tæt Krands af yderst fine gjennemsigtige Sandseborster. De ydre Led bliver efterhaanden overordentlig tynde og forlængede; dog er sidste Led noget kortere end de umiddelbart foregaaende.

De nedre Følere (se Tab. I, Fig. 3) er af hele Legemets Længde, Halegrenene iberegnede, og udmærker sig især ved den overordentlig tynde og forlængede, af talrige korte Led bestaaende Svøbe, der inlmindelighed er lige bagud rettet. Derimod skiller Skaftet sig (se Tab. IV, Fig. 2) kun lidet fra samme hos Hunnen. Dog er dets sidste Led noget tykkere og mangler de lange Fjærborster, der hos Hunnen udgaar fra Enden, i hvis Sted der blot findes nogle meget fine Haar.

Kindbakkerne og Overlæben viser fuldkommen samme Udseende som hos Hunnen.

Ogsaa de 2 Par Kjæver (Fig. 3 og 4) er byggede paa samme Maade som hos Hunnen; men begge Par er forholdsvis mindre og har navnlig Tyggelappene meget svagere udviklede samt kun forsynede med yderst smaa, simple Borster.

Branchialfødderne (Fig. 5) har den egentlige Stamme, eller Endopoditen, betydelig svagere udviklet end hos Hunnen og neppe overragende Exopoditen. Ogsaa er de paa den fæstede Borster kortere og alle af ens Udseende, uden at de i Spidsen fæstede udmærker sig ved en paafaldende Længde. I Modsætning hertil er saavel Exopoditen som Epipoditen særdeles store og deres Gjellestructur endnu mere udpræget end hos Hunnen.

Bagkroppens Svømmefødder er idethele kraftigere udviklede end hos Hunnen (se Tab. I, Fig. 3),

The superior antennæ (Pl. IV, fig. 1) are considerably longer than in the female, and when straightly extended are about as long as the anterior division of the body and the præabdomen taken together. The peduncle does not particularly distinguish itself in structure from that of the female while, on the other hand, both the terminal appendages are perceptibly different. The lamelliform appendage is, relatively, considerably larger and more prolonged, about 4 times as long as it is broad, or nearly of the same length as the two last joints of the peduncle together. It exhibits otherwise the same characteristic, close, brush-like, bristly armature as in the female. The flagellum is particularly greatly prolonged, more than twice as long as the peduncle, and is greatly narrowed towards the extremity. It is composed of 17 well-defined joints, of which the first one really represents 3, which are coalescent with each other. The 9—10 first joints are greatly thickened in their outer portion, and are here covered with a close wreath of estremely fine, transparent sensory bristles. The outer joints become gradually extraordinarily slender and prolonged; but the last joint is somewhat shorter than the immediately preceding ones.

The inferior antennæ (see Pl. I, fig. 3) are as long as the entire body, the caudal rami included, and are especially distinguished by the extraordinarily slender and prolonged flagellum, consisting of numerous short joints, which is usually directed straight backwards. On the other hand the peduncle (see Pl. IV, fig. 2) distinguishes itself only little from the same part in the female. Still its last joint is somewhat thicker, and is without the long plumose bristles which, in the female, issue from the extremity; in place of them there are only found a few very fine hairs.

The mandibles and upper lip exhibit exactly the same appearance as in the female.

The 2 pairs of maxillæ also (fig. 3 and 4) are constructed in the same manner as in the female; but both pairs are relatively smaller, and have, especially, the masticatory lobes much more faintly developed and only furnished with extremely small simple bristles.

The branchial feet (fig. 5) have the stem-proper, or endopodite, considerably fainter developed than in the female, and scarcely reaching beyond the exopodite. The bristles attached to it are also shorter and all alike in appearance, without those attached to the point distinguishing themselves by any remarkable length. In contrast herewith the exopodite as well as the epipodite are particularly large, and their gill-structure more distinguished than in the female.

The swimming feet of the posterior division of the body are altogether more powerfully developed

men skiller sig forøvrigt ikke synderligt i sin Bygning.

De 2 Par rudimentære Bagkropslemmer (Fig. 6 og 7) er ligeledes noget større end hos Hunnen, og sidste Par (Fig. 7) har her et tydeligt afsat lidet Rodled, ligesom 1ste Par. I sin Form og Bevæbning stemmer iøvrigt begge Par temmelig noie overens med samme hos Hunnen.

Halegrenene udmærker sig (se Tab. I, Fig. 3) ved en i Forhold til samme hos Hunnen meget paafaldende Længde, idet de endog er saa lange som de 5 bagre Bagkropssegmenter tilsammen, eller næsten af Legemets halve Længde. De er (Tab. IV, Fig. 8), som hos Hunnen i hver Kant bevæbnede med en Rad af korte Torner, hvoraf dog de i Yderkanten her er meget talrigere og finere end de i Inderkanten. Desuden findes, som hos Hunnen, langs den indre Kant en Rad af temmelig lange og tynde Fjærborster.

Farven er i levende Tilstand gjennemgaaende blegere end hos Hunnen og Legemet halvt gjennemsigtigt.

Indre Organer.

Undersøgelsen af den indre Organisation er hos nærværende Dyreform forbunden med ganske særlige Vanskeligheder. Dyret er ialmindelighed ikke gjennemsigtigt nok til at at man kan umiddelbart studere denne paa det levende Dyr, og ved Dissection af opbevarede Exemplarer kommer man ikke meget langt, paa Grund af det complicerede System af Muskler, som omgiver og tildels fylder den i og for sig meget trange Kropshule. Hertil kommer endnu et meget stærkt udviklet, og med talrige Fedtkugler fyldt Bindevæv, som omspænder de forskjellige Organer og kun vanskeligt lader sig skille fra samme. Heller ikke Snitmethoden har givet mig fuldt ud tilfredsstillende Resultater. Bedst har jeg kunnet faa undersøgt den indre Bygning i sin Helhed ved af et stort Antal Exemplarer at udvælge enkelte nalmindelig gjennemsigtige og helst ganske unge Individer og undersøge disse directe under Mikroskopet i levende Tilstand. Ved at combinere disse Undersøgelser med hvad jeg har kunnet fremstille ved Dissection, har jeg endelig efter meget Besvær troet at faa nogenlunde Rede paa den indre Organisation hos denne mærkelige Dyreform. Forst efterat disse Undersøgelser forlængst var afsluttede, erholdt jeg Prof. Claus's fortjenstfulde Arbeide: «Untersuchungen zur Erforschung der genealogischen Grundlage des Crustaceen-System», hvori den indre Organisation hos Nebalia i Korthed omtales, med Vedføielse af stærkt forstørrede Figurer af Han og Hun, fremstillede som transparente Objecter. De

than in the female (see Pl. I, fig. 3), but do not otherwise distinguish themselves particularly in their structure.

The 2 pairs of rudimentary, posterior appendages of the body (figs. 6 and 7) are likewise somewhat larger than in the female, and the last pair (fig. 7) have here a distinctly defined, small basal joint like the 1st pair. In their shape and armature both pairs correspond otherwise pretty exactly with the same organs in the female.

The caudal rami distinguish themselves (see Pl. I, fig. 3) by a very striking length in relation to the length of the same in the female, as they are even as long as the 5 backmost segments of the posterior body taken together, or nearly half the length of the body. They are (Pl. IV, fig. 8), as in the female, armed on each edge with a series of short spines, of which, however, those on the outer edge are here much more numerous and finer than those of the inner edge. There are found, besides, as in the female, along the inner edge, a series of pretty long and thin plumose setæ.

The colour, in the live state, is, pervadingly, paler than in the female, and the body is semitransparent.

Internal organs.

The investigations of the internal organization is in the present animal form attended with quite special difficulties. The animal is generally insufficiently transparent to enable us to study it directly in the living state; and on dissection of preserved specimens we make no great progress on account of the complicated muscular system which surrounds and partly fills the, in itself very narrow, body-cavity. To that is added still, a very strongly developed, and with fatty globules filled, connective-tissue, which encloses the various organs, and permits itself with difficulty to be separated from them. Neither has the sectional method afforded me completely satisfactory results. I have been enabled to investigate the internal structure in its entirety best, by choosing from among a large number of specimens some more than usually transparent, and preferably quite young, individuals, and by investigating these in the live state directly under the microscope. By combining these investigations with what I have been able to present by dissection, I have finally after much difficulty, I believe, been able to obtain in some measure an elucidation of the internal organization of this remarkable animal form. First after these investigations had long previously been concluded, did I obtain Prof. Claus's admirable work «Untersuchungen zur Erforschung der genealogischen Grundlage der Crustaceen System» in which the internal organization of Nebalia is shortly mentioned, and illustrated by greatly mag-

Resultater, hvortil jeg er kommet, stemmer idethele temmelig vel overens med hvad Claus her har meddelt. Paa Tab. V fremstiller Fig. 1 en Hun seet fra Siden og stærkt forstørret, med de forskjellige Organer indtegnede i samme og anlagte med forskjellige Farver. Fig. 2 fremstiller et Tværsnit af Legemet omtrent over Midten af Truncus; de indre Organer er anlagte med samme Farve som paa Hovedfiguren.

Tarmtractus.

Spiserøret er meget kort og stiger fra Mundaabningen lodret i Veiret, forbindende sig under en næsten ret Vinkel med den forreste, i Hovedet liggende Del af Tarmen. Dette forreste Afsnit af Tarmtractus er forsynet med et temmelig compliceret Chitinskelet (Tab. V, Fig. 3, 4) og danner saaledes et Slags Tyggemave, noget lignende den hos Amphipoderne forekommende. Paa Chitinskelettet kan adskilles 3 Hoveddele, en forreste, en midterste og en bagerste Del. Den forreste Del er noget affladet og indeholder 2 fortil divergerende Lister, besatte med en dobbelt Rad af fine, tæt sammentrængte Chitinpigge. Lige ved Indgangen til Spiserøret findes desuden ventralt 2 parvise Forhøininger, besatte med indadrettede Børster. Den midterste Del er temmelig stærkt opsvulmet og bagtil skraat afskaaret, dannende her en næsten klokkeformig Udvidning, hvorfra rager frem et Par tæt haarede Flige. Det er her at de til Tarmen hørende Leversække forener sig for at udmunde i Tyggemavens Lumen. Den bagerste Del, endelig, danner en lang skedeformig, og i de frie Kanter med fine Børster besat tynd Flig, der kun indtager Dorsalsiden af Tarmen og med sin i en fin Spids udtrukne Ende rækker langt ind i selve Truncus. Tarmen danner forøvrigt et simpelt cylindriskt, med stærke Ringmuskler forsynet Rør, der strækker sig igjennem hele Midtkroppen. Bagkroppen og Mesteparten af Halen. Ved Enden af næstsidste Halesegment forbinder den sig med en kort, stærkt muskuløs Endetarm, der aabner sig nedenunder Basis af Halegrenene. Af Leversække findes ikke mindre end 4 Par, alle særdeles tynde og saa fast forbundne med Tarmen med fedtholdigt Bindevæv, at de yderst vanskeligt lader sig isolere fra samme. Det forreste af disse Par er meget korte og rettede fortil over Tyggemaven, medens de 3 øvrige Par følger Tarmen bagud og ender omtrent ved Begyndelsen af Halen. Paa Tværsnit (Fig. 2) viser disse sidste (cd, cv) sig grupperede næsten i Form af en Rosette omkring og tæt ind mod Tarmen, med et noget større Mellemrum mellem det dorsale Par.

nified figures of male and female, presented as transparent objects. The results at which I have arrived agree, upon the whole, pretty well with what Claus has here stated. Plate V, fig. 1 represents a female viewed laterally and greatly magnified, with the various organs drawn in the representation and coloured with different colours. Fig. 2 represents a transversal section of the body across nearly the middle of the truncus; the internal organs are coloured with the same colours as in the chief figure.

The intestinal tract.

The oesophagus is very short and rises perpendicularly from the oral aperture, connecting itself at almost a right angle with the foremost part of the intestine situated in the head. That foremost section of the intestinal tract is furnished with a pretty complicated chitinous skeleton (Pl. 4, fig. 3. 4) and forms thus a kind of masticatory stomach, somewhat like what is present in the Amphipods. Three chief parts may be distinguished in the chitinous skeleton, a front one, a medial one, and a back one. The front portion is somewhat flattened and contains 2 fillets which diverge to the front and are beset with a double series of fine. closely crowded chitinous spikes. Exactly at the mouth of the oesophagus there are further found, ventrally, 2 prominences in pairs, beset with bristles directed inwards. The medial part is pretty greatly swollen out and obliquely truncated behind, forming here a nearly bell-shaped dilation, from which a pair of densely hirsute flaps project. It is here that the liver-sacs pertaining to the intestine unite, in order to debouch into the cavity of the masticatory stomach. The posterior part finally forms a long sheath-like thin flap which is, on its free edges, beset with fine bristles, and only occupies the dorsal side of the intestine; and which, with its extremity drawn out to a fine point, extends far into the truncus itself. The intestine forms, otherwise, a plain cylindrical tube furnished with strong ring-muscles, which extends itself through the entire mesosome, the metasome, and the greater part of the urosome. At the extremity of the penultimate caudal segment, it connects itself to a short, strongly muscular rectum which opens below the base of the caudal rami. Of liver-sacs there are no less than 4 pairs found, all of them particularly slender, and so firmly connected to the intestine by fatty connective-tissue that it is extremely difficult to isolate them from it. The foremost pair of these sacs is very short and directed forwards above the masticatory stomach, while the 3 other pairs follow the intestine backwards and terminate at about the beginning of the urosome. In transversal sections (fig. 2) these last show themselves

Blodkarsystemet.

Hjertet (Fig. 1, Fig. 2, c) er af langstrakt spindel-
dannet Form og strækker sig, umiddelbart ovenfor
Tarmen, igjennem hele Midtkroppen og Storsteparten
af Bagkroppen, endende omtrent ved Enden af den-
nes 3die Segment. I Midtkroppens 5te Segment har
det sin største Vidde og viser her til hver Side en
meget ioinefaldende Tværspalte. En lignende, men
betydelig mindre Spaltaabning sees til hver Side
helt fortil, ved Hjertets Begyndelse. Claus har
desuden afbildet, mellem begge Par, 4 meget smaa
dorsale Spaltaabninger, som det dog ikke er lykkets
mig at faa se tydeligt. Fra Hjertets forreste Ende
udgaar en, inlfald i sit inderste Parti tydelig Arterie,
og ogsaa Hjertets bagre Ende har forekommet mig
at fortsætte sig i en lignende bagudlobende Arterie.
Noget virkeligt udviklet Blodkarsystem synes dog
neppe at være tilstede, og Blodet circulerer, som
hos andre lavere Crustaceer, væsentlig kun i væg-
løse Hulrum mellem Bindevævet og Musklerne.
I Branchialfødderne er allerede omtalt Tilstedevæ-
relsen af saadanne med binanden anastomoserende
Blodgange, navnlig i de 2 ydre Vedhæng (Exopodit
og Epipodit). Et lignende System af væglese Blod-
kanaler findes ogsaa mellem Rygskjoldets 2 Lamel-
ler, og da Cirknlationen her er meget livlig, har
man Grund til at antage, at Rygskjoldet spiller en
ikke uvæsentlig Rolle ved Dyrets Respiration.

Nervesystemet.

At undersøge Nervesystemet i sine Detailler,
er forbundet med særdeles store Vanskeligheder, da
dets Centraldele ligger saa tæt omgivne af Muskler
og Bindevæv, at de yderst vanskeligt lader sig
isolere ved Disection. Paa Tværsnit af Kroppen
(Pl. V, Fig. 2) kan man dog let orientere sig angaaende
Buggangliekjædens Beliggenhed (g), og kan herefter
bestemme dens Plads ogsaa i Profil af Dyret (se
Fig. 1). Hjerneganglict har det kun lykkets mig
at se temmelig ufuldstændigt. Det synes ikke at
være af nogen betydelig Størrelse, og udsender, for-
uden Synsnerverne, stærke Nervestammer til de
2 Par Følere. I Midtkroppen ligger de enkelte
Knuder af Buggangliekjæden tæt sammen, kun for-
bundne med meget korte og tykke Længdecommis-
surer, mellem hvilke der knapt er noget Mellemrum.
Selve Ganglierne er forholdsvis smaa og alle af ens
Størrelse, deres 2 Halvdele fuldkommen sammen-

1 — G. O. Sars: *Fauna Norvegiæ.*

(cd, cv), grouped nearly in the form of a rosette,
around and close in to the intestine, with a somewhat
largish interval between the dorsal pair.

The blood-vessel system.

The heart (fig. 1, fig. 2 c) is of elongate, fusi-
form shape, and extends, immediately above the
intestine, through the entire mesosome and the
greater part of the metasome, terminating at about
the extremity of the 3rd segment of the latter.
It has its greatest breadth in the 5th segment of
the mesosome, and exhibits here on either side a
very prominent transversal fissure. A similar, but
considerably smaller fissure-aperture is seen on each
side, quite in front, at the commencement of the
heart. Claus has illustrated besides, between both
pairs, 4 very small dorsal fissure-apertures, which
I have, however, not been fortunate enough to ob-
serve distinctly. From the foremost extremity of
the heart there issues a, at least in its innermost
portion, distinct artery; and also the posterior ex-
tremity of the heart has appeared, to me, to con-
tinue itself in a similar backward running artery.
Any real, developed blood-vessel system scarcely
appears, however, to be present; and the blood
circulates, as in other lower Crustaceans, princi-
pally, only in cavities, without walls, between the
connective-tissue and the muscles. In the branchial
feet, the presence of such blood passages, anastom-
osing with each other, has already been mentioned;
especially in the 2 outer appendages (exopodite and
epipodite). A similar system of blood-ducts, without
walls, is also found between the 2 lamellæ of the
carapace, and as the circulation is here very active
there is reason to suppose that the carapace plays
a not unimportant part in the respiration of the
animal.

The nervous system.

To investigate the nervous system in its details
is a matter of particularly great difficulty, as its
central portions lie so closely surrounded by muscles
and connective tissue that it is excessively difficult
to isolate them by dissection. In transversal sec-
tions of the body (Pl. V, fig. 2) we can, however, easily
obtain information concerning the situation of the
ventral ganglial chain (g), and can from this deter-
mine its situation also in a side-view of the animal
(see fig. 1). I have not been fortunate enough to
observe the ganglion of the brain very perfectly. It
does not appear to be of any considerable size, and
sends off, besides the optical nerves, powerful ner-
vous stems to the 2 pairs of antennæ. In the meso-
some, the individual knots of the ventral ganglial
chain lie close together, only connected by very
short and thick longitudinal commissures, between
which there is scarcely any interval. The ganglia

smeltede med hinanden og udsendende 2 stærke Sidestammer, der udbreder sig dels i Branchial-fødderne, dels i Kroppens Muskulatur, De 4 i Bag-kroppen beliggende Ganglier er betydelig større og ogsaa mere fjernede fra hinanden, med længere og mere tydeligt skilte Commissurer. I Halen løber 2 Nervestammer langs ad Bugsiden lige til Hale-grenene, og danner for hvert Par af de smaa Hale-fødder en liden ganglios Opsvulmning. En lignende synes ogsaa at findes ved Basis af Halegrenene.

Generationsorganerne.

Ovarierne er til sine Tider meget let at obser-vere hos det levende Dyr, da de med stor Tydelig-hed skinner igjennem Integumenterne paa Grund af sin intense rødgule Farve. De danner (se Pl. V, Fig. 1, Fig. 2, ov) 2 langstrakte Sække, der stræk-ker sig, til hver Side af Tarmen, igjennem hele Midtkroppen og Bagkroppen og rager endog et Stykke ind i Halen. I enhver af Sækkene findes kun en enkelt Række sig udviklende Æg, alle med tydelig Kimblære og grovkornet Blommemasse. Ægge-lederne har det ikke lykkets mig at faa se saa tyde-ligt, at jeg med Bestemthed kan angive deres Plads. Det har imidlertid forekommet mig, at de udmunder ved Basis af 6te Par Branchialfødder. Testes har omtrent samme Beliggenhed som Ovarierne og dan-ner ligesom disse simple Sække, men er betydelig smalere end disse. De munder, ifølge Claus ved Basis af sidste Par Branchialfødder.

Udvikling.

Æggene optages, som ovenfor nævnt, efter at være komne ud af Æglederne, i et Slags Rugehule, der ligger ind under Midtkroppen, omgiven af Ryg-skjoldets Valvler og delvis begrændset af Branchial-fødderne, hvis talrige krummede Endeborster hindrer dem fra at falde ud af Rygskjoldets Hule. De undergaar her sin hele Udvikling, og først naar Un-gerne er saa vidt komne, at de med Lethed kan be-væge sig i Vandet, forlader de Klækkehulen. Ud-viklingen er noiere studeret af den russiske Natur-forsker Kowalewsky, og mine Undersøgelser stemmer i alt væsentligt overens med hvad der af denne ud-mærkede Forsker er meddelt. Æggene er umiddel-bart efter at være optagne i Klækkehulen, af rødgul Farve og noget ovul Form. Senere antager de lidt efter lidt en noget lysere Conleur og bliver ogsaa mere gjennemsigtige. De er, som hos Flerheden af Crustaceerne, meroblastiske, idet Størsteparten af

themselves are relatively small and all alike in size; their 2 halves are completely coalescent with each other, and send off 2 powerful lateral stems which distribute themselves partly in the branchial feet and partly in the muscles of the body. The 4 ganglia situated in the metasome are considerably larger and also situated farther apart from each other, with longer and more distinctly separated commissures. In the urosome 2 nerve-stems pass along on the ventral side, right to the caudal rami, and form, for each pair of the small caudal feet, a small gangliar swelling. A similar swelling ap-pears also to be present at the base of the caudal rami.

The reproductive organs.

The ovaries are at times very easy to observe in the living animal, as they shine through the inte-guments with great distinctness, owing to their intense red-yellow colour. They form (see Pl. V, fig. 1, fig. 2, ov) 2 elongate sacs which extend them-selves to each side of the intestine through the entire mesosome and metasome, and reach even some way into the urosome. In each of the sacs there is found only a single series of developing ova, all having a distinct germinative vesicle and coarsely granular yolk substance. The ovarial ducts I have not been fortunate enough to observe so distinctly that I can with precision state their situation. It has, however, appeared to me that they debouch at the base of the 6th pair of branchial feet. The testicles have nearly the same situation as the ovaries and, like these, form plain sacs, but are considerably narrower than them. According to Claus they debouch at the base of the last pair of branchial feet.

Development.

The ova are received, as above stated, after having been discharged from the ovarial ducts, in a kind of hatching cavity, which is situated in below the mesosome, surrounded by the valves of the carapace and partly limited by the branchial feet whose numerous bent terminal bristles prevent them from falling out of the cavity of the carapace. They undergo here their entire development, and first when the young ones have advanced so far that they can move themselves with ease in the water do they abandon the hatching cavity. The development has been closely studied by the Russian naturalist Kowalewsky, and my investigations agree in all material points with what has been stated by that eminent investigator. The ova are, imme-diately after having been received into the hatching cavity, red-yellow in colour, and somewhat oval in shape. Subsequently they, little by little, assume

Æggets Blommemasse ikke undergaar nogen Klovning. Ifølge Kowalewsky dannes det blastodermale Cellelag ved den successive Kløvning af en enkelt stor Polarcelle. Paa et temmelig tidligt Udviklingsstadium, som er fremstillet Pl. V, Fig. 6, finder vi, at Blommemassen i den ene Halvdel af Ægget er bægerformigt omgivet af et Lag af klare Celler, der navnlig i Kanten af Ægget tydeligt hæver sig af fra den mere ugjennemsigtige rødgule Blommemasse. Dette er den sig dannende Blastoderm. Det første Anlæg til Embryonet antydes ved en svag transversal Indbugtning i Blastodermen, begrændset af 2 noget fremspringende Vulster. Den ene af disse Vulster forestiller Overlæben, den anden Haleenden (se Fig. 7 og 8). Til hver Side af den ovenomtalte Indbugtning viser sig noget senere 3 tværstillede langagtige Forhøininger, der forestiller Anlægget til de 2 Par Følere og Mandibularpalperne, og foran dem sees til hver Side en utydeligt begrændset rundagtig Udvidning, der aabenbart er Anlægget til Øienstilkene. Embryonet, der endnu er omgivet af Æggehinden, befinder sig nu i det saakaldte Naupliusstadium. Senere optræder, bag de 3 Par ovenomtalte Lemmeanlæg, successivt en dobbelt Række af mindre Forbøininger, der antyder Anlægget til de følgende Lemmer (se Fig. 7). Samtidigt bliver den transversale Indbugtning dybere, Haleenden sondrer sig tydeligere og stræber at fjerne sig fra Overlæben, hvad der tilsidst, i Forbindelse med Embryonets Væxt, har tilfolge at Æggehinden brister og skaller af. Det Stadium, som nu følger, er det saakaldte Puppestadium, som er fremstillet Fig. 9 og 10. Embryonet, som nu kun er omgivet af en overordentlig tynd og gjennemsigtig Membran, Larvehuden, viser ikke længere den oprindelige ventrale Krumning, men har strakt sig fuldt ud i Længden og endog antaget en svag dorsal Boining. Formen er næsten kølledannet, idet Legemet fortil ligesom er opblæst, paa Grund af en betydelig Rest af Blommemassen, der fylder det her dorsalt. Man kan saaledes egentlig paa Legemet adskille to temmelig skarpt sondrede Hoveddele, en næsten kugleformigt opsvulmet forreste Del, og en betydelig smalere, næsten cylindrisk og bagtil i en stump Spids udgaaende Del. Den første svarer nærmest til Hovedet hos det voxne Dyr, medens den sidste i sig indbefatter baade Midtkrop, Bagkrop og Hale. Saavel paa den forreste som bagerste Del kan der nu adskilles en dobbelt Række af lemnelignende Fremspring, men af et endnu yderst ufuldkommen Udseende, kun dannende simple koniske tillobende Fortsætser. Størst og tydeligst sondrede er de 2 forreste Par (a¹, a²) som forestiller de 2 Par Følere. De har en næsten pølsedannet Form og er boiede bagud langs Siderne af Forkroppen. Imellem dem i Midten sees et tydeligt klapformigt Fremspring (L), som er Overlæben, og foran dem til hver Side en

a somewhat lighter colour and also become more transparent. They are, as in most of the Crustacea, meroblastic, as the greater part of the ovum's yolk does not undergo any segmentation. According to Kowalewsky, the blastodermatic cellular layer is formed by the successive segmentation of a single large polar cell. In a pretty early stage of development, which is represented in Pl. 4, fig. 6, we find that the yolk in the one half of the ovum is surrounded by a cup-shaped layer of clear cells which, especially on the edge of the ovum, distinguish themselves from the more opaque red-yellow yolk. That is the Blastoderm in course of formation. The first rudiments of the embryo is indicated by a faint transversal incurvation of the blastoderm, limited by 2 projecting swellings. The one of these swellings represents the upper lip, the other the caudal extremity (see fig. 7 and 8). On each side of the above-mentioned in-curvature there, somewhat later, appear 3 transversally placed, elongate prominences which represent the rudiments of the 2 pairs of antennæ and the palpi of the mandibles; and in front of them there is seen on either side an indistinctly limited, roundish dilatation, which is evidently the rudiment of the ocular peduncles. The embryo, which is still surrounded by the skin of the ovum, finds itself now in the so-called Nauplius stage. Subsequently there appears, behind the rudiments of the 3 pairs of appendages above mentioned, successively, a double series of smaller prominences, which indicate the rudiments of the succeeding appendages (see fig. 7). At the same time the transversal in-curvature becomes deeper, the caudal extremity separates itself more distinctly and endeavours to remove itself from the upper lip, with the eventual effect, in connection with the growth of the embryon, that the skin of the ovum bursts and scales off. The stage which now succeeds is the so-called pupa stage, represented in fig. 9 and 10. The embryo, which is now only surrounded by an extraordinarily thin and transparent membrane, the larval skin, no longer exhibits the original ventral curvature, but has stretched itself fully out in length, and even assumed a faint dorsal curvature. The shape is almost clavate, as the body in front is, as it were, blown out, owing to a considerable remnant of the yolk substance which here occupies it dorsally. We can thus in the body really distinguish two pretty sharply separated chief parts, an almost globularly shaped swollen front part, and a considerably narrower, almost cylindrical, part passing out in a blunt point behind. The first named corresponds closest to the head of the adult animal, while the last-named contains within itself the mesosome, the metasome and the urosome. In the front, as well as in the posterior part, there can now be distinguished a double series of limb-like prominences

temmelig stor rundagtig Forhoining (O), Anlægget til Øienstilkene. Bag Folerne følger 3 Par ligeledes polsedannede, men betydelig mindre Vedhæng, hvori man let erkjender Anlægget til Mandibularpalperne (Mp) og de 2 Par Kjæver (m¹, m²). Langs Siderne af den bagre Del af Legemet sees en nafbrudt Række af ialt 11 Par simpelt koniske Fortsatser, hvoraf de 8 forreste er af fuldkommen ens Udseende og staar næsten ret ud til Siderne, medens de 3 bagerste Par er mindre tydeligt fremragende og mere nedadrettede. Alle disse Fortsatser er egentlig kun simple poseformige Udkrængninger af Larvehuden, og først indenfor dem sees Anlægget til et tilsvarende Antal Lemmer. De forstnævnte 8 Par Fortsatser (brp) synes at svare til et lignende Antal Branchialfødder, medens de 3 bagerste Par (pl) aabenbart antyder ligesaamange Svommefødder. Den bagenfor liggende Del af Puppens Legeme er uden ethvert Spor af Fortsatser og simpelt koniskt tilløbende. Indenfor den gjennemsigtige Larvehud, som temmelig løst omgiver den bagre Del af Embryonets Krop, er allerede en tydelig Segmentering bemærkelig, og man kan herved temmelig noie bestemme Grændsen mellem de forskjellige Kropsafsnit. Kun det bagerste Afsnit, Halen er endnu ufuldkommen segmenteret. I den forreste Del af Legemet sees til hver Side, ligeledes indenfor Larvehuden, en utydelig halvcirkelformigt buet Linie (c), der forestiller den frie Kant af det sig udviklende Rygskjold, og helt fortil, umiddelbart ovenover Anlægget til Øienstilkene, er der et lidet knudeformigt Fremspring (R), der aabenbart forestiller den sig udviklende Pandeplade. I Axen af den bagre Del af Legemet har allerede Tarmen anlagt sig i Form af en med et klart lysegult Inhold fyldt simpel Kanal, der dog endnu er lukket i sin bagre Ende, medens den fortil staar i aaben Kommunication med den rummelige, af Blommemasse fyldte Hule, der indtager den dorsale Del af Hovedet. Fig. 11 forestiller det umiddelbart efter Puppestadiet følgende Udviklingstrin. Hvad der væsentlig adskiller dette Stadium fra det foregaaende, er, at Larvehuden nu er afkastet, saa at de forskjellige Kropsvedhæng alle er frit fremragende, ligesom Legemets Segmentering ogsaa udvendigt er tydelig. Den dorsale Krumning af Embryonet er nu saa stærk, at Legemet næsten beskriver en fuldstændig Halvcirkel. De til Hovedet hørende Lemmer har voxet adskilligt i Størrelse, men er forøvrigt kun lidet forandrede. Dog bemærkes paa det forreste Par (a¹) en liden Bigren, som antyder det bladformige Appendix. Branchialfødderne (brp) er tilstede i sit fulde Antal (8 Par) og viser sig alle dybt tvekløftede, samt lige nedadrettede. Derimod findes der endnu kun anlagte 3 Par Svommefødder (pl), idet det 4de Par først meget senere udvikler sig. Heller ikke sees noget Spor af Halefødder. Halen selv har imidlertid nu sit fulde Antal

which however have, as yet, an extremely imperfect appearance, forming · only plain conically shaped prolongations. The 2 foremost pairs (a¹, a²) which represent the 2 pairs of antennæ, are the largest and most distinctly separated. They have almost a sausage-shape, and are curved backwards along the sides of the anterior body. Between them, in the middle, there is seen a distinct flap-shaped prominence (L.), which is the upper lip, and in front of them, on either side, a pretty large roundish prominence (O), the rudiments of the ocular stems. Behind the antennæ succeed 3 pairs, likewise sausage-shaped, but considerably smaller appendages, in which we easily recognize the rudiments of the mandibular palps (Mp) and the 2 pairs of maxillæ (m¹, m²). Along the sides of the posterior part of the body there is seen a continuous series of 11 plain, conical projections in all, the 8 foremost ones of which are of exactly the same appearance and stand almost straight out at the sides, while the 3 backmost pairs are less distinctly projectant and directed more downwards. All these projections are really only plain bag-shaped bulgings of the larval-skin, and first to the inside of them is there seen the rudiments of a corresponding number of appendages. The first named 8 pairs of projections (brp) correspond, it would seem, to a similar number of branchial feet, whilst the 3 backmost pairs (pl) evidently indicate the same number of swimming feet. The portion of the body of the pupa situated behind is without the least trace of projections and runs out in plain conical form. Inside of the transparent larval skin, which pretty loosely surrounds the posterior portion of the body of the embryot, there is already a distinct segmentation noticeable, and we can by it pretty distinctly determine the demarcation between the various divisions of the body. The backmost division only, the urosome, is as yet imperfectly segmented. In the anterior part of the body there is seen on either side, likewise inside the larval skin, an indistinct, semicircular curved line (c), which represents the free edge of the carapace in course of development; and quite in front, immediately above the rudiments of the ocular stems, there is a small nodular prominence (R) which evidently represents the frontal plate in course of development. In the axis of the posterior part of the body the intestine has already begun to appear in the form of a plain canal, filled with a clear light yellow substance, which is still closed at its posterior extremity, whilst, in front, it stands in open communication with the roomy cavity filled with yolk substance which occupies the dorsal part of the head. Fig. 11 represents the stage of development immediately succeeding the pupa stage. What chiefly distinguishes this stage from the preceding one is, that the larval skin is now thrown off, so that the various

Segmenter, og Halegrenene er tydeligt afsatte samt hver i Spidsen forsynet med en kort Borste. Pandepladen (R) er nu tydeligt fremragende, og Øienstilkene (O) har antaget en noget konisk Form samt viser i sin ydre Del den første svage Antydning til Dannelse af Synselementer. Til hver Side af Tarmen bemærkes i Midtkroppen en temmelig plump og kort cylindrisk Sæk, der aabenbart forestiller en af Leversækkene. Den dorsale Del af Forkroppen er endnu stærkt opblæst og fyldt af rødgul Blommemasse. Umiddelbart nedenfor denne Del sees nu tydeligt de frie Kanter af Rygskjoldet. De Forandringer, Embryonet endnu har at gjennemgaa, er ganske successive. Den tilbageværende Rest af Blommemassen opbruges lidt efter lidt, og samtidigt aftager den dorsale Opsvulning af Hovedet i Størrelse, medens Rygskjoldets Valvler mere og mere voxer ud over Siderne af Midtkroppen. De forskjellige Kropsvedhæng udformes og indtager den for dem characteristiske Stilling i Forhold til Legemet, hvorved ogsaa meget snart Nebalia-Habitusen bliver fremtrædende. Fig. 12 fremstiller Ungen, naar den er færdig til at forlade Klækkehulen. Man har ingensomhelst Vanskelighed med i den at erkjende en ung Nebalia. Den eneste væsentlige Afvigelse er, at der fremdeles kun er 3 Par Svømmefødder tilstede. Af det 4de Par sees kun et ubetydeligt Anlæg bag de øvrige, i Form af et Par smaa knudeformige Fremspring (p¹). Ungen kan nu bevæge sig frit i Vandet og ernære sig selv; men det varer endnu adskillig Tid, inden de forskjellige Vedhæng opnaar sin fulde Udvikling og faar sin normale rigelige Borstebesætning. Af alle Vedhæng er 4de Par Svømmefødder de, som udvikler sig senest.

appendages of the body are all freely projectant, while, also, the segmentation of the body is distinct externally. The dorsal curvature of the embryo is now so great, that the body almost describes a complete semi-circle. The appendages pertaining to the head have considerably increased in size, but are otherwise only little changed. Still there may be noted on the foremost pair (a¹) a little sub-branch that indicates the lamelliform appendage. The branchial feet (brp) are present in their full number (8 pairs) and show themselves to be all deeply fissured and directed straight downwards. On the other hand, there are as yet only found 3 pairs of swimming feet (pl) in a rudimentary state, as the 4th pair only much later becomes developed. Neither is there any trace of caudal feet observed. The urosome itself has now, however, its full number of segments, and the caudal rami are distinctly projected and each furnished with a short bristle at the tip. The frontal plate (R) is now distinctly projectant, and the ocular stems have now assumed a somewhat conical form and in their external part exibibit the first faint indication of the formation of visual elements. In the mesosome, on each side of the intestine, there is noticed a pretty stout and short cylindrical sac, which evidently represents one of the liver sacs. The dorsal part of the anterior body is still greatly blown out and filled with red-yellow yolk substance. Immediately below that part the free edges of the carapace are now distinctly seen. The changes that the embryon has yet to undergo are quite successive. The remains of the yolk substance are little by little used up, and the dorsal swelling of the head becomes at same time reduced in size, while the valves of the carapace grow more and more out over the sides of the mesosome. The various appendages of the body become fully formed and occupy the characterstic position in relation to the body peculiar to them, causing thus the Nebalia habitus very soon to become prominent. Fig. 12 represents the young one when it is ready to abandon the hatching cavity. We have no difficulty whatever, in recognizing in it a young Nebalia. The only material divergence is, that there are still only 3 pairs of swimming feet present. Of the 4th pair there is only seen a faint rudiment behind the others, in the shape of a pair of small nodular prominences (p¹). The young one can now move itself freely in the water, and nourish itself; but some time still passes, before the various appendages attain their full development and acquire their normal, abundant bristle-covering. Of all the appendages, the 4th pair of swimming feet are those which develope themselves latest.

Forekomst og Levevis.

Den her omhandlede mærkelige Dyreform forekommer ikke sjelden langs vor hele Kyst, fra Christianiafjorden til Vadso, men synes idetbele at optræde baade hyppigst og kraftigst udviklet i vor arktiske Region. I stor Mængde har jeg saaledes fundet den paa en Plads i Lofoten, Brettesnæs, hvor mange hundrede Individer indsamledes i Lobet af et Par Dage, og ogsaa ved Finmarken har jeg paa sine Steder truffet den i mængdevis. Den pleier at holde til paa maadeligt Dyb, fra 10 til 30 Favne, og helst paa saadanne Steder, hvor Bunden er dækket af forraadnende Tangarter, hvoraf den for en væsentlig Del synes at ernære sig. Ligesom Tilfældet er med flere andre Crustaceer, synes Hannerne kun til visse bestemte Tider af Aaret at opnaa fuld Slægtsmodenhed, og optræder da kun ganske enkeltvis. Derimod er endnu ikke slægtsmodent udviklede Hanner at finde til enhver Tid af Aaret og næsten i samme Antal som Hunnerne. I Maaden at bevæge sig paa, ligesom i hele ydre Habitus, har dette Dyr en umiskjendelig Lighed med en colossal Copepode; navnlig er den habituelle Overensstemmelse med visse Harpacticider meget paafaldende. Ligesom hos disse sidste, er Legemet overordentlig boieligt, navnlig i dorsal Retning, og kan ofte krummes saa stærkt, at Halegrenene kommer i Contact med Pandepladen. Bevægelsen sker stødvis ved kraftige og temmelig rytbmiske Slag af Svommefødderne, hvorved Legemet drives frem med temmelig betydelig Fart. De slægtsmodne Hanner er overordentlig raske i sine Bevægelser og foretager ofte længere Udflugter i Vandet. Derimod holder Hunnerne og de endnu ikke fuldt udviklede Hanner sig i Regelen ved Bunden og bevæger sig her mellem Bundmaterialet, ialmindelighed paa Siden. De forstaar herunder med stor Behændighed at skjule sig mellem Mudret eller de hensmuldrende Tangrester, som bedækker samme, saa det slet ikke er saa let at finde dem frem, trods den ikke ubetydelige Størrelse. Lettest opdager man dem ved at slaa det optagne Bundmateriale ud i et fladt Kar, med en ubetydelig Kvantitet af Sjøvand. De tilstedeværende Exemplarer vil da, især naar man rorer lidt om i Bundsatsen, snart vise sig paa Overfladen af Vandet, og da de i Lighed med forskjellige andre Crustaceer ikke formaar at komme ned i Vandet igjen, efterat de forst er komne i Berorelse med Luften, kan de med Lethed opsamles i levende Tilstand. Bringer man et helst yngre Individ i en passende Kvantitet Sjovand under Mikroskopet, kan man saa noiere studere de forskjellige Livsytringer og kan gjennem de halvt gjennemsigtige Integumenter observere Hjertets Pulsationer, Tarmens peristaltiske Bevægelser og Branchialføddernes Spil. Disse sidste, der ingensomhelst Indflydelse har paa Locomotionen, vil man i Regelen finde i en

Distribution and habits.

The remarkable animal form spoken of here appears not rarely along our entire coast, from the Christianiafiord to Vadso, but seems, on the whole, to appear most frequently, and most powerfully developed in our Arctic region. I have thus found it in great abundance at a place, Brettesnæs in Lofoten, where many hundreds of individuals were collected in the course of a couple of days; and also in Finmark I have, in certain places, met with it in great abundance. It is accustomed to keep itself at a moderate depth, from 10 to 30 fathoms, and preferably in those places where the bottom is covered with decomposing sea-weed of which it appears, to a material extent, to nourish itself. Like what is the case with several other Crustaceans, the males appear to only attain full power of reproduction at certain fixed seasons of the year, and are then met with only quite solitary. On the other hand, not fully reproductively ripe developed males are to be found at all seasons of the year, and almost in equal number to the females. In manner of movement, as well as in entire external habitus this animal has an unmistakable likeness to a colossal Copepod, especially is the habitual agreement with certain Harpacticidæ very striking. Like as in those last, the body is extraordinarily flexible, especially in dorsal direction, and may ofen be so strongly bent that the caudal branches come into contact with the frontal plate. The movement takes place in jerks, with powerful and tolerably rythmical strokes of the swimming feet, by which the body is drawn forwards with pretty considerable speed. The reproductively ripe males are extraordinarily active in their movements, and frequently make long excursions in the water. On the other hand, the females and the not yet fully developed males remain, as a rule, at the bottom, and move here among the material of the bottom, generally on the side. In doing this they understand to conceal themselves with great dexterity in the mud, or the decomposing remains of sea-weed which covers it, so that it is not at all easy to search them out, in spite of the not inconsiderable size. We find them easiest by pouring the collected bottom material into a flat vessel, along with an inconsiderable quantity of sea-water. The specimens present will then, especially if the bottom stuff is stirred a little up, soon show themselves on the surface of the water, and as they, like several other Crustaceans, are unable to swim downwards in the water again after they have first come into contact with the air, they may with case be collected in the live state. If we place, preferably a young individual, in a suitable quantity of sea-water, under the microscope, we can then more closely study the various features

regelmæssig svingende rythmisk Bevægelse, som kun for kortere Tid ganske kan stoppes. Denne Bevægelse har væsentlig respiratoriske Formaal, men er ogsaa af stor Betydning for Næringsoptagelsen. Ved disse Lemmers Spil frembringes nemlig indenfor Rygskjoldets Valvler en fortil gaaende Strømning af Vandet, hvormed de Smaapartikler, der tjener Dyret til Føde, hvirvles indenfor Munddelenes Omraade. Vandet strømmer herunder i en continuerlig Strøm ud fra Rygskjoldets forreste Ende, nedenfor Pandepladen. Derfor holdes denne altid, under Branchialfoddernes Bevægelse, ligefortil strakt, medens den i Regelen, saasnart Bevægelsen stopper, boies nedad, hvorved den som en Klap tillukker den forreste Aabning af Rygskjoldet.

Udbredning. Arten synes at have en ganske overordentlig vid geographisk Udbredning. Foruden ved Norges Kyster er den observeret i de arktiske Have, ved Grønland, Spitsbergen og Island, fremdeles ved Nordamerikas Østkyst, ved de britiske Øer, og idethele langs hele, Europas Nordsø- og Atlanterhavskyst, ligesom den ogsaa forekommer i Middelhavet, hvor den paa sine Steder, som i Golfen ved Neapel, ikke er ualmindelig.

2. Nebalia typhlops, G. O. Sars.

(Pl. 1, Fig. 4, Pl. IV, Fig. 9—19).

Nebalia typhlops, G. O. Sars, Nye Dybvandscrustaceer fra Lofoten; Chr. Vid. Selsk. Forh. f. 1869.

Artscharacteristik. Meget lig foregaaende Art i sin almindelige Habitus, skjøndt maaske lidt mere undersætsig af Form. Rygskjoldet, seet fra Siden, af oval Form, lidt lavere fortil og med de nedre Kanter jevnt bnede paa Midten. Pandepladen vel udviklet, aflang oval, stærkt hvælvet oventil og forsynet i Enden med et spidst tornformigt Fremspring, Øinene yderst smaa og rudimentære, koniskt tillobende i Enden, og uden Spor af Pigment eller Synselementor. De øvre Folere (hos Hunnen) forholdsvis kortere end hos foregaaende Art, med Svoben neppe længere end Skaftet og kun sammensat af 10 Led, det bladformige Appendix temmelig forlænget, næsten halvt saa langt som Svoben. De nedre Folere omtrent som hos *N. bipes*. Branchialfodderne med Endopoditen meget tynd og stærkt forlænget, omboiet i Spidsen og forsynet med lange divergerende Fjærbørster; Epipoditen med den dor-

of life, and may through the semi-transparent integuments observe the pulsations of the heart, the peristaltic movements of the intestine, and the play of the branchial feet. These last, which have no influence whatsoever on the locomotion, we will usually find in a regular, swinging, rythmical motion, which only for a short time may be quite stopped. That motion has chiefly a respiratory function, but is also of great importance in securing the nourishment. By the play of these appendages there is produced, namely, inside of the valves of the carapace, a forward current of the water by which the small particles that serve the animal for food are drawn within the area of the oral parts. The water during this flows out in a continuous stream from the foremost extremity of the carapace below the frontal plate. It is therefore always held stretched straight forward during the motion of the branchial feet, whilst, as a rule, as soon as the motion ceases, it is bent downwards, by which action it, like a cover, closes the foremost aperture of the carapace.

Distribution. The species seems to have quite an extraordinarily extensive geographical distribution. Besides on the Norwegian coasts, it is observed in the Arctic seas, at Greenland, Spitzbergen and Iceland; further, off the east coast of North America, at the British Islands, and, as a whole, along the entire North sea and Atlantic coasts of Europe; and, it likewise occurs in the Mediterranean, where it, in certain places, such as the Gulf of Naples, is not uncommon.

2. Nebalia typhlops, G. O. Sars.

(Pl. I, fig. 4, Pl. IV, figs 9—19).

Nebalia typhlops, G. O. Sars, Nye Dybvandscrustaceer fra Lofoten; Chr. Vid. Selsk. Forh. f. 1869.

Specific Characters. Very like the preceding species in its general habitus, although, perhaps, a little more stumpy in shape. Carapace, viewed laterally, oval in form, a little lower in front, and with the lower edges evenly curved at the middle. Frontal plate well developed, oblongo-oval, strongly arched above, and furnished at, the extremity with a pointed spiniform prominence. Eyes extremely small and rudimentary, passing into conical form at the end, and without trace of pigment or visual elements. Superior antennæ (in female) relatively shorter than in the preceding species, with the flagellum scarcely longer than the peduncle and only composed of 10 joints; the lamelliform appendage rather prolonged, almost half the length of the flagellum. Inferior antennæ about as in *N. bipes*. Branchial feet with the endopodite very slender and greatly prolonged,

sale Lob betydelig større end den ventrale. Første Par Svømmefødder med Yderkanten af den ydre Gren kun forsynet med 3 Smaatænder, umiddelbart ovenfor den 1ste Endetorn. Halegrenene noget kortere end de 2 bagerste Segmenter tilsammen, Farven hvidagtig, uden Pigmentering. ' Dyrets Længde 9 mm.

Bemærkninger. Den her omhandlede Art staar vistnok meget nær foregaaende, men er dog let kjendelig fra samme ved forskjellige vel udprægede Characterer, hvoraf navnlig maa fremhæves den rudimentære Beskaffenhed af Øinene og Pandepladens Form og Bevæbning. Ogsaa i Bygningen af de forskjellige Kropsvedhæng vil man ved en noiere Sammenligning kunne paavise en Del mindre Differentser fra samme hos *N. bipes.*

Beskrivelse. Legemets Form hos Hunnen (se Pl. 1, Fig. 4) stemmer idethele temmelig nøie overens med samme hos foregaaende Art, skjøndt den maaske er noget mindre slank. Hannen er endnu ubekjendt. Rygskjoldet er som hos *N. bipes* stærkt sammentrykt og viser, seet fra Siden, en temmelig regelmæssig oval Form, med den største Hoide, der er noget større end den halve Længde, omtent paa Midten. De frie Kanter af Valvlerne er nedentil jevnt buede og danner helt fortil en stærk Krumning, inden de støder sammen ved Basis af Pandepladen. Bagtil viser de sig skraat afskaarne i Retningen forfra bagtil, og de nedre bagre Hjørner af Rygskjoldet danner derfor, som hos foregaaende Art, til hver Side en smalt afrundet Lap, der dækker Siderne af Bagkroppen og næsten rækker til Begyndelsen af Halen. Pandepladen (se Pl. IV, Fig. 9, 10) er vel udviklet og af meget smal tungedannet Form, temmelig stærkt hvælvet oventil, og forsynet i Enden med et spidst tornformigt Fremspring, der danner Fortsættelsen af en langs den nedre Side løbende Kjøl. Sidste Bagkropssegment har, som hos foregaaende Art, et Par smaa afrundede Epimerer og er ligesom de 3 følgende Halesegmenter grovt sagtakket i den bagre Kant. Halegrenene er noget kortere end de 2 foregaaende Segmenter tilsammen, forøvrigt af fuldkommen samme Bygning som hos foregaaende Art.

Øinene (se Pl. IV, Fig. 9, 11) udmærker sig i hoi Grad ved sin ringe Størrelse og rudimentære Beskaffenhed, og rager kun lidet frem fra Rygskjoldet, hvorfor de let kan forbisees. De er, som hos *N. bipes*, dækkede oventil af en skjælformig, spidst udløbende Plade. Selve Øienstilken er af konisk

recurved at the tip and furnished with long divergent plumose bristles; the epipodite with the dorsal lobe considerably larger than the ventral one. First pair of swimming feet with the exterior branch furnished only with 3 small teeth immediately above the 1st terminal spine. Caudal rami somewhat shorter than the 2 backmost segments taken together. Colour whitish, without pigmentation. Length of the animal 9 mm.

Remarks. The species here spoken of is certainly very nearly allied to the preceding one, but still is easily distinguishable from same by various well defined characteristics, of which may especially be noticed the rudimentary character of the eyes, and the shape and armature of the frontal plate. Also in the structure of the various appendages of the body, we may, on a closer comparison, be able to notice a number of smaller differences in the same from those of *N. bipes.*

Description. The shape of the body of the female (see Pl. I, fig. 4) agrees, on the whole, pretty exactly with that of the preceding species, although it is, perhaps, somewhat less slender. The male is yet unknown. The carapace is, as in *N. bipes,* strongly compressed and exhibits, viewed laterally, a pretty regular, oval form; with the greatest height, which is somewhat more than half the length, at about the middle. The free edges of the valves are evenly curved below, and form, quite in front, a strong curvature until they unite at the base of the frontal plate. At the back they show themselves obliquely truncated in a direction from back to front, and the lower posterior corners of the carapace form, therefore, as in the preceding species, on each side, a narrow rounded lobe which covers the sides of the metasome and extends almost to the commencement of the urosome. The frontal plate (see Pl. IV, figs. 9, 10) is well developed and of very narrow linguiform shape, pretty strongly arched above, and furnished at the extremity with a pointed spiniform prominence which forms the continuation of a carnia that runs along the lower side. The last segment of the metasome has, as in the preceding species, a pair of small rounded epimera, and are, as well as the 3 succeeding caudal segments, coarsely serrated on the posterior edge. The caudal rami are somewhat shorter than the 2 preceding segments taken together, otherwise of perfectly the same structure as in the preceding species.

The eyes (see Pl. IV, figs. 9, 11) distinguish themselves in a high degree by their small size and rudimentary character, and only project a little forward from the carapace; for which reason they may easily be overlooked. They are, as in *N. bipes,* covered above with a squamiform plate running

Form, uden nogen bemærkelig Opsvulmning i Enden. Af Pigment eller Synselementer er der ikke det ringeste Spor at opdage.

De øvre Følere (se Pl. IV, Fig. 9) er forholdsvis kortere end hos foregaaende Art, forøvrigt af en meget lignende Bygning. Svøben er kun lidet længere end Skaftet og kun sammensat af 10 Led. Det skjælformige Appendix er derimod forholdsvis større end hos foregaaende Art, næsten halvt saa langt som Svøben, og af en mere aflang Form, forøvrigt forsynet med en lignende kostformig Besætning af stive Børster.

De nedre Følere (ibid.) stemmer idethele saa nøie overens med samme hos foregaaende Art, at en nøiere Beskrivelse er unødvendig.

Ogsaa Munddelene viser en meget lignende Bygning, skjøndt enkelte mindre Differentser ved nøiere Sammenligning lader sig paavise. Saaledes er Mandiblernes Palper (se Fig. 12) forholdsvis noget mindre, og deres 2det Led har kun en enkelt meget stærk Børste i den ydre Kant nær Spidsen. Første Par Kjæver (Fig. 13) er ligeledes noget svagere udviklede, men forøvrigt paa det nærmeste af samme Udseende som hos *N. bipes*. Paa 2det Par Kjæver (Fig. 14) er Endognathens 2 Led kun ufuldkomment sondrede og næsten af ens Længe; Exognathen er neppe mere end halvt saa lang og har et ringere Antal Randbørster end hos *N. bipes*.

Branchialføddene (Fig. 15, 16) udmærker sig navnlig ved Endopoditens Længde og Tyndhed. Paa de forreste Par overrager den betydeligt Exopoditen og har sidste Led stærkt ombøiet samt besat med særdeles lange divergerende Fjærbjørster. Exopoditen er af skjævt oval Form og forsynet med flere Randbørster, hvoraf de yderste er tydeligt cilierede. Epipoditen har paa alle Par den dorsale Lap betydelig mindre end den ventrale, medens det omvendte var Tilfældet hos foregaaende Art. Som hos denne, bemærkes nogen Forskjel i de forskjellige Hoveddeles indbyrdes Forhold paa de forskjellige Par Branchialfødder. Sidste Par (Fig. 16) har saaledes et fra 1ste Par (Fig. 15) temmelig afvigende Udseende og skiller sig ogsaa kjendeligt fra det tilsvarende hos *N. bipes* (Pl. III, Fig. 6). Endopoditen er her, i Modsætning til hvad Tilfældet er med de øvrige Par, meget kort og uden nogen tydelig Leddeling, og Exopoditen er ligeledes forholdsvis mindre end hos *N. bipes* og i Yderkanten forsynet med en Rad af cilierede Børster. Fem lignende Fjærbørster findes ogsaa paa den korte og tilrundede ventrale Lap af Epipoditen.

Svømmeføddene forholder sig i alt væsentligt som hos *N. bipes*; kun er de idethele af en noget

out to a point. The ocular stem itself is of conical shape, without any noticeable swelling at the extremity. There is not the slightest trace of pigment or visual elements to be discovered.

The superior antennæ (see Pl. IV, fig. 9) are relatively shorter than in the preceding species, otherwise of a very similar structure. The flagellum is only a little longer than the peduncle and is composed of only 10 joints. The squamiform appendage is, on the contrary, relatively larger than in the preceding species, almost half the length of the flagellum and more oblong in form, otherwise furnished with a similar supply of stiff bristles.

The inferior antennæ (ibid.) agree, upon the whole, so exactly with those of the preceding species that a more detailed description is unnecessary.

The oral parts also exhibit a very similar structure, although upon a closer comparison a few small divergencies may be observed. Thus the palpi of the mandibles (see fig. 12) are relatively somewhat smaller, and their 2nd joint has only a single, very strong bristle on the outer edge, near the tip. The first pair of maxillæ (fig. 13) are likewise somewhat more faintly developed; but otherwise pretty nearly of the same appearance as in *N. bipes*. In the 2nd pair of maxillæ the 2 joints of the endognath are only imperfectly separated and almost equal in length; the exognath is scarcely more than half as long, and has a smaller number of marginal bristles than in *N. bipes*.

The branchial feet (fig. 15, 16) especially distinguish themselves by the length and slenderness of the endopodite. In the foremost pairs it considerably overreaches the exopodite, and has the terminal joint strongly recurved, and also beset with particularly long, diverging plumose bristles. The exopodite is of oblique, oval form, and furnished with several marginal bristles, of which the outermost are distinctly ciliated. The epipodite has, in all pairs, the dorsal lobe considerably smaller than the ventral one, whilst the opposite was the case in the preceding species. As in that, there is observed some difference in the mutual relations of the various chief parts of the different pairs of the branchial feet. The last pair (fig. 16) have thus a pretty divergent appearance from the 1st pair (fig. 15), and distinguish themselves perceptibly from the corresponding pair in *N. bipes* (Pl. III, fig. 6). The endopodite is here, in contrast to what is the case in the other pairs, very short, and without any distinct articular division; and the exopodite is likewise relatively smaller than in *N. bipes*, and is furnished on the outer edge with a series of ciliated bristles. Five similar plumose bristles are also found on the short and rounded ventral lobe of the epipodite.

The swimming feet have, in all essential respects, the same structure as in *N. bipes*; only that they

mere smækker Form. Paa 1ste Par (Fig. 17) er der
dog den Forskjel. at Yderkanten af den ydre Gren
kun har, umiddelbart ovenfor den yderste Torn,
3 Smaapigge, medens hos *N. bipes* hele denne Kant
er tæt og regelmæssigt pigget.

De 2 Par rudimentære Halefødder (Fig. 18, 19)
viser ligeledes et Udseende, meget nær overens-
stemmende med samme hos denne Art, alene med
den Forskjel, at Tornernes Antal paa begge er noget
ringere.

Farven er hos det levende Dyr hvidagtig, uden
nogen bemærkelig Pigmentering. Integumenterne er
tynde og gjennemsigtige, saa de indre Organer tem-
melig tydeligt skinner igjennem.

Æggene i Klækkehulen er forholdsvis store og
af en meget bleg gulagtig Farve.

Længden af den ægbærende Hun er kun 9 mm.,
Størrelsen er altsaa betydelig ringere en hos *N. bipes*.

Forekomst. Jeg har hidtil kun seet 3 Expl. af
denne Art, alle Hunner. De blev tagne til forskjel-
lige Tider paa 3 vidt adskilte Punkter af vor Kyst,
det ene ved Hvitingsø, udenfor Stavanger, det 2det
i Trondhjemsfjorden, og det 3die ved Lofoten. Ex-
emplarerne forekom paa alle 3 Steder i et Dyb af
fra 150—200 Favne og paa blød Lerbund. Arten
synes herefter at maatte betragtes som en udpræget
Dybvandsform, hvad der ogsaa kan sluttes af de
ufuldkomment udviklede Synsredskaber. Udenfor
Norge er den endnu ikke bleven observeret.

are altogether of a somewhat more slender form.
In the 1st pair (fig. 17) there is, however, the diffe-
rence, that the outer edge of the outer branch has,
immediately above the outermost spine, only 3 small
spikes, whilst in *N. bipes* the whole of that edge is
closely and regularly spiked.

The 2 pairs of rudimentary caudal feet (figs.
18, 19) likewise present an appearance very nearly
correspondent with those in that species, with the
difference only, that the number of spines on both
is somewhat smaller.

The colour in the living state of the animal is
whitish, without any noticeable pigmentation. The
integuments are thin and transparent, so that the
internal organs are pretty distinctly visible through
them. The ova in the hatching cavity are relatively
large, and of a very pale yellowish colour.

The length of the ovigerous female is only 9
mm. The size is thus considerably less than in
N. bipes.

Distribution. I have hitherto only seen 3 spe-
cimens of this species, all females. They were taken
at different times, at 3 widely separated places off
our coast; the one at Hvitingsø, off Stavanger, the
2nd in the Trondhjemsfjord, and the 3rd at the Lo-
foten isles. The specimens were obtained, at all
the 3 places, at a depth of from 150—200 fathoms and
on soft clay bottom. It appears from this, that the
species must be considered as a distinguished deep-
water form, which may also be gathered from the
imperfectly developed visual apparatus. Out of Nor-
way it has not hitherto been observed.

Subordo II.

PHYLLOPODA.

Character. Branchiopoder af meget forskjellig Kropsform, dels uden, dels med Rygskjold, det sidste undertiden udviklet i Form af 2 voluminøse, det hele Dyr omsluttende Valvler. Legemets Segmentation forskjellig hos de forskjellige Former. Øinene dels stilkede, dels sessile, undertiden næsten sammensmeltede; et mediant Enkeltoie (ocellus) tilstede. Følerne i Regelen meget ulige udviklede; 1ste Par som oftest meget smaa og udelukkende sensitive; 2det Par af forskjellig Bygning, snart rudimentære (hos det voxne Dyr), snart udviklede til kraftige 2grenede Aarer, eller til tangformige Griberedskaber (hos Hannen). Overlæben vel udviklet, klapformig; Underlæben i Regelen manglende. Kindbakkerne hos det udviklede Dyr uden Palpe. To Par Kjæver tilstede, begge smaa og af forholdsvis simpel Bygning. Alle bag Munddelene følgende Lemmer respiratoriske, af tilnærmelsesvis uniform Bygning og bladdannet lappet Form; deres Tal meget forskjelligt, undertiden abnormt stort. Udviklingen i Regelen en compliceret Metamorphose, begyndende med et frit Nauplius-Stadium. Indlandsdyr.

Bemærkninger. Denne Underorden omfatter et ikke meget stort Antal Dyreformer, der imidlertid viser meget væsentlige Forskjelligheder, saavel hvad det ydre Udseende som den indre Bygning angaar. Hvad der hovedsageligt characteriserer denne Afdeling af Branchiopoder, og har givet dem sit Navn, er Structuren af de bag Munddelene følgende Lemmer, der alle viser et lignende bladformigt og lappet Udseende som de til Midtkroppen hos Phyllocariderne hørende saakaldte Branchialfødder. Da de tillige i sin Function er udpræget respiratoriske, benævnes

Sudordo II.

PHYLLOPODA.

Characters. Branchiopods of very various shape, partly without and partly with carapace, the lastnamed sometimes developed in the form of 2 voluminous valves enveloping the entire animal. The segmentation of the body different in the various forms. Eyes partly pedunculated, partly sessile, sometimes nearly coalescent; a median single eye (ocellus) present. Antennæ, as a rule, very unequally developed; 1st pair most frequently very small and exclusively sensitory; 2nd pair of variable structure, sometimes rudimentary (in the adult animal), sometimes developed to powerful, 2-branched oars, or to pincer-shaped prehensile apparatus (in the male). Anterior lip well developed, flap-formed; posterior lip, as a rule, wanting. Mandibles, in the developed animal devoid of palpi. Two pairs of maxillæ present, both small and of relatively simple structure. All the appendages placed behind the oral parts respiratory, of approximately uniform structure and leaf-formed shape; their number very variable, sometimes abnormally large. The development usually a complicated metamorphosis, commencing with a free Nauplius-stage. Inland animals.

Remarks. This sub-order includes a not very large number of animal forms, which exhibit, however, very material divergencies, both in respect of the external appearance as well as in the internal structure. What chiefly characterizes this division of Branchiopods and has gevin to it its designation is, the structure of the appendages placed behind the oral parts, which all exhibit a similar leaf-shaped and lobed appearance as the so-called branchial-feet pertaining to the mesosome in the Phyllocarida. As they are, besides, in their function prominently

de ogsaa her paa samme Maade. Forskjellen er altsaa, at her alle bag Munddelene følgende Lemmer er ægte Branchialfødder, medens dette hos Phyllocariderne kun er Tilfældet med en Del af dem. I Følernes Bygning er der saa stor Forskjel hos de forskjellige Former, at intet andet bestemt fælles Charactertræk kan anføres end, at det 1ste Par udelukkende er sensitive og derfor af en meget tander Structur. Ogsaa Øinenes Bygning er meget forskjellig, idet de snart er stilkede som hos Phyllocariderne, snart sessile, snart sammensmeltede til et enkelt i det indre af Hovedet beliggende Organ. Characteristisk ligeoverfor Phyllocariderne er Tilstedeværelsen af et mediant Enkeltøie (ocellus). Angaaende Munddelenes Structur, kan fremhæves Mangelon af Palper paa Kindbakkerne, og den forholdsvis simple Bygning af de 2 Par Kjæver.

De hidtil bekjendte Phyllopoder vil passende kunne fordeles paa 3 større Afdelinger, for hvilke jeg allerede i 1867 [1]) har foreslaaet følgende Benævnelser: *Anostraca*, *Notostraca* og *Conchostraca*. Forskjellen mellem disse Afdelinger er saa stor og gjennemgribende, at de ikke, som af de fleste Forskere gjort, kan opfattes som blotte Familier, men ubetinget bør tillægges en langt høiere systematisk Værdi (Tribus eller Sectioner). Til enhver af disse Grupper hører et meget begrændset Antal af Slægter, som delvis lader sig fordele paa flere Familier.

De herhen hørende Slægttypers Faatallighed og i Regelen overordentlig skarpt udprægede Forskjel, i Forbindelse med deres sporadiske Forekomst paa vidt adskilte Localiteter, synes at tyde hen paa, at vi i Phyllopoderne har de sidste divergerende Grene af en uddøende Dyrgruppe, som rimeligvis, at dømme efter flere palæontologiske Fund, har været langt rigere repræsenteret i tidligere Jordperioder. Ogsaa af disse Dyrs Organisation og Udvikling synes man at være berettiget til at slutte, at de maa være af meget gammel Oprindelse. Det yderlig variable Antal af Kropssegmenter og af Lemmer, disse sidstes uniforme Bygning, den oftest kun ·lidet skarpt udprægede Søndring af Legemet i tydeligt begrændsede Kropsafsnit, alt dette er Characterer, der aabenbart henpeger paa primitive Tilstande, hvori endnu ikke de hos de moderne Crustacegrupper gjældende Forhold rigtigt har fixeret sig. Phyllopoderne minder i denne Henseende ikke saa lidet om de ældgamle Trilobiter, ligesom der ialfald hos Afdelingen Notostraca er en umiskjendelig habituel Lighed med de ligeledes langt op i den geologiske Tid gaaende

respiratory, they are also named here in the same manner. The difference, therefore, is, that here all the appendages placed behind the oral parts are real branchial feet, while in the Phyllocarida that is only the case with a part of them. 'In the structure of the antennæ there is such a great difference in the various forms, that no other certain characteristic feature in common can be given, than that the 1st pair are exclusively sensitory and therefore of a very delicate structure. The structure of the eyes also is very different, as they are sometimes pedunculated, as in the Phyllocarida, sometimes sessile, sometimes coalescent to a single-organ situated in the interior of the head. The presence of a single median eye (ocellus) is a characteristic feature in contrast with the Phyllocarida. Regarding the structure of the oral parts may be mentioned, the absence of palpi on the mandibles, and the relatively simple structure of the 2 pairs of maxillæ.

The Phyllopods hitherto known may suitably be assigned to 3 large divisions, for which the author, as early as 1867 [1]), proposed the following designations: *Anostraca*, *Notostraca* and *Conchostraca*. The difference between those divisions is throughout, so great, that they cannot be regarded as families only, as has been done by most writers, but ought, evidently, to be assigned a far higher systematic value (Tribus or Sections). To each of these groups there pertain a very limited number of genera, which to some extent may be referred to several families.

The paucity in number of the generic types pertaining hereto, and the, as a rule, extraordinarily sharply distinguished difference, in connection with their sporadic occurrence in widely separated localities, seems to give an indication that in the Phyllopods we have the last diverging branches of a vanishing animal group, which, probably, judging by several palæontological discoveries, has been far more abundantly represented in earlier periods of our earth's history. From the organisation and development, also, of these animals, it seems as if we were warranted in concluding that they must be of very old origin. The extremely variable number of body segments and of appendages; the uniform structure of the last-named; the usually only little sharply distinguished separation of the body in distinctly defined divisions, are all characteristics that evidently point to primitive conditions, in which the regulating relations of the modern groups of crustaceans had not yet been thoroughly consolidated. The Phyllopods remind us in that respect, not so little of the ancient Trilobites, while, also, there, in

[1]) G. O. Sars. Histoire naturelle des Crustacés d'eau douce de Norvège, I.

[1]) G. O. Sars. Histoire naturelle des Crustacés d'eau douce de Norvège, I.

Dolkhaler (Xiphosura). Det synes altsaa som om disse Dyr, uagtet deres Organisation idethele har naaet et forholdsvis meget hoit Udviklingstrin, dog ved Siden heraf har conserveret flere af de primitive Characterer, der maa antages at have udmærket de ældgamle Stamformer, hvorfra alle de moderne Crustaceer i sidste Instans har taget sit Udspring. Ogsaa Udviklingen synes at støtte denne baade af Prof. Claus og Dr. Dohrn fremholdte Anskuelse. Saagodtsom hos alle Phyllopoder begynder nemlig den frie Udvikling med det overordentlig simple saakaldte Nauplius Stadium, og Larven gjennemgaar derpaa en Række af successive Omformninger, der lidt efter lidt forbereder Phyllopodestadiet. Det bør dog her bemærkes, at Dr. Packard i sit fortjenstfulde Værk over Nordamerika's Phyllopoder hævder en herfra meget forskjellig Anskuelse. Efter denne Naturforskers Mening er Phyllopoderne tværtimod af meget ny Oprindelse og fremstaaet ved en videre Udvikling af Cladocer-Typen. Dette kunde maaske til Nød lade sig hore, hvor der er Spørgsmaal om den ene af Phyllopodernes 3 Sectioner, de saakaldte Conchostraca, der ganske sikkert viser en meget udpræget Affinitet til Cladocererne. Men langt vanskeligere bliver det at faa udledet de 2 ovrige Phyllopode-Typer fra Cladocererne. Der gives ikke en eneste Cladocer, der viser den fjerneste Tilnærmelse til de for Grupperne Anostraca og Notostraca characteristiske Eiendommeligheder, og det gaar heller ikke an, at aflede disse 2 Typer fra den 3die Conchostraca. De 3 Phyllopodetyper staar i Virkeligheden paa en Maade helt isolerede og har rimeligvis et meget forskjelligt Udspring. Langt naturligere end den af Packard fremsatte Hypothese om Phyllopodernes Afstamning fra Cladocererne, synes det mig at være at vende Sagen helt om, og altsaa antage, at Cladocererne er af yngre Oprindelse end Phyllopoderne og har udviklet sig som en Sidegren fra Gruppen Conchostraca. Raadsporger vi Palæontologien, vil ialfald intet Modbevis mod en saadan Antagelse kunne hentes herfra; tværtimod. Medens man nemlig endnu ikke kjender en eneste Cladocer i fossil Tilstand, finder man talrige fossile Skaller af utvivlsomme conchostrake Phyllopoder, nærmest henhørende til Slægten *Estheria*, lige op til den Devoniske Periode; noget der jo viser, at ialfald denne Gruppe af Phyllopoder ikke kan være af saa ny Oprindelse, som man efter Packards Hypothese synes at maatte antage. Nu er der forskjellige morphologiske Forhold, der gjor det hoist usandsynligt at antage, at Gruppen Conchostraca skulde repræsentere de ældste og oprindeligste Phyllopoder. Vi kommer ad denne Vei snarere til en stik modsat Slutning, nemlig at denne Gruppe er af en betydelig yngre Oprindelse end de 2 ovrige. At man ikke kjender nogen forverdenske Former af disse sidste Grupper, kan naturligt forklares af de herhen ho-

the division Notostraca, at any rate, is an unmistakable habitual resemblance with the sword-tails (Xiphosura), likewise passing far back in geological times It appears therefore, as if these animals, although their organisation has, upon the whole, attained, relatively, a very high stage of development, still have retained several of the primitive characteristics which must be assumed to have distinguished the ancient ancestors, from which all the modern crustaceans have finally had their origin. The development also seems to support that view, advocated both by Prof. Claus and Dr. Dohrn. In almost all the Phyllopods the free development begins, namely, with the extraordinarily simple so-called Nauplius stage; and the larva thereupon undergoes a series of successive transformations, which, little by little, prepare the phyllopod-stage. It ought to be noted here, however, that Dr. Packard in his admirable work upon the Phyllopods of North America, maintains a very different view. According to the opinion of that naturalist, the Phyllopods are, on the contrary, of very late origin, and produced by a further development of the Cladocera-type. That might perhaps, in the absence of anything better, be accepted, when the question concerns one of the 3 sections of Phyllopods, the so-called Conchostraca, which quite certainly exhibits a very distinguished affinity to the Cladocera. But far more difficult does it become, to trace the 2 other phyllopod-types from the Cladocera. There is not a single Cladoceran that exhibits the slightest approximation to the characteristics peculiar to the groups Anostraca and Notostraca, and neither is it permitted for us to trace these 2 types from the 3rd, the Conchostraca. The 3 types of Phyllopods stand in reality, in a measure, quite isolated, and probably have a very different origin. Far more natural than the hypothesis of the derivation of the Phyllopods from the Cladocera, presented by Packard, does it appear, to me, to be, to quite reverse the case, and consequently assume that the Cladocera are of later origin than the Phyllopods and have become developed, as a lateral branch, from the group Conchostraca. If we consult palæontology, we will, at any rate, find no testimony rebutting such an assumption to be obtained therefrom; on the contrary, while we do not yet know of a single Cladoceran in fossil condition, we find numerous fossil remains of indubitable conchostracan Phyllopods most closely approaching to the genus *Estheria*, even up to the Devonian period; a fact that certainly shows that that group of Phyllopods, at any rate, cannot be of such late origin as we, according to Packard's hypothesis, seem obliged to suppose. Now there are various morphological relations that make it extremely improbable to suppose that the group Conchostraca represents the oldest

rende Dyrs lidet faste Integumenter, der neppe er egnede til at opbevares i fossil Tilstand. Dog maa det her bemærkes, at det langt fra er sikkert, at alle de ældgamle, fordetmeste siluriske Former, der af Packard henregnes til Phyllocariderne, virkelig hører herhen. Enkelte af dem har ialfald habituelt, ved sit flade Rygskjold og tildels Mangelen af den for Phyllocariderne characteristiske Pandeplade, en vel saa stor Lighed med notostrake Phyllopoder (Apus), og kan derfor muligvis ligesaa sandsynligt have hørt herhen. Da man af ingen af disse fossile Former kjender Lemmerne, maa deres rette systematiske Stilling endnu blive at betragte som et aabent Spørgsmaal.

Alle ægte Phyllopoder er Indlandsformer og forekommer som oftest i ganske smaa og grunde Ferskvandsansamlinger, der om Sommeren ganske eller delvis udtørres. Arterne af Slægten *Artemia* er eiendommelige for det stærkt saltholdige Vand i de saakaldte Saliner. I Havet existerer der derimod for Tiden ingen Phyllopoder.

Angaaende disse Dyrs Forplantningsmaade og Udvikling, saa støder vi her paa mange eiendommelige og interessante Forhold, ligesom deres sporadiske Forekomst, Udbredningsforhold og Levevis idethele frembyder yderst mærkværdige Ting, som neppe endnu er tilstrækkeligt forklaret. Naar hertil kommer deres ofte meget bizarre Udseende, elegante Bevægelser og eiendommelige Organisation, synes der virkelig at være Grund for med Packard at anse dem for de interessanteste af alle Crustaceer.

Skjøndt der til Norges Fauna kun hører ialt 5 Former, er dog alle de 3 ovennævnte Hovedgrupper repræsenterede, og enhver af de norske Former repræsenterer desuden for sig en særskilt Familie.

and most original Phyllopods. We arrive in that way at, rather, a quite contrary conclusion, namely that that group is of considerably younger origin than the 2 others. That we are ignorant of any primeval forms of these lastnamed groups may be naturally explained by the little firm nature of the integuments of the animals pertaining hereto, which are scarcely adapted for preservation in fossil condition. Still it must be noted here that it is far from certain that all the ancient, chiefly silurian forms, which are assigned by Packard to the Phyllocarida, really pertain thereto. A few of them have, at any rate, in habitus, by their flat carapace and partly from the absence of the frontal plate characteristic of the Phyllocarida, a rather stronger resemblance to notostracan Phyllopods (Apus), and may therefore just as probably have possibly pertained thereto. As we do not know the appendages from any of these fossil forms, their correct systematic position must still be considered an open question.

All genuine Phyllopods are inland forms, and usually appear in quite small and shallow collections of fresh-water, which in summer quite, or partially, dry up. The species of the genus *Artemia* is peculiar to the strongly salt water in the so-called salines. In the ocean there exist, on the other hand, at the present time, no Phyllopods.

Regarding the method of reproduction of these animals and their development, we come here upon many peculiar and interesting relations, while also their sporadic appearance, distributive relations, and mode of life upon the whole, present extremely remarkable things which are scarcely yet sufficiently elucidated. When to this is added their frequently very bizarre appearance, the elegance of their movements and the peculiar organisation, there seems really to be reason for, like Packard, considering them to be the most interesting of all crustaceans.

Although there only pertain 5 forms altogether to the fauna of Norway, the 3 above named chief groups are, however, all represented; and each of the Norwegian forms represents of itself, besides, a separate family.

Sectio I. Anostraca.

(Nøgne Phyllopoder).

Syn: Phyllopoda pisciformia.

Character. Legemet forlænget, meget blødt og bøieligt, mere eller mindre ormformigt, uden Spor af noget Rygskjold eller Skal. Legemets Segmentering temmelig uniform, dog med tydelig Adskillelse i Hoved, Midtkrop og Hale. Øinene tydeligt stilkede og bevægelige, af en lignende Bygning som hos *Nebalia*. Første Par Følere meget smaa, traadformige; 2det Par hos Hunnen mere eller mindre rudimentære, fligformige, hos Hannen omdannede til kloformige Griberedskaber. Kindbakkerne med stump riflet Tyggeflade, uden tydelige Tænder. Branchialfødderne uden Coxallap, men med 1 eller 2 Dækblade ved Basis paa den ydre Side, alle af noget nær ens Bygning, udpræget respiratoriske, men samtidigt ogsaa locomotoriske. Halen uden Lemmer, dens forreste Segmenter delvis sammenvoxne og givende Udspring for de ydre Kjønsvedhæng: hos Hunnen en enkelt, mere eller mindre sækformig Ægbeholder med terminal Aabning, hos Hannen 2 fuldstændig skilte og meget smaa Copulationsredskaber. Udviklingen en compliceret Metamorphose begyndende med et frit Nauplius-Stadium.

Bemærkninger. De til denne Afdeling hørende Phyllopoder er let kjendelige ved sit langstrakte og bløde, næsten ormlignende Legeme, ved Mangelen af et Rygskjold eller Skal, ved de tydeligt stilkede Øine, ved den eiendommelige Bygning af 2det Par Følere hos de to Kjøn, endelig ved den eiendommelige Beskaffenhed af de ydre Kjønsvedhæng. Man kan fordele de hidtil bekjendte Former paa 3 Familier: *Branchipodidæ*, *Thamnocephalidæ* og *Polyartemiidæ*. Kun den første og sidste af disse Familier er repræsenterede i Norges Fauna. Den 3die Familie er opstillet af Packard for en mærkelig nordamerikansk Form, *Thamnocephalus platyurus* Packard, der, foruden ved de eiendommelige Frontalvedhæng, udmærker sig i høi Grad derved, at Halen ender med en enkelt bred horizontal Svømmeplade.

Sectio I. Anostraca.

(Naked Phyllopods).

Syn: Phyllopoda pisciformia.

Characters. Body prolonged, very soft and flexible, more or less vermiform, without trace of any carapace or shell. The segmentation of the body pretty uniform, but with distinct division between the head, the mesosome and the tail. Eyes distinctly pedunculated and moveable, of similar structure to these in *Nebalia*. First pair of antennæ very small, filiform. Second pair more or less rudimentary in the female, flap-shaped; transformed in the male to claw-formed prehensile apparatus. Mandibles with blunt rifled masticatory surface, without distinct teeth. Branchial feet without coxal lobe, but with one or two covering plates at the base on the outer side; all of somewhat uniform structure, distinguished respiratory, but at same time also locomotive. Tail without appendages; the foremost segments partly coalescent and furnishing the origin for the outer sexual appendages: in the female a single, more or less sac-formed marsupium with terminal aperture; in the male 2 completely separated and very small copulative appendages. The development a complicated metamorphosis, commencing with a free Nauplius stage.

Remarks. The Phyllopods belonging to this division are easily recognizable by their elongate and soft, almost vermiform body, by the absence of a carapace or shell, by the distinctly pedunculated eyes, by the peculiar structure of the 2nd pair of antennæ in the two sexes and, finally, by the peculiar character of the outer sexual appendages. We may refer the hitherto known forms to 3 families: *Branchipodidæ*, *Thamnocephalidæ* and *Polyartemiidæ*. Only the first and last named of these families are represented in the fauna of Norway. The 3rd family is established by Packard, to include a remarkable North American form, *Thamnocephalus platyurus*, Packard, which, besides by its peculiar frontal appendages, distinguishes itself in a high degree, in that the tail terminates in a single, broad horizontal swimming plate.

Fam. I. Branchipodidæ.

Character. Legemet smalt cylindrisk, noget tykkere fortil, med Halen vel udviklet og tydeligt segmenteret hos begge Kjøn, endende med 2 børstebesatte Halegrene. Hannens Gribeantenner tydeligt segmenterede og i Regelen forsynede med en rudimentære Bigren. Frontalvedhæng tilstede hos Hannen eller manglende. 11 Par Branchialfødder tilstede, alle med en enkelt sagtakket ydre Dækplade. Hunnens Ægbeholder tydeligt sækformig og bagudrettet, udspringende fra de 2 forreste Halesegmenter.

Bemærkninger. Til denne Familie hører ialt 5 Slægter, nemlig: *Artemia* Leach, *Branchinecta*, Verrill, *Branchipus* Schäffer, *Chirocephalus* Prevost, og *Streptocephalus* Baird. Kun en af disse Slægter, *Branchinecta*, er repræsenteret i vor Fauna. Familien er hovedsageligt charakteriseret ligeoverfor den følgende Familie, *Polyartemiidæ*, ved den forskjellige Bygning af Hannens Gribeantenner, ved det betydelig ringere Autal Branchialfødder, ved Halens Form, endelig ved Beskaffenheden af Hunnens Æggebeholder. Fra Familien *Tamnocephalidæ*, med hvem den kommer overens i Antallet af Branchialfødder, skiller den sig ved Legemets smækrere Form og navnlig ved Beskaffenheden af Halen.

Gen. Branchinecta, Verrill, 1869.

Syn: Branchipus, Milne-Edw. (ex parte).

Slægtscharacter. Legemet af særdeles slank Form, med Halen tynd og forlænget, bestaaende af 9 Segmenter, foruden Halegrenene; de sidste forholdsvis korte. Hannens Gribeantenner simple, bestaaende af et tykt cylindrisk Skaft og en smal, kloformig, indadkrummet Endedel; Bigrenen meget liden, knudeformig. Ingen Frontalvedhæng tilstede. Branchialfødderne forholdsvis brede, med Exopoditen af afrundet oval Form, og den ydre Dækplade sagtakket i Kanterne. Hunnens Æggebeholder særdeles smal og forlænget, næsten cylindrisk.

Bemærkninger. Denne af den amerikanske Forsker, Prof. Verrill, opstillede Slægt er væsentlig characteriseret ligeoverfor Sl. *Branchipus* Schäffer ved den overordentlig slanke Kropsform, ved Man-

---

Fam. I. Branchipodidæ.

Character. Body narrow cylindrical, somewhat thicker in front, with the tail well developed and distinctly segmented in both sexes, terminating in 2 bristle-beset caudal rami. Prehensile antennæ of the male distinctly segmented, and usually furnished with a rudimentary sub-branch. Frontal appendages present in the male or awanting. 11 pairs of branchial feet present, all having a single serrated external covering plate. Marsupium of the female distinctly sac-formed, directed backwards, and issuing from the 2 foremost caudal segments.

Remarks. Five genera in all pertain to this family, namely: *Artemia*, Leach; *Branchinecta*, Verrill; *Branchipus*, Schaeffer; *Chirocephalus*, Prevost, and *Streptocephalus*, Baird. Only one of these genera, *Branchinecta*, is represented in our fauna. The family is principally characterised, in contrast with the following family *Polyartemiidæ*, by the different structure of the prehensile antennæ of the male, by the considerably smaller number of branchial feet, by the shape of the tail and, finally, by the character of the marsupium in the female. It distinguishes itself from the family *Tamnocephalidæ*, with which it agrees in the number of branchial feet, by the more slender form of the body, and especially in the character of the tail.

Gen. Branchinecta, Verrill, 1869.

Syn: Branchipus, Milne-Edw. (ex parte).

Generic characters. Body of particularly slender shape, with the tail slender and prolonged, consisting of 9 segments besides the caudal rami; the last named relatively short. Prehensile antennæ of the male simple, consisting of a thick, cylindrical shaft, and a narrow, claw-shaped, incurved terminal part; the sub-branch very small, nodiform. No frontal appendage present. Branchial feet relatively broad, with the exopodite of rounded oval form and the outer covering plate serrated on the edges. Marsupium of the female particularly narrow and elongated, almost cylindrical.

Remarks. This genus, established by the American naturalist, Prof. Verrill, is chiefly characterised, in contrast with the gen. *Branchipus*, Schäffer, by the extraordinarily slender shape of the body,

gelen af Frontalvedhæng hos Hannen, ved den meget forskjellige Form af Hunnens Ægbeholder, endelig ved betydelig kortere Halegrene. Betydelig storre Affinitet har den til Slægten *Artemia* Leach, med hvilken den stemmer overens baade i Henseende til den almindelige Habitus og ved Mangelen af Frontalvedhæng hos Hannen. Den skiller sig imidlertid ogsaa fra denne Slægt ved visse vel udprægede Characterer, saaledes ved den forskjellige Form af Hannens Gribeantenner og af Hunnens Ægbeholder, endelig derved, at Halen har et Segment flere. Man kjender ialt med Sikkerhed 6 herhen hørende Arter, nemlig, foruden den nedenfor nærmere beskrevne arktiske Form, 2 nordamerikanske Arter: *B. coloradensis* Packard og *B. Lindahli* Packard, en af Baird fra Jerusalem beskreven Form, *B. eximia*, og to russiske Arter fra Omegnen af Odessa, *B. spinosa* M. Edw. og *B. ferox* M. Edw. Det var denne sidste Art, som den russiske Naturforsker Schmankewitch troede at se forvandlet til en *Artemia* ved paa kunstig Maade at domesticeres i saltholdigt Vand, noget der vel egentlig er at forstaa saaledes, at Arten under de forandrede Forhold antog visse Characterer, der mindede om ovennævnte Slægt.

by the absence of frontal appendages in the male, by the very different shape of the marsupium of the female, and, finally, by considerably shorter caudal rami. It has much greater affinity to the genus *Artemia*, Leach, with which it agrees, both in regard to the general habitus and in the absence of frontal appendages in the male. It distinguishes itself, however, also from that genus by certain well marked characteristics; thus, by the different form of the prehensile antennæ of the male and of the marsupium in the female, and, finally, in the tail having an additional segment. We know with certainty of 6 species, altogether, pertaining hereto, namely, besides the Arctic form more particularly described below, 2 North American species: *B. coloradensis*, Packard, and *B. Lindahli*, Packard; a form from Jerusalem, described by Baird, *B. eximia*; and 2 Russian species from the neighbourhood of Odessa, *B. spinosa*, M. Edw. and *B. ferox* M. Edw. It was the last named species that the Russian naturalist Schmankewitch believed to have seen transformed to an *Artemia*, by being, in an artificial manner, domesticated in water containing salt; a fact which may be more properly understood in this manner, viz. — that the species, under the changed relations, assumed certain characters which reminded of the above-named genus.

Branchinecta paludosa (Müller).

(Pl. VI, VII, VIII).

Cancer stagnalis, Fabr., Fauna grønlandica, No. 224 (non Linné).
Branchipus paludosus, Müller, Zool. Danica II, 10, Pl. 48, Fig. 1—8.
Branchipus middendorfianus, Fischer, Middendorf's Sibirische Reisen, Bd. II, p. 153, Pl. VII, Fig. 17—29.
Branchinecta grønlandica, Verrill, Amer. Journ. Sc. 1869, p. 253.
Branchinecta arctica, Idem, ibid.

Artscharacteristik. Legemets Form slank og elegant, med de 3 Kropsafsnit vel markerede. Hovedet af middelmaadig Størrelse, jevnt afrundet fortil hos begge Kjøn. Halen betydelig længere end den foranliggende Del af Legemet, smalt cylindrisk, med næstsidste Segment det længste, og sidste Segment omtrent halvt saa langt. Halegrenene næsten dobbelt saa lange som sidste Segment, smalt lancetformige og tæt kantede med cilierede Borster. 2det Par Folere hos Hunnen næsten af Hovedets Længde, meget skraat afskaarne i Enden, med det bagre Hjorne udtrukket i en skarp Spids. Samme Folere hos Hannen mere end dobbelt saa lange, Skaftet noget krummet ved Basis, tykt cylindriskt, med en Rad af smaa Tænder langs den indre Kant; Endedelen lidt kortere, noget boiet paa Midten og jevnt afsmalnende mod Spidsen, som er stumpt tilrundet. Branchialfødderne med Endopoditens ydre Lap hos

Specific characteristics. Form of body slender and elegant, with the 3 body-divisions well marked off. Head of moderate size, evenly rounded in front in both sexes. Tail considerably longer than the part of the body lying in front of it, narrow cylindrical, with the penultimate segment the longest, and the last segment about half as long. Caudal rami almost twice as long as the last segment, narrow lanceolate in shape, and closely edged with ciliated bristles. Second pair of antennæ, in female, almost the length of the head, very obliquely truncated at the extremity, with the posterior corner drawn out to a sharp point. Same antennæ in male more than twice as long; shaft somewhat curved at the base, thick cylindrical, with a series of small teeth along the inner edge; terminal part a little shorter, somewhat curved in the middle, and narrowing evenly towards the point,

Branchinecta paludosa (Müller).

(Pl. VI, VII, VIII).

Cancer stagnalis, Fabr., Fauna grønlandica, No. 224 (non Linné).
Branchipus paludosus, Müller, Zool. Danica II, 10, Pl. 48, figs 1—8.
Branchipus middendorfianus, Fischer, Middendorf's Sibirische Reisen, Bd. II, p. 153, Pl. VII, figs. 17—23.
Branchinecta grønlandica, Verrill, Amer. Journ. Sc. 1869, p. 253.
Branchinecta arctica, Idem, ibid.

Hunnen kort triangulær, hos Hannen betydelig stærkere uddraget og næsten leformig indadkrummet. Hunnens Ægbeholder særdeles forlænget, rækkende næsten til Enden af næstsidste Halesegment. Hannens ydre Kjønsvedhæng cylindriske, forsynede ved Basis fortil med 2 fremspringende Flige, mellem hvilke der er en dyb Indbugtning. Legemet hos begge Kjøn gjennemsigtigt, med et mere eller mindre tydeligt grønligt eller rødligt Anstrøg. Hunnens Længde indtil 18 mm., Hannens 23 mm.

Bemærkninger. Denne Art er allerede i 1780 af O. Fabricius anført fra Grønland, men urigtigt identificeret med *Br. stagnalis* Schæffer. Senere er den under den oventor anførte Species-Benævnelse kjendeligt beskrevet og afbildet af O. Fr. Müller i hans bekjendte Værk, Fauna danica. De af Prof. Verrill som *B. grønlandica* og *arctica* opførte Former har senere vist sig at være identiske med nærværende Art, og det samme er utvivlsomt ogsaa Tilfældet med *B. middendorfianus* Fischer, Af de 2 nordamerikanske Arter beskrevne af Packard, synes *B. coloradensis* at komme meget nær den her omhandlede Art, medens *B. Lindahli* skiller sig mere kjendeligt, navnlig ved de betydelig stærkere forlængede Halegrene.

Generel Beskrivelse. Legemet er hos begge Kjøn (se Pl. VI; Fig. 1—4) smalt og forlænget, næsten ormformigt, med særdeles tynde og bøielige Integumenter, samt inddelt i tydelige Segmenter. Man kan adskille 3 temmelig skarpt begrændsede Kropsafsnit, nemlig Hoved, Midtkrop og Bagkrop eller Hale.

Hovedet bestaar igjen af 2 Partier, et forreste og et bagerste, skilte ved en tydelig over Rygsiden gaaende Tværsutur. Det forreste Parti er noget opsvulmet, næsten kugleformigt, og mere eller mindre stærkt nedbøiet. Det bærer Øinene og 2 Par Følere, samt fortsætter sig nedentil i Overlæben. Til det bagre Parti eller Nakkedelen hører de øvrige Munddele. Af disse er mest ioinefaldende de kraftigt udviklede Kindbakker, der som et Par Bøiler omgiver Hovedet paa Grændsen mellem dettes 2 Afsnit, og hvis baadformige Corpora danner til hver Side et tydeligt convext Fremspring, selv bemærkeligt, naar Dyret sees ovenfra. Lige bag Kindbakkerne sees til hver Side af Nakkesegmentet en S-formigt bugtet Figur, den saakaldte Skalkjærtel, hvis bagre Del omsluttes af en lidt fremspringende Hudfold, den første svage Antydning til det hos andre Phyllopoder saa stærkt udviklede Rygskjold eller Skal. Ventralt udgaar fra Nakkesegmentet de 2 Par Kjæver.

which is bluntly rounded. Branchial feet with the outer lobe of the endopodite, in female, short triangular; in male considerably more drawn out, and almost falciformly curved inwards. Marsupium of female greatly prolonged, reaching almost to the extremity of the penultimate caudal segment. Outer sexual appendages of male cylindrical, furnished in front, at the base, with 2 projecting flaps, between which there is a deep sinus. Body transparent in both sexes, with a more or less distinct greenish or reddish tinge. Length of female up to 18. m. m.; that of male 23 m. m.

Remarks. This species is, as early as 1780, recorded by A. Fabricius from Greenland, but erroneously identified with *Bi. stagnalis*, Schæffer. Subsequently it has been, under the above-named specific designation, recognizably described and illustrated by O. Fr. Muller in his well-known work, Fauna danica. The forms established as *B. grønlandica* and *arctica* by Prof. Verrill, have subsequently shown themselves to be identical with the present species, and the same is also indubitably the case with *B. middendorfianus*, Fischer. Of the 2 North American species described by Packard, *B. coloradensis* appears to approach pretty closely the species here described, whilst *B. Lindahli* distinguishes itself more noticeably, especially by the considerably more prolonged caudal rami.

General description. The body is, in both sexes, (see Pl. VI, figs. 1—4) narrow and prolonged, almost vermiform, with particularly thin and flexible integuments, and is divided into distinct segments. We can distinguish 3 pretty sharply defined divisions of the body, viz., the cephalon, the mesosome, and the metasome or tail.

The cephalon, again, consists of 2 parts, an anterior and a posterior one, separated by a distinct transversal suture passing across the dorsal side. The foremost part is somewhat swollen, almost globular, and more or less strongly bent downwards. It carries the eyes and the 2 pairs of antennæ, and is continued downwards in the upper lip. The other oral parts pertain to the posterior, or cervical part. Of these, the most striking are the powerfully developed mandibles, which like a pair of bows surround the head on the limit between its 2 divisions, and whose cymbiform corpora form on either side a distinctly convex prominence, even noticeable when the animal is viewed from above. Just behind the mandibles there is seen, on either side of the cervical segment, an S-formed flexuous figure, the so-called shell-gland, whose posterior part is enclosed by a slightly projecting integumental fold, the first faint indication of the, in other Phyllopods so strongly developed carapace or shell. The 2 pairs of

43

Det paa Hovedet følgende Kropsafsnit, Midtkroppen eller Truncus, er fortil omtrent af Hovedets Brede og lidt nedtrykt, men afsmalnes lidt i sin bagerste Del. Det er sammensat af 11 paa hinanden følgende korte og ensformigt udviklede Segmenter, hvoraf ethvert bærer et Par Branchialfødder. Disse sidste følger med regelmæssige korte Mellemrum efter hinanden, dannende med sine forskjellige Lapper og talrige Børster til hver Side en bred Bræmme. Herved fremkommer langs Midtkroppens Underside en af samtlige Branchialfødder begrændset kanalagtig Fordybning, der gradvis tiltager noget i Brede fortil, hvor den støder op mod Mundregionen.

Bagkroppen eller Halen er overordentlig slank, betydelig smalere end Midtkroppen, og af regelmæssig cylindrisk Form. Den udgjør kjendeligt mere end Halvdelen af Legemets Totallængde, og er sammensat af 9 Segmenter foruden Halegrenene. Af disse Segmenter er de 2 forreste kun i den dorsale Del tydeligt sondrede, medens de ventralt gaar over i hinanden og danner her Udspringet for de ydre Kjønsvedhæng. Disse 2 første Segmenter af Halen vil derfor passende kunne benævnes: «Kjønsringene». Hos Hunnen er det forreste af disse Segmenter noget opsvulmet fortil, og det bagerste danner nedentil, ved Basis af Ægbeholderen, 2 rundagtige Fremspring, der navnlig- er meget tydeligt fremtrædende, naar Dyret sees ovenfra eller nedenfra (se Tab. VI, Fig. 4, Tab. VIII, Fig. 11). De følgende 5 Segmenter er alle af ens Udseende og ogsaa af tilnærmelsesvis samme Størrelse, simpelt cylindriske, med Længden betydelig større end Breden. Næstsidste Segment er derimod betydelig længere end de ovrige, og sidste omvendt meget kort, neppe mere end halvt saa langt som næstsidste. Det er (se Tab. VI, Fig. 10) tvært afkuttet i Enden og viser i Midten af den bagre Kant en ganske svag Indbugtning. Til hver Side af denne, og adskilte i Midten ved et større Mellemrum, er fæstet de smalt lancetformige Halegrene, der maaske, i Lighed med den saakaldte Furca hos Copepoderne, kan betragtes som fremkomne ved Klovningen af et terminalt Segment, men som dog vel correctest vil kunne beskrives som et Par omformede Lemmer.

Hunnens Længde gaar op til 18 mm. Hannen er i Regelen kjendelig større og opnaar ofte en Længde af indtil 23 mm. Begge Kjøn er desuden let kjendelige ved den meget forskjellige Udvikling af 2det Par Føiere, samt ved Beskaffenheden af de ydre Kjønsvedhæng. Disse vil passende kunne beskrives paa dette Sted.

maxillæ issue ventrally from the cervical segment.

The division of the body that succeeds the head, the mesosome or truncus, is about same breadth in front as the head, and a little flattened, but narrows a little in its backmost part. It is composed of 11 short and uniformly developed segments, of which each carries a pair of branchial feet. These last follow after each other at regular short intervals, forming with their various lobes and numerous bristles a broad fringe on either side. In this way there is produced along the underside of the mesosome a canalular cavity, bordered by all the branchial feet, which gradually increases somewhat in breadth in front, where it joins up to the oral region.

The metasome or tail is extraordinarily slender, considerably narrower than the mesosome, and of regular cylindrical shape. It occupies appreciably, more than half the entire length of the body, and is composed of 9 segments besides the caudal rami. Of these segments, the 2 foremost ones are only distinctly separated in the dorsal part, whilst they ventrally pass over into each other, and form here the origin of the outer sexual appendages. These 2 first segments of the tail may, therefore, suitably be named «the sexual segments». In the female the foremost of these segments is somewhat swollen in front; and the backmost forms downwards, at the base of the marsupium, 2 roundish prominences, which are, especially, very distinctly prominent when the animal is viewed from above or from below (see Pl. VI, fig. 4, Pl. VIII, fig. 11). The succeeding 5 segments have all a uniform appearance, and are also of approximately the same size, plain cylindrical, with the length considerably greater than the breadth. The penultimate segment is, on the contrary, considerably longer than the others, while, on the other hand, the last is very short, scarcely more than half as long as the penultimate one. It is (see Pl. VI, fig. 10) transversally truncated at the extremity, and in the middle of the posterior edge shows a quite faint sinus. On either side of this, and separated in the middle by a largish interval, the narrow lanceolate caudal rami are attached, which, perhaps, like the so-called furca in the Copepods, may be considered as produced by the splitting of a terminal segment, but which, however, probably more correctly may be described as a pair of transformed appendages.

The length of the female reaches up to 18 m. m. The male is, as a rule, appreciably larger, and frequently attains a length of 23 m. m. Both sexes are, further, easily recognizable by the very different development of the 2nd pair of antennæ, and by the character of the outer sexual appendages. These may be conveniently described here.

Hos Hunnen (Tab. VI, Fig. 3, 4) danner de ydre Kjønsvedhæng en enkelt bagudrettet, poseformig Beholder af meget smal, næsten cylindrisk Form, dog gradvis noget tiltagende i Tykkelse mod Enden. I sin fulde Udvikling rækker den næsten til Enden af næstsidste Halesegment; men er ofte en Del kortere. Sædvanligvis sees i dens indre et større eller mindre Antal af Æg af mørkegrøn Farve, ordnede i 2 eller flere Rader. Enden af Ægbeholderen er noget koniskt tilløbende og bestaar af 2 ved særegne Muskler bevægelige Klapper, der begrændser en tværliggende spaltformig Aabning, hvorigjennem Æggene udstødes. Den ventrale Klap er noget mere fremragende end den dorsale og ender med et lidet papilleformigt Fremspring (se Tab. VIII, Fig. 11).

Hos Hannen (Tab. VI, Fig. 1 og 2) er Kjønshængene dobbelte og meget smaa. De udspringer (se Fig. 11) hvert med en temmelig bred Basis fra Siderne af de 2 Kjønsringe og retter sig skraat nedad og bagud. Fortil viser de nær sit Udspring en dybt indstikkende Bugt, som begrændses oventil af en sammentrykt triangulær Lap, nedentil af en konisk tilspidset Fortsats. Den ydre Del af Vedhænget er simpelt cylindriskt, og fra dens stumpt tilrundede Ende sees undertiden en uregelmæssig sagtakket Vorte at skyde frem, egentlig en Udkrængning af vas deferens.

Legemet er hos begge Kjøn i høi Grad gjennemsigtigt, saa at de indre Organer, navnlig den med rødgult Indhold fyldte Tarmkanal, tydeligt skinner igjennem de tynde Integumenter. Farven er noget vekslende efter Lokaliteterne, snart meget bleg, hvidagtig, snart med et mere eller mindre tydeligt rødligt eller grønligt Anstrøg.

Beskrivelse af Kroppens Vedhæng.

Øinene (Tab. VI, Fig. 9; Tab. VII, Fig. 1 og 2, O), der rager frem til hver Side fra den forreste Del af Hovedet, er stilkede og viser idethele en meget lignende Bygning som hos *Nebalia*, skjøndt deres Bevægelighed er langt mere begrændset. Af Form er de næsten kølledannede, idet de gradvis udvides mod Enden, der er noget skjævt tilrundet. Den egentlige Øienglob, der indtager omtrent ¹/₅ af Øiets Længde, indeholder en oval eller elliptisk Ansamling af mørkt Pigment, omgivet udad af en klar Zone, hvori de ydre lysbrydende Dele af Synselementerne har sin Plads (se Tab. VIII, Fig. 6). Nogen ydre Facettering er ligesaalidt tilstede her som hos *Nebalia*. — Midt imellom Øinene sees i det Indre af Hovedet en dyb sort Pigmentplet, som er det saakaldte Ocellus eller enkle Øie.

In the female (Pl. VI, figs. 3, 4), the outer sexual appendages form a single, bag-formed reservoir directed backwards, of very narrow, almost cylindrical shape, but increasing gradually somewhat in thickness towards the extremity. In its full development it extends almost to the extremity of the penultimate segment, but is often somewhat shorter. There is usually seen in its interior a larger or smaller number of ova of dark green colour, arranged in 2 or several series. The extremity of the marsupium runs somewhat conically out, and consists of 2 flaps, moveable by means of peculiar muscles, which define a transversal fissure-like aperture through which the ova are expelled. The ventral flap is somewhat more projected than the dorsal one, and terminates in a small papilliform prominence (see Pl. VIII, fig. 11).

In the male (Pl. VI, figs. 1 and 2), the sexual appendages are double and very small. They issue, (see fig. 11), each with a pretty broad base, from the sides of the 2 sexual segments and are directed obliquely downwards and backwards. They exhibit in front, near their origin, a deep sinus, which is defined above by a compressed triangular lobe, and below by a conically pointed projection. The outer part of the appendage is plain cylindrical, and from its bluntly rounded extremity an irregularly serrated nipple is sometimes seen to project, really a bulging out of the vas deferens.

The body, in both sexes, is in a high degree transparent, so that the internal organs, especially the intestinal canal, filled with red-yellow contents, shine distinctly through the thin integuments. The colour is somewhat variable, according to the locality, sometimes very pale, whitish, sometimes with a more or less distinct reddish or greenish tinge.

Description of the appendages of the body.

The eyes (Pl. VI, fig. 9; Pl. VII, figs. 1 and 2, O), which project forwards on either side of the foremost part of the head, are distinctly pedunculated, and altogether exhibit a very similar structure to those of *Nebalia*, although their mobility is far more limited. They are almost claviform in shape, as they become gradually dilated towards the extremity, which is somewhat obliquely rounded. The real ocular globe, which occupies about ¹/₅ of the eye, contains an oval or elliptical collection of dark pigment, surrounded outwards by a clear zone in which the outer refracting portions of the visual elements have their position (see Pl. VIII, fig. 6). Any external facetting is just as little present here as in *Nebalia*. Midway between the eyes there is seen, in the interior of the head, a deep black pigment-patch, which is the so-called ocellus or simple eye.

Første Par Følere (Tab. VI, Fig. 9, a¹; Tab. VII, Fig. 1, 2, a¹) er meget smaa og simpelt byggede, dannende hver en meget smal cylindrisk, eller næsten traadformig Stamme, paa hvilken ingen tydeligt udpræget Leddeling kan paavises. De er sædvanligvis rettede skraat fortil og udad (se Tab. VI, Fig. 1—4), men kan ogsaa til en vis Grad bevæges i andre Retninger, ligesom de idethele er meget boielige. Paa Spidsen, der er noget skraat afskaaret, bærer de (se Tab. VIII, Fig. 2) en Gruppe af 8 yderst smaa og delikate Sandsevedhæng, som ved stærk Forstørrelse (Fig. 3) viser en stavdannet Form, med et kort, dobbelt contureret Fodstykke og en liden klar Blære ved den stumpt afrundede Spids. Ifolge sin Bygning maa disse Vedhæng nærmest betragtes som Lugtepapiller; medens de 3 betydelig længere, og i en fin Spids udgaaende Vedhæng, som udspringer i nogen Afstand fra hine fra en afrundet Forhøining, utvivlsomt er at anse som ægte Følebørster.

Andet Par Følere, der udspringer fra Hovedets nedre Flade umiddelbart nedenfor og lidt indenfor det 1ste Par, er meget forskjellige hos de 2 Kjøn. Hos Hunnen er de (se Tab. VI, Fig. 9, a¹; Tab. VII, Fig. 1, a²) forholdsvis smaa og simple, dannende et Par, som det synes fuldkommen ubevægelige fra Hovedet nedbængende pladeformige Flige. De er omtrent af samme Længde som Øinene og næsten triangulære i Form, idet de udspringer med en temmelig bred Basis og gradvis afsmalnes mod Enden, som er meget skraat afskaaret, med det bagre Hjørne uddraget i en skarp Spids. I sin forreste Kant har de nogle yderst smaa Følebørster, men er forøvrigt ganske ubevæbnede. — Hos Hannen er disse Følere (se Tab. VI, Fig. 1, 2; Tab. VII, Fig. 2, a²) langt stærkere udviklede og omformede til kraftige Griberedskaber, hvormed Hunnen fastholdes under Copulationen. I Hviletilstand er de mere eller mindre stærkt omboiede mod Bugsiden og rækker i denne Stilling omtrent til Midten af Forkroppen. Man kan paa dem adskille to skarpt begrændsede Afsnit: et tykt cylindriskt og stærkt muskuløst Skaft, og en tynd kloformig Endedel. Skaftet viser ved Basis flere circulære Indsnoringer, der antyder 3 til 4 ufuldstændigt sondrede Led. Yderdelen af Skaftet har indad en noget tilskjærpet Kant, forsynet med en Række af smaa Tænder, og ved Enden, indenfor Endedelens Insertion, findes en liden konisk tillobende Knude, ellor rettere Bigren. Endedelen er noget kortere end Skaftet og meget smalere, men af særdeles fast chitinøs Consistens. Den er bevægeligt articuleret med Skaftet og mere eller mindre stærkt indboiet, samt gradvis afsmalnende mod Spidsen, som er stumpt tilrundet. I Modsætning til hvad Tilfælde er hos Hunnen, er disse Følere hos Hannen

The first pair of antennæ (Pl. VI, fig. 9, a¹; Pl. VII, figs. 1, 2, a¹) are very small and simple in structure, each forming a very narrow cylindrical or almost filamentous stem, upon which no distinctly distinguished articulation can be shown. They are usually directed obliquely forwards and outwards (see Pl. VI, fig. 1—4), but may also, to 'a certain extent,' be moved in other directions, while they are also, upon the whole, very flexible. At the tip, which is somewhat obliquely truncated, they carry (see Pl. VIII, fig. 2) a group of 8 extremely small and delicate sensory appendages, which on a powerful magnification (fig. 3) exhibit a rod-like shape, with a short, double-contoured foot-piece, and a small clear vesicle at the bluntly rounded point. From their structure those appendages must be chiefly considered as olfactory papillæ, whilst the 3 considerably longer, and to a fine point issuing, appendages, which spring from a rounded prominence at some distance from the former, must indubitably be considered as genuine sensory bristles.

The second pair of antennæ, which issue from the lower surface of the head immediately below and a little inside of the 1st pair, are very different in the 2 sexes. In the female they are (see Pl. VI, fig. 9, a¹; Pl. VII, fig. 1, a²) relatively small and simple, forming a pair of apparently perfectly immoveable plate-formed flaps hanging from the head. They are of about same length as the eyes, and almost triangular in shape, as they issue with a pretty broad base and gradually diminish in breadth towards the extremity, which is very obliquely truncated, with the posterior corner drawn out to a sharp point. On the foremost edge they have a few extremely small sensory bristles, but are otherwise perfectly unarmed. In the male these antennæ (see Pl. VI, fig. 1, 2, Pl. VII, fig. 2, a²) are far stronger developed, and are transformed into powerful prehensile organs by which the female is firmly held during copulation. In a condition of repose they are more or less greatly recurved towards the ventral side, and in that position extend to the middle of the anterior body. We are able to distinguish upon them two sharply defined divisions; a thick cylindrical and strongly musculous shaft, and a thin claw-shaped terminal part. The shaft exhibits several circular constrictions at the base, which indicate 3 to 4 imperfectly separated joints. The outer part of the shaft has, inwards, a somewhat sharpened edge, furnished with a series of small teeth; and at the extremity, to the inside of the insertion of the terminal part, there is found a small nodule, or more correctly speaking an accessory branch, which runs out conically. The terminal part is somewhat shorter than the shaft and much narrower, but of particularly firm chitinous consistency. It is movably

meget bevægelige og kan tilsammen virke som et meget kraftigt tangformigt Griberedskab.

Af Munddelene er Overlæben og de 2· Kindbakker let iøinefaldende. Derimod er de 2 Par Kjæver meget vanskeligere at opdage og lader sig egentlig kun nøiere undersøge ved Dissection.

Overlæben (Tab. VI, Fig. 9, L; Tab. VII, Fig. 1, L; Fig. 3) har Formen af en aflang Lap, der fra Hovedets Ventralside strækker sig bagtil, og sædvanligvis fuldstændig dækker over Kindbakkernes Tyggedele (se Tab. VI, Fig. 9). Den viser paa Midten en svag Udvidning og ender med en ·stump Spids, hvis Kanter er fint cilierede. Dens ydre Flade er noget convex, medens den indadvendte Flade er plan eller concav og laadden af fine, tildels gruppevis ordnede Haar. ·Ved Hjælp af flere stærke Muskler, som fra Hovedet passerer igjennem dens Indre, kan den snart løftes op fra Kindbakkerne, snart præsses ind mod dem igjen. Ind under dens Basis ligger (se Tab. VII, Fig. 3) Mundaabningen i Form af en tværoval Spalte, der bagtil begrændses af en ubetydelig fremspringende, haaret Kant. Nogen egentlig Underlæbe er derimod ikke tilstede.

Kindbakkerne (Tab. VI, Fig. 9, M; Tab. VII, Fig. 1, M; Fig. 4) er af meget kraftig Bygning og omslutter som et Par Bøiler den nedre Del af Hovedet paa Grændsen mellem dets forreste og bagerste Parti. Det convexe baadformige Corpus, der saagodtsom fuldstændig udfyldes af de kraftige, indad convergerende Tyggemuskler, ender oventil i en Spids, der er bevægeligt indleddet til Hovedets Integument ved Enden af den dorsale Sutur, der begrændser Nakkesegmentet fortil. Den ventrale Ende, eller den egentlige Tyggedel, er (se Tab. VII, Fig. 4) stærkt indboiet og begrændset fra Corpus ved en svag Indknibning eller Hals. Den er stumpt afkuttet i Enden og har en oval Tyggeflade, der ved stærk Forstørrelse (Fig. 5) viser. sig fint riflet paatværs, med den ydre Del af Riflerne noget grovere og besat med Rækker af tæt sammentrængte tandformige Fremspring. Af nogen egentlig skjærende Del, er der imidlertid intetsomhelst Spor.

De 2 Par Kjæver kommer først tilsyne, naar man betragter Dyret fra Bugsiden, efterat de forreste Branchialfødder er fjernede eller lagte om til Siderne (se Tab. VI, Fig. 9, m^1—m^2; Tab. VII, Fig. 1, m^1—m^2). De er begge forholdsvis smaa og af enkel Bygning. — Første Par (Tab. VII, Fig. 6) bestaar

articulated with the shaft and more or less strongly incurved, and gradually diminishes in breadth towards the point, which is bluntly rounded. In contrast to what is the case in the female, these antennæ are, in the male, very mobile, and can act together as a very powerful forceps-formed prehensile apparatus.

Of the oral parts, the upper lip and the 2 mandibles are readily visible. On the other hand, the 2 pairs of maxillæ are much more difficult to discover and can, in reality, only be closely investigated upon dissection.

The anterior lip (Pl. VI, fig. 9, L; Pl. VII, figs. 1, L; fig. 3) has the shape of an·oblong lobe, which extends backwards from the ventral side of the· head, and usually completely covers over the masticatory parts of the mandibles (see Pl. VI, fig. 9). It exhibits at the middle a faint dilation, and terminates in a blunt point whose edges are finely ciliated. Its outer surface is somewhat convex, while the inwards turned surface is plane or concave, and fluffy with fine hairs arranged partly in groups. With the aid of several strong muscles which from the head pass through its inside, it can easily be raised up from the mandibles, and be easily again pressed in towards them. In below its base lies the oral aperture, in the shape of a transverse-oval fissure, which is bordered behind by an inconsiderably projectant hirsute edge. Any real posterior lip is, on the contrary, not present.

The mandibles (Pl. VI, fig. 9, M; Pl. VII, fig. 1, M, fig. 4) are of very powerful structure, and enclose, like a pair of bows, the lower part of the head at the limit between the anterior and posterior portions. The convex cymbiform corpus, which is almost completely occupied by the powerful, inwards-convergent masticatory muscles, terminates above in a point, which is movably articulated to the integument of the head, at the extremity of the dorsal suture which limits the cervical segment in front. The ventral extremity, or the real masticatory part, is (see Pl. VII, fig. 4) strongly incurved and defined from the corpus by a faint constriction or neck. It is bluntly truncated at the extremity, and has an oval masticatory surface which upon powerful magnification (fig. 5) shows itself to be finely fluted transversally, with the outer part of the flutings somewhat coarser, and beset with series of closely crowded dentiform projections. Of any real cutting part there is, however, no trace.

The 2 pairs of maxillæ appear first to view when we observe the animal from the ventral side after the foremost branchial feet have been removed or placed away to the sides (see Pl. VI, fig. 9 m.^{1}—m.^{2}; Pl. VII, fig. 1 m.^{1}—m.^{2}). They are both relatively small and of simple structure. — The first

af en tyk muskulos Basaldel og en med denne bevægeligt forbunden og stærkt indboiet Endedel. Denne sidste har Formen af et triangulært Blad, der paa sin frie, lige afskaarne Rand er besat med en Række af stive Børster, tiltagende i Længde indad. Enhver Børste bestaar (Fig. 7) af en noget tykkere Basaldel besat i den ene Kant med grove Pigge, og en i en fin Spids udlobende, og i begge Kanter tæt cilieret Endedel. — Andet Par Kjæver (Fig. 8) er langtfra saa kraftigt udviklede og synes heller ikke ifolge sin Stilling at kunne spille nogen væsentlig Rolle ved Næringsoptagelsen. De udspringer (se Fig. 1, m²) lidt bag 1ste Par og er, ganske i Modsætning til hine, rettede udad. Basaldelen har paa den nedre Side 3 tykke Fjærbørster. Endedelen synes kun at være lidet bevægelig og viser en noget oval Form. Dens udadvendte Side er tæt besat med stive, kort cilierede Børster, der staar i flere Rækker og divergerer til alle Sider. Den forreste Børste er noget grovere end de øvrige og fæstet i nogen Afstand fra disse til et kort Fremspring.

Branchialfødderne (se Tab. VII, Fig. 9—13) er alle udpræget bladformige og af temmelig bred Form, med den forreste Flade noget hvælvet og den bagerste mere eller mindre concav. Man kan paa dem adskille de samme Hoveddele, som allerede ovenfor er beskrevne paa Branchialfødderne hos *Nebalia*. Basaldelen eller Stammen er af aflang Form og næsten ens Brede overalt. I dens Indre sees forskjellige hinanden delvis krydsende Muskelbundter, der dels tjener til at boie selve Stammen, dels virker paa de forskjellige Vedhæng. Stammens ydre Kant er noget fortykket og viser ved Basis nogle svage Ind- og Udbugtninger som en Antydning til en Slags ufuldstændig Leddeling. Dens indre Kant er delt i 5 korte Lappe, de saakaldte Enditer, hvoraf den bagerste, eller øverste, er meget bred og langs sin halvmaaneformigt buede Rand besat med en tæt Rad af kamformigt ordnede og stærkt krummede Børster, alle fint cilierede og bestaaende af 2 tydelige Led (se Fig. 10). De ovrige Lappe er meget mindre, næsten af mammilledannet Form, og besat med lignende krummede Borster, samt desforuden foran dem med et Knippe betydelig grovere saadanne. Endopoditen (end), der danner den umiddelbare Fortsættelse af Stammen, er forholdsvis ganske kort og har Formen af en bred triangulær, noget indadrettet Plade, besat langs Yderkanten med stærke Fjærbørster, der ved Spidsen og langs den indre Kant efterhaanden antager Characteren af korte Torne, cilierede kun i den ene Kant. Exopoditen (ex), der er bevægeligt articuleret til en særegen Afsats af Stammen ved Ydersiden af Endopoditen,

pair (Pl. VII, fig. 6) consist of a thick, musculous basal part, and a strongly incurved terminal part connected movably with it. The last-named has the form of a triangular lamella which, upon its free, straightly truncated margin, is beset with a series of stiff bristles, increasing in length inwards. Each bristle (fig. 7) consists of a somewhat thicker basal part, beset on the one edge with coarse spikes, and a terminal part which runs out in a fine point and is closely ciliated on both edges. — The second pair of maxillæ (fig. 8) are far from being so powerfully developed, and neither do they, from their position, appear to play any material part in the securing of nourishment. They issue (see fig. 1 m.²) a little behind the 1st pair, and are, quite in contrast to them, directed ontwards. The basal part has 3 thick plumose bristles on the lower side. The terminal part appears to be only little mobile, and exhibits a somewhat oval form. Its outwardly turned side is closely beset with stiff, short ciliated bristles placed in several series, and divergent to all sides. The foremost bristle is somewhat coarser than the others, and is attached at some distance from them to a short projection.

The branchial feet (see Pl. VII, figs. 9—13) are all prominently foliaceous and of pretty broad form, with the foremost surface somewhat convex, and the backmost one more or less concave. We can distinguish in them the same chief parts, as have already been described above concerning the branchial feet of *Nebalia*. The basal part or stem is of an oblong shape, and almost uniform in breadth throughout. In its interior may be seen various bundles of muscles partly traversing each other, which serve partly to bend the stem itself, partly act on the various appendages. The outer edge of the stem is somewhat thickened, and at the base exhibits a few faint in- and out- curvatures, as an indication of a kind of imperfect articulation. Its inner edge is divided into 5 short lobes, the so-called endites, of which the backmost or uppermost one is very broad, and along its semi-lunary arcuate margin is beset with a close series of strongly curved bristles arranged like a comb, all finely ciliated and consisting of 2 distinct joints (see fig. 10). The other lobes are much smaller, almost mammilliform in shape, and beset with similar curved bristles, and besides, in front of them, with a fascicle of considerably coarser setæ. The endopodite (end) which forms the immediate continuation of the stem, is, comparatively, quite short, and has the form of a broad triangular, somewhat incurved plate, beset along the outer edge with strong plumose setæ, which at the tip and along the inner edge successively assume the character of short spines, ciliated only on the one edge. The exopodite (ex) which is

har Formen af et ovalt Blad, rundt om besat med en Rad af Fjærbørster. I nogen Afstand fra Exopoditen, omtrent ved Midten af Stammens Yderkant, er Epipoditen (ep) fæstet. Den repræsenteres af et forholdsvis ikke meget stort, simpelt, aflangt, smækdannet Vedhæng, der er rettet skraat nedad og bagud. I sin finere Structur skiller den sig noget fra de øvrige Vedhæng, idet den er af mere spongiøs Beskaffenhed, og antager paa Spiritusexemplarer meget snart et temmelig opakt Udseende. Foruden de nævnte Hoveddele, som alle ogsaa er tilstede hos *Nebalia*, kommer her endnu til et særegent Vedhæng, der er specielt eiendommeligt for Gruppen *Anostraca*, og som jeg ovenfor har benævnt «Dækpladen», for at antyde dets Bestemmelse, der nærmest synes at være den, til en vis Grad at erstatte det manglende Rygskjold ved at dække over Roden af Branchialfødderne. Dette Vedhæng (b) udgaar ligeledes fra Ydersiden af Stammen, men lige ved dennes Rod, og har Formen af en meget tynd og gjennemsigtig oval Plade, regelmæssigt sagtakket i Kanterne. — Undersøger man noiere de 11 Par Branchialfødder og sammenligner dem med hverandre, vil man finde enkelte mindre Differentser i deres Bygning. Hvad for det første Størrelsen angaar, saa tiltager de gradvis noget i Længde fra 1ste til omtrent 5te Par, for saa jevnt at aftage i Størrelse bagtil, saa at sidste Par neppe er halvt saa stort som 5te og noget mindre end 1ste. Det forreste Par (Fig. 9) skiller sig fra de følgende ved en noget ringere Udvikling af Exopoditen, medens Endopoditen er forholdsvis stærkere fremspringende, mindre indadrettet, og kun forsynet med en enkelt Torn i Inderkanten. Sidste Par (Fig. 12) udmærker sig fra de øvrige derved, at Epipoditen har antaget Characteren af en tynd Plade, besat i Kanterne med cilierede Børster, og derved at Dækpladen ganske mangler. Endopoditen er paa dette Par meget kort og af afrundet Form, medens Exopoditen er vel udviklet. — Hos Hannen skiller Branchialfødderne (Fig. 13) sig kjendeligt fra samme hos Hunnen ved Endopoditens betydelig stærkere Udvikling. Den er navnlig paa de midterste Par stærkt fremspringende mindre og af ledannet Form, og forsynet med et stort Antal af Randtorner. Rimeligvis har denne Modification af Endopoditen hos Hannen et vist Hensyn til Copulationen, idet Branchialfødderne derved delvis kan fungere som et Slags Griberedskaber og derved understøtte 2det Par Antenner i deres Function at fastholde Hunnen under Parringen.

movably articulated to a separate ledge of the stem at the outer side of the endopodite, has the form of an oval lamella, beset all round with a row of plumose setæ. At some distance from the exopodite, about in the middle of the outer edge of the stem, the epipodite (ep) is secured. It is represented by a, comparatively, not very large, simple, oblong vesicular appendage, which turns obliquely downwards and backwards. In its microscopical structure it differs somewhat from the other appendages, exhibiting a more spongious character, and in alcoholic specimens it very soon assumes a rather opaque appearance. Besides the above named chief parts, which are all also present in *Nebalia*, another peculiar appendage is here added, which particularly distinguishes the group *Anostraca*, and which I have named above «the covering plate», in order to indicate its most probable purpose, viz, to replace to a certain extent the absent carapace in covering over the base of the branchial feet. This appendage (b) issues likewise from the outer side of the stem, but close to the base of the latter, and has the form of a very thin and pellucid plate, regularly serrated on the edges. — On a closer examination and comparison of the 11 pairs of branchial feet, some minor differences in their structure will be found to exist. Firstly, as regards the size, they increase successively somewhat in length from the 1st to about the 5th pair, after which they again gradually decrease in size, in such a manner that the last pair are scarcely half as large as the 5th and also somewhat smaller than the 1st. The foremost pair (fig. 9) differ from the succeeding ones by a somewhat slighter development of the exopodite, whereas the endopodite is comparatively more strongly produced, less incurvate, and only provided with a single spine on the inner edge. The last pair (fig. 12) distinguish themselves from the others by the epipodite having assumed the character of a thin plate edged with ciliated bristles, and by the complete want of any covering plate. The endopodite is, on this pair, very short and of rounded shape, whereas the exopodite is well developed. In the male the branchial feet (fig. 13) distinguish themselves very markedly from the same in the female, by the much stronger development of the endopodite. The latter is, especially on the middle pairs, strongly produced inwards, almost falciform in shape, and provided with a great number of marginal spines. In all probability this modification of the endopodite in the male has a certain relation to the act of copulation, since the branchial feet thereby become, to a certain extent, enabled to act as a kind of prehensile organs, thus assisting the 2nd pair of antennæ in their function to retain hold of the female during copulation.

Indre Organer.

Den indre Organisation er hos nærværende Form ikke saa særdeles vanskelig at studere, da Dyrets store Gjennemsigtighed gjør det muligt at observere snagodtsom alle indre Organer i sin Situs, uden at nogen Dissection er fornøden. Paa de her givne Habitusfigurer (Tab. VI, Fig. 1—4) er de vigtigste indre Organer antydede, snaledes som de viser sig ved en svag Forstørrelse. Paa Tab. VII er afbildet Detailler af Nervesystemet, Fordøielsessystemet og Kjønssystemet i stærkere Forstørrelse.

Fordøielsessystemet. — Tarmtractus bestaar af 3 tydeligt begrændsede Dele, nemlig Spiserør, Chylustarm og Endetarm. Spiserøret er meget kort, stærkt muskuløst, og stiger lodret op fra Mundaabningen til den forreste, i Hovedet beliggende Del af Tarmen. Denne sidste Del er noget udvidet og viser, overensstemmende med Legemets Konturer, en svag Krumning, men gaar forøvrigt umærkeligt over i den bagenfor liggende Del af Tarmen, uden at være begrændset fra samme som nogen virkelig Mave. Fortil udsender denne Del til hver Side en afrundet blindsækkformig Udvidning, som bedst sees, naar Legemet betragtes ovenfra (Tab. VI, Fig. 4). Ved nærmere Undersøgelser viser enhver af disse Udvidninger sig stærkt foldet (se Tab. VIII, Fig. 10), eller ligesom bestaaende af et Antal uregelmæssige secundære Udposninger, alle indvendigt beklædte med et kjertelagtigt Epithel, der delvis ogsaa fortsætter sig ind i selve Tarmen. Der er ingen Tvivl om, at disse 2 blindsækformige Udvidninger af Tarmen er homologe med det hos andre Phyllopoder i Hovedet beliggende complicerede kjertelagtige Organ, man ialmindelighed har kaldt Leveren, men som hos nærværende Gruppe er stærkt reduceret og saaledes paa en Maade danner Overgangen til de simple blindsækformige Appendices, der forefindes paa samme Plads hos visse *Cladocerer*. Ligeledes maa de ovenfor beskrevne saakaldte Leversække hos *Nebalia* antages at høre ind under samme Kategori, skjøndt kun et Par af disse strækker sig ind i selve Hovedet. Tarmen danner forøvrigt (se Tab. VI, Fig. 1—4) et simpelt cylindriskt, med stærke Ringmuskler forsynet Rør, der uden nogen Bugtninger strækker sig gjennem Dyrets Axe indtil Halens sidste Segment, hvor den forbinder sig med Endetarmen. Denne sidste (se Fig. 10), der altsaa kun er indskrænket til sidste Halesegment, er, som det øvrige Tarmrør, forsynet med stærke Ringmuskler og desuden ved straaleformigt til dens Overflade gaaende Muskelfibre fixeret i sin Stilling. Ved Hjælp af alle disse Muskler bliver denne Del af Tarmtractus meget bevægelig og kan vexelvis sammentrækkes og udvides, hvad der har sin Betydning ved Udtømmelsen af Excrementerne. Medens Dyret lever, observeres paa Tarmrøret meget energiske peristal-

Internal Organs.

The internal organisation in the present form is not especially difficult to study, as the animal's great transparency renders it possible to observe almost all the internal organs in situ, without the necessity of dissection. In the habitus figures here given (Pl. VI. figs. 1—4), the most important internal organs are shown as they appear under a low power of the microscope. On Pl. VII, details of the nervous, the digestive and the sexual systems are given, more highly magnified.

Digestive system. — The intestinal tract consists of 3 clearly-defined portions, viz, the œsophagus, the chyle-intestine and the rectum. The œsophagus is very short and muscular, and ascends vertically from the oral orifice to the anterior portion of the intestine, which is situated in the head. This portion is somewhat expanded, and, in agreement with the contour of the body, exhibits a slight curve, passing then imperceptibly into that part of the intestine lying behind, without being defined from it as a true stomach. In front this portion sends out to each side a rounded, cæcal dilatation, which is best seen on viewing the body from above (Pl. VI, fig. 4). On a closer examination, each of these dilatations proves to be very much folded (see Pl. VIII, fig. 10), or to consist, as it were, of a number of irregular secondary lobules, all lined interiorly with a glandular epithelium which also partly extends into the intestine itself. There is no doubt that these two cæcal dilatations of the intestine are homologous with the complicated glandular organ found in the head of other Phyllopoda, which has generally been called the liver, but which, in the present group, is very much reduced, thus forming, to some extent, the transition to the simple cæcum-like appendages found in the same place in certain *Cladocera*. The previously-described biliary cæca in *Nebalia* may similarly be supposed to come under the same category, although only two of them extend as far as into the head itself. The rest of the intestine (see Pl. VI, figs. 1—4) is in the form of a simple cylindrical tube furnished with strong annular muscles, and extending, without any windings, through the animal's axis as far as the last segment of the tail, where it unites with the rectum. This last (see fig. 10), which is thus confined to the last caudal segment, is, like the rest of the intestinal tube, furnished with strong annular muscles, and is also fixed in its position by muscle-fibres radiating towards the outer surface. By the aid of these muscles, this portion of the intestinal region becomes very mobile, and can be alternately contracted and expanded, thus assisting in the evacuation of the excrements. While the animal is alive, very vigorous peristaltic movements of the intestinal tube may

tiske Bevægelser, der med stor Regelmæssighed forplantes langs ad dens hele Længde, ialmindelighed i Retningen bagfra fortil.

Circulationssystemet. — Hjertet danner (se Tab. VI, Fig. 2, 3, 11 c) et overordentlig langstrakt, med bestemte Mellemrum indsnøret Rør, der strækker sig ovenfor Tarmen fra Nakkesegmentet og bagtil lige ind i Halens næstsidste Segment. Det er ved fine Muskeltraade fæstet til Indsiden af Ryggens Integument, og viser for hvert Segment et Par venøse Spaltaabninger, hvorigjennem Blodet optages i Hjertet. Den samlede Blodmasse, som paa denne Maade trænger ind i Hjertet, udstødes dels fra den forreste, dels fra den bageste Ende, og kommer derpaa ind i vægløse Hulrum mellem de forskjellige Organer. Skjøndt saaledes et egentligt Karsystem, bestaaende af Arterier og Vener, ganske mangler, circulerer dog Blodet med stor Regelmæssighed omkring i Legemet, idet det følger visse bestemte Baner. Blodet er, som sædvanligt, farveløst og indeholder en Mængde smaa, tildels amøboide Blodlegemer, hvis Gang let lader sig forfølge hos det levende Dyr under Mikroskopet. Hjertets Pulsationer, hvorunder Spaltaabningerne afvexlende aabnes og lukkes, er særdeles livlige, saa det er meget vanskeligt at tælle, hvormange der sker i Minuttet.

Nervesystemet. — Centraldelene af Nervesystemet bestaar, som hos andre Crustaceer, af et dorsalt Parti, det øvre Svælgganglion eller Hjerneganglïet, og af en ventral Del, den saakaldte Buggangliekjæde, begge forbundne ved en omkring Spiserøret løbende Commissur (se Tab. VIII, Fig. 1).

Hjerneganglïet (se Fig. 1, 4, 17), der har sin Plads i den forreste Del af Hovedet, lige foran Begyndelsen af Tarmen, er af temmelig betydelig Størrelse, og bestaar af 2, i Midten med hinanden forbundne symetriske Halvdele. Oventil danner det flere Lapper, der delvis omfatter Basis af det enkle Øie (se Fig. 4), og til hver Side fortsætter det sig i den mægtigt udviklede Synsnerve (o), efterat have udsendt en tynd Nerve til 1ste Par Antenner (a¹). Et andet Par Nerver sees at udgaa fra Hjerneganglïet længere fortil, til hver Side af det enkle Øic. De ender hver med en liden ganglïøs Opsvulmning umiddelbart under en liden grubeformig Fordybning i Hovedets forreste Integument (a), rimeligvis svarende til de omtrent paa samme Sted hos *Limnetis* forekommende cilierede Gruber, der ialmindelighed ansees for et Slags Sandsceorgan. Nerverne for 2det Par Følere (a²), der hos Hannerne er betydelig stærkere end hos Hunnerne, udspringer fra den forreste Del af Svælgcommissurerne. Disse sidste forbindes, inden de omfatter Spiserøret, ved en tynd Tværcommissur (se Fig. 1 og 4). der ligger ved Basis af Overlæben.

be observed, these being transmitted with great regularity throughout its entire length, generally from behind forwards.

Circulatory system. — The heart (see Pl. VI, figs. 2, 3, 11 c) consists of an exceedingly elongated tube, constricted at regular intervals, and extending above the intestine from the cervical segment backwards into the penultimate segment of the tail. It is attached by fine muscle-fibres to the inside of the dorsal integument, and exhibits, in each segment, a pair of venous ostia, through which the blood is received into the heart. The accumulated mass of blood, which thus forces itself into the heart, is expelled partly from the anterior, partly from the posterior end, and then enters the several cavities between the various organs. Although there is thus a total absence of a true vascular system consisting of arteries and veins, yet the blood circulates with great regularity through the body, following certain fixed courses. The blood is, as usual, colourless, and contains a number of small, partly amœbous blood-corpuscles, whose course may be easily traced under the microscope. The pulsations of the heart, during which the ostia alternately open and close, are exceedingly rapid, so that it is very difficult to count the number occurring in a minute.

Nervous system. — The central portion of the nervous system consists, as in other Crustaceans, of a dorsal part, the supraœsophageal or cerebral ganglion, and of a ventral part, the so called ventral ganglion chain, connected with one another by a commissure round the œsophagus (see Pl. VIII, fig. 1).

The cerebral ganglion (see figs. 1, 4 and 17), which is situated in the anterior part of the head, just in front of the commencement of the intestine, is of considerable size, and consists of 2 symmetrical halves connected with one another in the middle. Above, it forms several lobes which partially surround the base of the ocellus (see fig. 4), and, after sending out a fine nerve to each of the first pair of antennæ (a¹), continues on each side in the form of the powerfully developed optic nerve (o). A second pair of nerves are seen to issue from the cerebral ganglion farther forward, on each side of the ocellus. They each end in a little ganglionic protuberance immediately below a small pit-like depression in the anterior integument of the head (a) probably answering to the ciliated pits occurring in about the same place in *Limnetis*, and which are generally considered to be a kind of organ of sense. The nerves for the second pair of antennæ (a²) which are considerably stronger in the males than in the females, originate from the anterior part of the œsophageal commissures. These, before they encircle the œsophagus, are connected by a thin transverse commissure (see figs. 1 and 4) lying near the base of the anterior lip.

Buggangliekjæden (se Fig. 1) er ikke vanskelig at observere saavel hos levende Exemplarer som hos Specimina opbevarede i fortyndet Spiritus. Man behøver blot med Forsigtighed at udbrede Branchialfødderne til hver Side og indstille Mikroskopet skarpt paa Bugfladen af Dyret, og denne Del af Nervesystemet vil, ialfald delvis, klart og tydeligt sees, uden at nogen virkelig Dissection er fornøden. Dog er dens forreste Del altid temmelig vanskelig at observere, da den fordetmeste skjules af de lidet gjennemsigtige Kindbakker og af Kjæverne. Buggangliekjæden viser en meget udpræget stigedannet Form, idet den bestaar af 2 vidt adskilte stærke Nervestammer, som i hvert Segment forbindes med en dobbelt Tværcommissur. Paa dette Sted viser hver Nervestamme en temmelig svag ganglios Opsvulmning (se Fig. 5), fra hvis ydre Side 2 stærke Nerver udspringer. Det ene Par af disse Nerver trænger ind i de respective Branchialfødder, medens det andet Par synes at innervere de Muskler, der fra Kroppen passerer til Basis af disse Lemmer. En anden betydelig svagere Nerve udspringer omtrent fra Midten af enhver af Længdecommissurerne og synes at ende i Legemets Sidemuskler. Antallet af de Nerveknuder, der sammen med Commissurerne danner Buggangliekjæden, er paa hver Side 15 (se Fig. 1). Heraf er de 3 forreste Par bestemte for Kindbakkerne og de 2 Par Kjæver, det bageste Par for Genitalsegmentet, de 11 øvrige for de 11 Par Branchialfødder. Buggangliekjæden er saaledes indskrænket til Forkroppen alene. I Bagkroppen fortsættes rigtignok de 2 Nervestammer lige til Enden af sidste Segment, men uden her at være forbundne ved Tværcommissurer og uden at danne tydelige Ganglier. I hvert Halesegment udsender disse Nervestammer fine Nervegrene, hvoraf nogle synes at udbrede sig i Halens Muskulatur, medens andre ender med en liden ganglios Opsvulmning lige under Huden (se Fig. 8). Paa disse Steder sees altid en overordentlig fin Børste (Følebørste) at springe frem, tildels omgiven af smaa Hudpapiller (Fig. 9).

Angaaende den Maade, hvorpaa de øvrige Nerver ender, skal her blot omtales Forholdet med de til 1ste Par Følere gaaende Nerver og Synsnerverne.

Første Par Føleres Nerver udspringer (se Fig. 4) tilsyneladende fra det basale Parti af Synsnerverne, idet begge Nerver ved sit Udspring er omgivet af en fælles Nerveskede. De træder derefter til hver Side som en tynd Stamme ind i 1ste Par Føleres Basis og fortsætter sig igjennem deres Axe indtil henimod Spidsen. Her deler Nerven sig (se Fig 2) i 2 Grene, der tilsammen danner en betydelig ganglios Masse ved Spidsen af Følerens. Fra denne

The ventral ganglion chain (see fig. 1) is not difficult to examine, either in living specimens or in those preserved in diluted spirit. It is only necessary to turn the branchial legs carefully to either side, and adjust the microscope close to the animal's ventral surface, when this part of the nervous system, will, at any rate to some extent, be seen clearly and distinctly, without the necessity of actual dissection. The front part, however, is always rather difficult of observation, as it is generally almost hidden by the but slightly transparent mandibles and by the maxillæ. The ventral ganglion chain exhibits a marked ladder-like form, in that it consists of 2 strong, widely-separated nerve-stems, which are connected in each segment by a double transverse commissure. Here each nerve-stem exhibits a rather slight ganglionic dilatation (see fig. 5), on the outer side of which, 2 strong nerves have their origin. One of these pairs of nerves penetrates into the respective branchial legs, while the other pair appears to innerve the muscles passing from the body to the base of those appendages. Another much weaker nerve has its origin almost in the middle of each of the longitudinal commissures, and appears to end in the lateral muscles of the body. The number of ganglia that, together with the commissures, form the ventral ganglion chain, is 15 on each side (see fig. 1). Of these the 3 foremost pairs are destined for the mandibles and the two pairs of maxillæ, the hindmost pair for the genital segment, and the remaining 11 for the 11 pairs of branchial legs. The ventral ganglion chain is thus confined to the anterior division of the body. It is true that the 2 nerve-stems are continued im the hinder part of the body as far as the end of the last segment, but without being there connected by any transverse commissures, and without forming distinct ganglia. In every caudal segment these nerve-stems send out delicate rami, some of which appear to spread over the caudal musculature, while others end in a little ganglionic tuberosity just below the integument (see fig. 8.) At these places an exceedingly fine bristle (sensory bristle) is always seen to protrude, partially surrounded by small cutaneous papillæ (fig. 9).

With regard to the manner in which the remaining nerves end, only the circumstances relating to those of the 1st pair of antennæ, and the optic nerves will be mentioned here.

The nerves of the 1st pair of antennæ (see fig. 4) apparently originate from the basal part of the optic nerves, both nerves being surrounded at their origin by a common neural-sheath. They then pass to either side in the form of a thin stem into the base of the first pair of antennæ, whence they continue along the axis of the latter almost to the extremity. Here the nerve divides (see fig. 2) into 2 branches, which together form a considerable

gangliose Masse udgaar igjen overordentlig fine Nervefibre til ethvert af de her fæstede Vedhæng.

Synsnerverne (Fig. 4, o) danner til hver Side en stærk, lige udad ganende Stamme, der, efterat være traadt ind i Øienstilkene, svulmer ud til et kolbeformigt Synsganglion. Dette (se Fig. 6) er ved en transversal Indsnøring delt i 2 paa hinanden følgende Knuder eller Segmenter og udsender fra sin noget skjævt afrundede Ende talrige divergerende Nervetraade, der passerer til de enkelte Synselementer. Ethvert af disse sidste er (se Fig. 7) isoleret ved en cylindrisk Skede, i hvis indre den saakaldte Synsstav sees som en fint tværstribet Axe (c), strækkende sig mod Peripherien af Øienglobøen, hvor den forbinder sig med en kegleformig fastere Del, den saakaldte Krystalkegle (b). Denne er omgivet af et mørkerødt Pigment og ender med et stærkt lysbrydende, lindseformigt Legeme af ellipsoidisk Form (a). Den Øienglobøen omgivende ydre Hud (cornea) er ganske glat, uden Spor af Facetter.

Kjønssystemet. — Han- og Hun-Organerne forholder sig meget ulige, saavel hvad Bygning som Beliggenhed angaar, og maa derfor beskrives særskilt.

Ovarierne (se Tab. VI, Fig. 3 og 4, Tab. VIII, Fig. 11) strækker sig i Form af 2 smale cylindriske Sække igjennem Størsteparten af Truncus, til hver Side af og noget nedenunder Tarmen. Deres forreste Ende er omtrent beliggende ved Grændsen af 4de og 5te fodbærende Segment; den bagerste Ende strækker sig ind i selve Kjønsringen. Derimod findes ingen Del af Ovarierne i selve Bagkroppen, saaledes som Tilfældet er hos Slægten *Branchipus*. I nogen Afstand fra deres bagre Ende udgaar fra hvert Ovarium nedad en kort og tyk Ægleder, der udmunder i Basis af Æggesækken. Æglederne er delvis omhyllede af en voluminos Kjertel, der afsondrer Stoffet til Æggeskallen. I Ovariernes Indre findes som oftest kun en enkelt Række af sig udviklende Æg (se Tab. VIII, fig. 11), med grønagtig Blommemasse og mere eller mindre tydelig Kimblære. Æggene synes at udvikle sig fra den forreste Ende af Ovarierne, da her findes sammenhobede en hel Del smaa Celler. Fra Ovarierne passere Æggene, efterhvert som de modnes, ind i den sækformige Matrix, hvor de omgives med sin Skal. Denne er temmelig fast og tyk, og viser sig i Tværsnit tydeligt dobbelt kontureret. Ægindholdet er i de fleste Tilfælde uniformt, fintkornet, uden tydelig Kimblære (Fig. 14). I enkelte Tilfælde (Fig. 13) syntes Kløvningsprocessen allerede at være begyndt, da Ægindholdet var delt i 4 skarpt begrændsede Segmenter.

ganglionic mass at the end of the antenna. From this ganglionic mass again, exceedingly delicate nerve-fibres run out to each of the appendages there attached.

The optic nerves (fig. 4, o) form, on each side, a strong stem going straight out, which, after having entered the eye-stalks swells out to a club-shaped optic ganglion. This (see fig. 6), by a transverse constriction, is divided into 2 successive dilatations or segments, and sends out, from its somewhat obliquely rounded end, numerous divergent nerve-filaments, which pass to the several visual elements. Each of these is isolated by a cylindrical sheath (see fig. 7) in the interior of which the so-called optic rod is visible in the shape of a finely transversely striped axis (c) extending towards the periphery of the eye-ball, where it unites with a firmer, conical part, the so-called crystalline cone (b). The latter is surrounded by a dark-red pigment, and ends in a strongly refractive lentiform body, ellipsoid in shape (a). The skin (cornea) surrounding the eyeball is quite smooth, without a trace of facets.

Generative system. — The male and female organs are very dissimilar, both as regards structure and position, and must therefore be separately described.

The ovaries (see Pl. VI, figs. 3 and 4, Pl. VIII, fig. 11) extend, in the form of 2 narrow cylindrical bags through the greater part of the trunk, on each side of, and a little below the intestine. Their anterior end lies almost at the boundary between the 4th and 5th pedigerous segments; the posterior end extends into the genital segment itself. On the other hand, no part of the ovaries is found in the posterior part of the body, as is the case in the genus *Branchipus*. At some distance from their posterior ends, a short, thick oviduct issues from each ovary, passing downwards, and opening into the base of the ovisac. The oviducts are partially enveloped by a voluminous gland, which secretes the substance for the shell of the egg. In the interior of the ovary there are found, as a rule, only a single row of ova in process of development (see Pl. VIII, fig. 11), with a greenish yolk-mass, and more or less distinct germ-vesicles. The ova appear to be developed from the anterior end of the ovaries, as a number of small cells are here found crowded together. Each egg, as it matures, passes from the ovary into the sac-like marsupium, where it is enveloped in its shell. This is tolerably firm and thick, and in transverse sections shows a distinct double outline. The contents of the ova are, in most cases, uniform, finely granular and without distinct germ-vesicles (fig. 14). In one or two cases (fig. 14), the cleavage process seems to have already begun, the contents of the ovum being divided into 4 sharply-defined segments.

Testes (Tab. VI, Fig. 11, t) har Formen af et Par forholdsvis smaa, sækformige Organer, der, uligt hvad Tilfældet er med Ovarierne, ikke strækker sig ind i Forkroppen, idet de fortil kun rækker til Begyndelsen af forreste Kjønsring, hvorimod deres bagre tilspidsede Ende strækker sig mere eller mindre ind i 1ste Bagkropssegment. I nogen Afstand fra den forreste Ende udgaar nedad og bagtil Sædlederen, der begynder med et noget blæreformigt udvidet Parti, forestillende et Slags Sædbeholder. Ved Basis af de ydre Kjønsvedhæng indsnævres dette Parti pludselig til en trang Kanal, der gjør en stærk Bugtning inden den træder ind i selve Kjønsvedhænget (p), paa hvis Spids den udmunder. Sperma bestaar (se Fig. 12) af smaa klare Celler med tydelig Kjerne, imellem hvilke sees en Del endnu mindre og mere ugjennemsigtige Smaakugler.

Udvikling. — Jeg har desværre ikke havt Anledning til at forfølge den hele Udvikling af nærværende Form, men har dog leilighedsvis paatruffet en Del Udviklingsstadier, hvoraf jeg her kortelig skal omtale nogle.

. Det tidligste Larvestadium, jeg har fundet, er afbildet Tab. VIII, Fig. 15, og maa nærmest characteriseres som et *Metanauplius-Stadium*, forsaavidt som der allerede er tydelige Anlæg til 7 Par Lemmer bag de egentlige Munddele. Det ægte Nauplius-Stadium er, som bekjendt, udmærket ved Tilstedeværelsen af kun 3 Par Lemmer, nemlig de 2 Par Folere og Mandibularfødderne, og i dette Stadium forlader nærværende Form, som de fleste øvrige Phyllopoder, Ægget.

Legemet er i det her omhandlede Stadium aflangt pæreformigt, gradvis afsmalnende bagtil og stumpt afrundet fortil, uden tydelig Begrændsning af Hoved, Krop og Hale. De sammensatte Øine er endnu ikke udviklede, og kun det enkle Øie tilstede i Midten helt fortil. 1ste Par Folere er endnu ganske korte, men rager tydeligt frem fortil og er paa Spidsen udrustede med lignende Vedhæng som hos det voxne Dyr. 2det Par Folere er meget forskjellige fra samme hos det voxne Dyr, og udviklede til mægtige Svømmeorganer eller Aarer. De udspringer, noget ventralt, til hver Side af den forreste Del af Legemet, lige bag 1ste Par, og er almindelighed rettede lige udad. Man kan paa dem adskille en tyk og boielig, med talrige Muskler fyldt Basaldel eller Skaft, og 2 ulige udviklede Grene. Skaftet er af cylindrisk Form og viser flere circulære Indsnøringer som en Antydning til Leddeling. Det udsender indad 2 mod Mundaabningen rettede Fortsatser, hvoraf den ydre, der udspringer nær Enden af Skaftet, har Formen af en grov, pigformig Børste, cilieret i sin ydre Del, medens den indre er klovet i Enden til 2 cilierede Børster. Under Aarernes Bevægelser bliver disse Fortsatser afvexlende

The testes (Pl. VI, fig. 11, t) are in the form of a pair of comparatively small bag-like organs, which, unlike the ovaries, do not extend into the anterior division of the body, but only as far forward as the beginning of the foremost genital segment. Their posterior pointed ends, on the other hand, extend more or less into the 1st segment of the tail. At some distance from the anterior end issues, in a downward and backward direction, the spermatic duct, beginning with a bladder-like enlarged portion, representing a kind of seminal vesicle. At the base of the external sexual appendage, this part suddenly contracts to a narrow channel, which makes a sharp curve before it actually enters the sexual appendage (p) at the point of which it discharges itself. The sperm (see fig. 12) consists of small, clear cells with distinct nuclei, among which there are a few still smaller and more opaque spherules.

Development. — I have unfortunately had no opportunity of following the whole course of development of the present form, but have, however, occasionally come across certain stages of development, some of which I will now briefly mention.

The earliest larval stage that I have found is represented on Pl. VIII, fig. 15, and may be best characterized as a *metanauplius stadium*, in as much as there are distinct indications of 7 pairs of limbs behind the oral region proper. The true nauplius stadium, as is well known, is distinguished by the presence of only 3 pairs of limbs, namely, the 2 pairs of antennæ and the mandibular legs, and at this stage, the present form, like most other Phyllopoda, leaves the egg.

In the stage now under consideration, the body is oblong, pyriform, gradually narrowing posteriorly and bluntly rounded anteriorly, without any distinct division into head, body and tail. The compound eyes are not yet developed, and only the ocellus is present in the middle in front. The first pair of antennæ are as yet quite short, but distinctly project in front, and are armed at the point with appendages similar to those in the full-grown animal. The second pair of antennæ are very different from that pair in the full-grown animal, and have the character of powerful natatory organs, or oars. They have their origin a little ventrally at each side of the anterior part of the body, just behind the first pair, and generally point straight out. A thick, flexible basal part or scape, filled with numerous muscles may be distinguished, and 2 unequally developed rami. The scape is cylindrical in form, and exhibits several circular constrictions as an indication of articulation. It sends out inwards, towards the oral aperture, 2 projections of which the outer one, which springs from near the end of the scape, has the form of a coarse spike-like bristle, ciliated on the outer part; while the inner one is cloven at the end into 2 ciliated

fjernet og nærmet til Mundaabningen og bidrager derved til Fodens Optagelse. Af de 2 Grene er den indre ganske kort, cylindrisk og forsynet paa Spidsen med 4 cilierede Borster. Den ydre Gren·er derimod af betydelig Størrelse, omtrent saa lang som Skaftet og temmelig tyk, dog gradvis afsmalnende mod Enden. Den er meget boielig og viser en Antydning til en tæt Leddeling, idet Kanterne er fint crenulerede. Langs ad dens indre Side findes en Rad af 15—16 stærke, cilierede Svømmeborster, hvoraf 2 udgaar fra selve Spidsen. — Overlæben er meget stor og fremspringende, dannende en oval, i en stump Spids endende og i Flugt med Hovedets undre Flade gaaende Klap, der ganske dækker Mundaabningen nedad. — Kindbakkerne er synlige til hver Side af Overlæben som 2 convexe Fremspring; men deres Tyggedele synes endnu ikke at være udviklet. Derimod har enhver Kindbakke paa den ydre Side et temmelig stort fodformigt Vedhæng af aflang oval Form og forsynet med ialt 8 cilierede Borster, hvoraf 3 udgaar fra Spidsen, 3 fra en bred Lap af den bagre Rand og 2 fra en noget mindre Lap mellem denne og Spidsen. To Par smaa knudeformige Fremspring umiddelbart bag Kindbakkerne antyder Anlægget til de 2 Par Kjæver. Af Branchialfødder er der Anlæg til 7 Par, successivt aftagende i Størrelse bagtil. De har alle Formen af simple Tværvulster, uden Spor af Borster. Haleenden gaar ud i 2 smaa tilspidsede Lappe, enhver endende med en enkelt liden simpel Borste. I det indre af Legemet sees tydeligt den med orangefarvet Indhold fyldte Tarmkanal, der fortil danner to simple tilrundede Blindsrække. Larven bevæger sig meget raskt om i Vandet ved rythmiske Slag af 2det Par Folere, som i dette Stadium er dens eneste Lokomotionsorganer.

Det Fig. 16 afbildede Larvestadium er allerede adskilligt videre udviklet. Legemet er stærkere forlænget og viser en begyndende Sondring i de 3 Kropsafsnit. Hovedet er dog endnu meget kort og næsten tvært afkuttet fortil. De sammensatte Øine har nu begyndt at udvikle sig som to convexe Fremspring ved Basis af 1ste Par Folere. I deres indre er der afsat en ringe Mængde rødt Pigment, og der er en svag Antydning til Synselementer. De 2 Par Folere og Munddelene forholder sig i alt væsentligt som hos det foregaaende Stadium. Derimod er der indtraadt en kjendelig Udvikling af de bag Munddelene følgende Lemmer. De i forrige Stadium forekommende 7 Par simple Tværvulster, der repræsenterede Anlægget til Branchialfødderne, har nu for detmeste sondret sig fra Kropssiderne og rager tydeligt frem i Form af buede Plader, der er svagt ind-

bristles. During the movements of the oars, these projections are alternately brought near to and withdrawn from the oral aperture thereby assisting in the admission of food. The inner of the two rami is quite short, cylindrical, and furnished at the point with 4 ciliated bristles. The outer ramus, on the other hand, is of considerable size, about as long as the scape, and tolerably thick, though tapering towards the extremity. It is very flexible, and shows an indication of close articulation, the margins being finely crenulated. Along its inner side, there is a row of 15 or 16 strong, ciliated, natatory bristles, two of which issue from the very point. The labrum is very large and prominent, forming an oval, blunt-pointed flap extending backwards as an immediate continuation of the inferior surface of the head, and quite covering the oral aperture below. The mandibles are visible on each side of the labrum in the form of 2 convex projections, but their masticatory part appears to be still undeveloped. Each mandible has, however, on the outer side, a rather large, oblong oval leg-like appendage furnished with 8 ciliated bristles, 3 of which issue from the point, 3 from a broad lobe of the hind margin, and 2 from a somewhat smaller lobe between the hind margin and the point. Two pairs of small knob-like projections immediately behind the mandibles indicate the 2 incipient pairs of maxillæ. There are indications of 6 pairs of branchial legs, successively decreasing in size posteriorly. They all have the form of simple transverse prominences without a trace of bristles. The end of the tail divides into 2 small pointed lobes, each terminating in a single, small, simple bristle. Within the body may be plainly seen the intestinal canal with its orange-coloured contents, forming in front 2 simple, rounded cæca. The larva moves about rapidly in the water with rythmical strokes of the second pair of antennæ, which, in this stage, are its only organs of. locomotion.

The larval stage represented in fig. 16 is already considerably more . developed. The body is more elongated, and shows an incipient division into the 3 sections of the body. The head is still, however, very short and almost abruptly cut off in front. The compound eyes have now begun to develop in the form of 2 convex projections at the base of the first pair of antennæ. . Inside them there is a small quantity of red pigment, and there is a faint indication of visual elements. The two pairs of antennæ and the oral parts are essentially in the same condition as in the foregoing stadium. On the other hand there is a perceptible development of the limbs behind the oral parts. The 7 pairs of simple transverse prominences in the previous stadium, which represented the incipient branchial legs, have now for the most part separated themselves from the

skaarne i Kanterne og delvis forsynede med korte Børster. Bag disse 7 Par Lemmer sees endnu 2 Par smaa Tværvulster, hvorved disse Lemmers Antal er steget til 9 Par. Endnu mangler imidlertid ethvert Spor til de 2 sidste Par, som forst senere anlægges paa samme Maade som de ovrige. Bagkroppen er endnu ganske kort og uleddet. Dens Endelapper har sondret sig fra Haleenden og bærer nu hver 3 borsteformige Vedhæng, hvoraf det midterste er betydelig storre end de 2 ovrige.

Fig. 17 fremstiller den forreste Del af Legemet hos et lidt senere Larvestadium, seet nedenfra og noget stærkere forstorret. De sammensatte Øine (o) har tiltaget betydelig i Storrelse og viser sig allerede kort stilkede, med Øiengloben vel udviklet. 1ste Par Folere (a¹) er paa det nærmeste uforandrede. 2det Par Folere (a²) synes forholdsvis mindre, idet de er bleven staaende paa samme Udviklingstrin, medens de fleste ovrige Dele er tiltaget i Storrelse. Det samme gjælder ogsaa Mandibularfodderne (p), som i Forhold til selve Kindbakkernes Corpus (M) synes meget reducerede. Overlæben (L) er fremdeles meget stor og fremragende. De 2 Par Kjæver er allerede tydeligt udviklede og forsynede med en Del Borster. Alle Branchialfodder er nu anlagte, men de 2 bagerste Par endnu kun tilstede som ubetydelige Tværvulster.

Under den videre Udvikling sondrer Anlægget til de 2 bagerste Par Branchialfodder sig fra Kropssiderne som tydeligt fremragende Lemmer, Halen strækker sig i Længden og bliver, som det ovrige Legeme, tydeligt segmenteret, samtidigt med at Halepladerne mere tydeligt afgrændser sig og faar et storre Antal Borster. 2det Par Folere reduceres mere og mere, men beholder dog endnu en Tid lang sine Svommeborster og bevæges som hos de yngre Larver. Mandibularfodderne svinder mere og mere ind og er tilsidst kun tilstede som rudimentære Vedhæng. Larven, som paa dette Stadium har en Længde af omtrent 5 mm, staar nu paa Overgangen til at antage den blivende Tilstand. Den er afbildet paa dette Udviklingstrin Tab. VI, Fig. 5 og 6. Ved den derpaa folgende Hudskiftning er Larvetilstanden forbi, idet det sidste Spor af Mandibularfodderne er forsvundet og 2det Par Folere har tabt sin Betydning af Lokomotionsorganer. Endnu er der dog paa de sidstnævnte Lemmer (se Fig. 7 og 8) en tydelig Adskillelse mellem Skaft og Grene. Den ydre Gren ender i en noget bugtet Spids, paa hvilken endnu de sidste svage Rester af de oprindelige Svommeborster sees (Fig. 8); Indergrenen ser ud som et yderst lidet knudeformigt Fremspring, uden enhver Borstebeklædning. Er Ungen bestemt til at blive

sides of the body, and project perceptibly in the form of curved lamellæ, slightly indented and with the edges partially furnished with bristles. Behind these 7 pairs of limbs, 2 more pairs of small transverse prominences are visible, raising their number to 9 pairs. All trace, however, of the last 2 pairs is still absent, and it is only later that they commence in the same way as the others. The hind part of the body is still quite short and inarticulated. Its terminal lobes have become separated from the caudal end, and now each carry 3 setiform appendages, the middle one of which is considerably larger than the other two.

Fig. 17 represents the anterior part of the body in a somewhat more advanced larval stage, seen from below, and rather strongly magnified. The compound eyes (o) have increased considerably in size, and already have short peduncles, while the eye-ball is well-developed. The 1st pair of antennæ (a¹) are nearly unchanged. The 2nd pair of antennæ (a²) seem to be comparatively smaller, having remained at the same developmental stage, while most of the other parts have increased in size. The same applies to the mandibular legs (p), which, in relation to the body of the mandible (M), seem very much reduced in size. The labrum (L) is still very large and projecting. The two pairs of maxillæ are already perceptibly developed, and furnished with a few bristles. All the branchial legs have now appeared, but the hindmost 2 pairs still only as insignificant transverse prominences.

During further development the rudiments of the hindmost 2 pairs of branchial legs separate themselves from the sides of the body as distinctly projecting limbs. The tail is elongated and becomes, like the rest of the body, perceptibly articulated, while, at the same time, the caudal lamellæ are more distinctly defined, and have acquired a larger number of bristles. The second pair of antennæ become more and more reduced, but still for some time retain their natatory bristles, and are moved as in the younger larvæ. The mandibular legs dwindle more and more, and at last only appear as rudimentary appendages. The larva, which, at this stage, has a length of about 5 mm, is on the point of entering its permanent condition. It is thus represented on Pl. VI, figs. 5 and 6. With the ensuing exuviation, the larval period is past, the last trace of mandibular legs having vanished, and the 2nd pair of antennæ having lost their importance as organs of locomotion. In the last-named limbs (see figs. 7 and 8) there is still, however, a distinct separation between the scape and the rami. The outer ramus ends in a somewhat curved point, upon which the last feeble remains of the original natatory bristles are visible (fig. 8). The inner ramus looks like an extremely small nodiform projection,

af Hunkjøn, sker der en end yderligere Reduktion af disse Folere, hvorved de antager det for Hunnen charncteristiske Udseende af 2 simple triangulære Flige. Hos Hannen omformes Ydergrenen til Gribekloen, og Indergrenen persisterer som det lille knudeformige Fremspring ved Enden af Basaldelen, indenfor Kloens Udspring.

Forekomst og Leveris.

Nærværende Phyllopode synes at forekomme meget almindelig, i Øst-Finmarken, hvor jeg har taget den paa flere Steder i stor Mængde; saaledes i et lidet grundt Tjern ved Mehavn, hvor den fandtes sammen med *Polyartemia forcipata*, i et lignende Tjern ved Vardo, og i flere Smaatjern og grunde Damme paa Fastlandet Øst af Vardo. Af Prof. Lilljeborg er den desnden taget ved Nordkap. I Vest-Finmarken har jeg derimod ikke observeret den, ligesaalidt som nogetsteds i Nordland. Mærkeligt nok optræder den igjen langt sydligere i Landet, nemlig paa Dovres Høideplateau, hvor jeg har taget den meget almindelig i grunde Damme saavel ved Kongsvold som ved Jerkin. Denne isolerede Forekomst saa langt Syd paa kan kun forklares paa den Maade, at nærværende Phyllopode for i Tiden, da Klimatet var mere arktiskt, har været udbredt over hele vort Land, ogsaa i Lavlandet, men derpaa, efterhvert som Klimatet forandrede sig, har trukket sig tilbage nordpaa og tillige til Høideplateauerne, hvor de klimatiske Forhold mere lignede de oprindelige; med andre Ord: den er her Syd i Landet at betragte som en saakaldt «relict» Form, en Levning fra den arktiske Fauna, der for i Tiden var udbredt over vort hele Land.

Da de Smaatjern og Damme, hvori den lever, regelmæssigt udtørres mod Slutningen af Sommeren, og væsentlig kun skylder sin Tilbliven Snesmeltningen paa Forsommeren, er denne Forms Levetid kun indskrænket til nogle faa Maaneder af Aaret. I Løbet af forholdsvis kort Tid har den imidlertid gjennemgnaet sin Udvikling, og derefter gaar Forplantningen hurtigt for sig. De i Ægsækken indeholdte Æg, bliver, som anført, altid omgivne med en meget tyk Skal og er aabenbart alle beregnede paa at overvintre, for til den følgende Sommer at udvikle sig til en ny Generation. Arten er saaledes for hvert Aar kun repræsenteret ved en enkelt Generation. Æggene afsættes i Mudret paa Bunden af Dammen, og da denne Afsætning af Æg foregaar gjentagne Gange af hvert Hunindivid, vil der snart ophobe sig en anselig Mængde af Æg, der vil sikre Artens Tilværelse paa de Steder, der er gunstige for dens Trivsel. Det er først ved Midsommertid,

with no bristles whatever. If the young one is destined to be of the female sex, a still further reduction of these antennæ takes place, whereby they assume the appearance, characteristic of the females, of 2 simple triangular flaps. In the male the outer ramus is transformed into a prehensile claw, while the inner ramus becomes the small nodiform projection at the end of the basal part, inside the root of the claw.

Occurence and Habits.

The present Phyllopod seems to occur very generally in East Finmark, where I have found it in many places in great numbers, for instance, in a little, shallow lake at Mehavn, where it was found together with *Polyartemia forcipata;* in a similar lake at Vardo, and in several small lakes and shallow ponds on the mainland east of Vardo. It has also been found by Prof. Lilljeborg at the North Cape. In West Finmark, on the other hand, I have not observed it, nor yet anywhere in Nordland. Curiously enough, it appears again much farther south, namely on the high plateau of the Dovre Mountains, where I found it very plentiful in shallow ponds both at Kongsvold and Jerkin. This isolated occurrence so far south can only be accounted for by the supposition that formerly, when the climate was more arctic, this Phyllopod was distributed over the whole of our land (Norway), lowlands as well as highlands, but that, as the climate changed, they have withdrawn to the north and the high plateaus, where the climatic conditions more resemble those originally prevailing; in other words, here in the south of the country, it must be regarded as a so-called «relict» form, a vestige of the arctic fauna which was formerly distributed over the whole country.

As the small lakes and ponds in which it lives dry up periodically towards the end of the summer, and owe their existence chiefly to the melting of the snow in the spring, the life-time of this form is limited to only a few months of the year. In the course of a comparatively short time, however, it has passed through its developmental course, and propagation then proceeds rapidly. As already stated, the eggs in the ovisac always become surrounded by a very thick shell, and are evidently calculated to stand the winter, and in the ensuing summer to develop into a new generation. The species is thus represented every year only by a single generation. The eggs are deposited in the mud at the bottom of the pond, and as this deposition of eggs is repeated several times by each female, a considerable number of eggs is soon amassed. which ensures the existence of the species in those places that are favorable to its well-being. It is not until Midsummer

eller i Juli Maaned, at man hos os ialmindelighed finder denne Form fuldt udviklet. Jeg har paa denne Tid observeret den i store Mængder i Smaatjern paa Dovres Høideplateau, Øst af Jerkin. Som Tilfældet synes at være med de fleste Phyllopoder, naar den temmelig tidligt, og længe for den er fuldt udvoxet, Kjonsmodenhed. De største Individer finder man derfor ialmindelighed længere ud paa Høsten, medens Storrelsen først paa Sommeren er betydelig ringere. Ofte er der ogsaa paa samme Tid adskillig Forskjel i Storrelsen i forskjellige nærliggende Tjern. I samme Tjern finder man derimod i Regelen alle Individer omtrent ens udviklede og af ens Farve.

Det er et meget livligt Dyr. som er i uafbrudt Bevægelse, oftest mere eller mindre nær Overfladen af Vandet. Bevægelsen tilveiebringes hovedsageligt ved Branchialfoddernes Svingninger, der foregaar paa en meget regelmæssig og elegant Maade, idet de ikke sker neiagtig samtidigt for alle Fødders Vedkommende men successivt, hvad der giver Indtrykket af en eindommelig Undulation i Bevægelsen. Den herved frembragte Lokomotion er en ganske jevn i horizontal Retning, hvorunder Dyret altid vender Ryggen nedad. Dog kan det foretage mange forskjellige Volter i Vandet og dreie og sno sig i alle Retninger, hvorved Halens Bevægelser spiller en væsentlig Rolle. Hanner og Hunner sees ofte i Kopulation, idet Hannen med sine Gribeantenner fast omslutter Hunnens Genitalsegment fra Ryggen af, og saaledes kan begge Individer svomme om i lange Tider, begge vendende Bugsiden opad. Selve Kopulationsakten har jeg ikke faaet observeret. Rimeligvis afventer Hannen det Øieblik, da de modne Æg fra Ovarierne træder ind [i Basis af Rugesækken, hvor de, som ovenfor anført, omgives af sin Skal.

Dyrets Føde synes hovedsageligt at bestaa af mikroskopiske Alger og andre Plantedele, tildels vel ogsaa af Infusorier, der ved Branchialfoddernes Spil hvirvles ind mod Munden.

Udbredning. — Nærværende Phyllopode er forst beskrevet fra Gronland, hvor den synes at være meget almindelig, og er senere bleven gjenfunden paa flere andre Steder, saaledes det arktiske Amerika, paa Spitsbergen, Novaja Semlja, Kolahalvoen og i Sibirien. Idethele falder dens Udbredning, naar undtages det ovennævnte Findested i Norge paa Dovres Høideplateau, udelukkende indenfor den arktiske Zone, og dens Forekomst her synes at stemple den som en ægte arktisk og circumpolar Form.

or July that this form is generally found fully developed here. At that season I have observed it in great numbers in small lakes on the high plateau of the Dovre Mountains, east of Jerkin. As seems to be the case with most Phyllopoda, it attains sexual maturity tolerably early, and long before it is fully grown. The largest specimens are therefore generally found later in the autumn, while the size in the beginning of the summer is very much smaller. There is also often considerable difference in their size in different lakes, while on the other hand, all the animals in one lake are, as a rule, uniformly developed, and uniform in colour.

It is a very lively animal, and in constant motion, generally more or less near the surface of the water. The movement is chiefly brought about by the vibrations of the branchial legs, which take place in a very regular and graceful manner, not quite simultaneously with all the legs, but successively, thereby imparting to the movement a peculiarly undulatory effect. The motion thus produced is equable and in a horizontal direction, the back of the animal being always turned downwards. It may, however, make all kinds of springs in the water, turning and twisting in every direction, the movements of the tail playing an important part in these evolutions. Males and females are often seen in copulation, the male, with his prehensile antennæ, firmly embracing the female's genital segment from the back, and in this manner both animals may swim about for a long time with the ventral side uppermost. The act of copulation itself, I have not witnessed. The male probably awaits the moment when the mature ova enter from the ovary into the base of the marsupium, where, as previously stated, they are enveloped in their shell.

The food of this animal seems to consist principally of microscopic algæ and portions of other plants, partly also of infusoria, which are swept in towards the mouth by the movement of the branchial legs.

Distribution. — The present Phyllopod was first described from Greenland, where it seems to be very common, and has since been found in several other places, e. g. arctic America, Spitzbergen, Novaia Zemlia, the Kola Peninsula and in Siberia. Altogether its distribution, with the exception of the above-named place in Norway, on the high plateau of the Dovre Mountains, is exclusively within the arctic zone, and its occurrence . there seems to stamp it as a true arctic and circumpolar form.

Fam. 2. Polyartemiidæ.

Legemet slankt, med Halen kort og ufuldkommen segmenteret hos Hunnen. Gribeantennerne hos Hannen uleddede, og delte i flere hageformigt krummede Grene; Frontalvedhæng tilstede. 19 Par Branchialfødder, alle, undtagen sidste Par, med dobbelt Basalplade. Hunnens Ægbeholder kort og tyk, ikke poseformigt fremragende bagtil. Hannens ydre Kjønsvedhæng dobbelte. Halegrenene korte, bladformige, kantede med cilierede Borster.

Bemærkninger. — Af denne Familie kjendes hidtil kun en enkelt Slægt, *Polyartemia*, med en enkelt Art. Hvad der hovedsageligt skiller denne Familie fra den foregaaende, er det betydelig større Antal Segmenter i Forkroppen og det deraf følgende forøgede Antal Branchialfødder; fremdeles Halens Structur og Ægbeholderens Form hos Hunnen; endelig Gribeantennernes eiendommelige Bygning hos Hannen.

Gen. Polyartemia, Fischer. 1851.

Slægtscharacter. — Legemet næsten cylindriskt og meget boieligt. Kjønsringene hos Hunnen sammenvoxne med Halen; denne sidste hos Hunnen med kun et enkelt terminalt Segment, hos Hannen tydeligt 6-leddet Halegrenene forholdsvis korte. Hannens Gribeantenner 3-delte, den forreste Gren størst; Frontalvedhængene simpelt cylindriske. Branchialfødderne forholdsvis brede og af samme Udseende hos de 2 Kjøn, Exopoditen forholdsvis liden, oval, den ydre Lap af Endopoditen stumpt afrundet i Enden, begge Basalplader helrandede. Hunnens Ægbeholder stærkt opblæst fortil.

Bemærkninger. — Nærværende Slægt er opstillet i Aaret 1851 af Fischer og væsentlig characteriseret ved det ualmindelig store Antal Branchialfødder. Da denne Slægt i saa Henseende skiller sig fra alle andre Branchipodider, hos hvem Tallet 11 er fuldkommen constant, fortjener den utvilsomt at opstilles som Typen for en egen Familie. Slægten indeholder for Tiden kun en enkelt Art, som nedenfor nærmere skal beskrives.

Fam. 2. Polyartemiidæ.

Body slender, with a short and imperfectly segmented tail in the female. Prehensile antennæ in male inarticulate and divided into several clawlike rami: frontal appendages present. Nineteen pairs of branchial legs, all, except the last pair, with double basal laminæ. Marsupium of female short and thick, not projecting posteriorly like a bag. External sexual appendage of male double. Caudal rami short and laminar, edged with ciliated bristles.

Remarks. — Only one genus of this family is known up to the present, *Polyartemia*, with a single species. What chiefly distinguishes this family from the preceding one is the much larger number of segments in the anterior part of the body, and the consequent augmented number of branchial legs; furthermore, the structure of the tail, and the shape of the marsupium in the female, and lastly, the peculiar formation of the prehensile antennæ in the male.

Gen. Polyartemia, Fischer. 1851.

Generic characters. — Body almost cylindrical and very flexible. Genital segments in female coalesced with the tail; the latter, in the female, with a single terminal segment only, in the male distinctly 6-articulate. Caudal rami comparatively short. Prehensile antennæ of male divided into three curved rami, the foremost being the largest; frontal appendages of a simple cylindrical shape. Branchial legs comparatively broad, and of a similar appearance in the two sexes; exopodite oval and comparatively small; external lobe of the endopodite bluntly rounded at the end: both basal laminæ plain. Marsupium of the female very much inflated in front.

Remarks. — The present genus was established in 1851 by Fischer, and is chiefly characterized by the unusually large number of branchial legs. As it differs in this respect from all other Branchipodidæ, where the number 11 is quite invariable, it without doubt merits being established as the type of a separate family. The genus contains at present only a single species, which will be more fully described below.

Polyartemia forcipata, Fischer.

(Pl. IX & X).

Polyartemia forcipata, Fischer, Middendorff's Sibirische Reise, Bd. 2. Zoologie, p. 154, Tab. VII, Fig. 24—28.

Artscharacter. — Legemet smalt cylindriskt, næsten jevnt tykt hos Hunnen, noget afsmalnende bagtil hos Hannen. Hovedet hos Hunnen forholdsvis lidet og afrundet fortil, hos Hannen betydelig bredere og endende med 2 stumpt coniske, nedadkrummede Frontalfortsatser. Halen og Kjønsringene tilsammen neppe mere end halvt saa lang som den fodbærende Del af Kroppen. Hunnens Ægbeholder bredt afrundet fortil med et knudeformigt Fremspring til hver Side. Hannens ydre Kjønsvedhæng simpelt cylindriske og omtrent af Halens halve Længde. Øinene kolleformige, omtrent af Længde som Hovedets halve Tværdiameter. Forste Par Følere forholdsvis smaa, kortere end Øinene. Andet Par Følere hos Hunnen betydelig kortere end Hovedet, endende i en triangulær Flig; samme Følere hos Hannen særdeles store, tregrenede, de 2 forreste Grene tangformigt krummede i Enden og fint cilierede i den indre Kant, den bagerste Gren kort, lige nedad rettet og tæt haaret i Enden. Halepladerne bredt lancetformige, omtrent dobbelt saa lange som de er brede ved Basis. Legemet gjennemsigtigt med svagt gronligt, blanligt eller rødligt Skjær. Hannen sædvanlig lys gulagtig. Hunnens Kjønsringe oventil med 2 ultramarinblaa kantede Pletter, mellem hvilke er 2 smale Striber af samme Farve, Ægbeholderen orangefarvet nedentil. Hunnens Længde indtil 16 mm, Hannens 10 mm.

Bemærkninger. — Denne eiendommelige Phyllopode blev forst opdaget under Middendorff's Reise i Sibirien og er kortelig beskrevet under ovenstaaende Navn af S. Fischer, sammen med andre under Reisen indsamlede Entomostraceer. Den er senere ogsaa gjenfunden af andre Forskere, uden at dog endnu nogen mere udforlig Beskrivelse er leveret.

Beskrivelse af Hunnen.

Længden af Legemet, fra Panderanden til Enden af Halebladene, naar op til 16 mm. Dog finder man den, saaledes som Tilfældet er med andre Phyllopoder, slægtsmoden længe for den har naaet denne Størrelse.

Legemet er (se Tab. IX. Fig. 1 og 2) slankt, cylindriskt, og næsten af ens Bredde, dog hos fuldt udviklede Individer kjendeligt opsvulmet bagtil i Kjønsregionen. Man kan adskille de samme Krops-

Polyartemia forcipata. Fischer.

(Pl. IX & X).

Polyartemia forcipata, Fischer. Middendorff's Siberische Reise, Bd. 2. Zoologie, p. 154, Tab. III, fig. 24—28.

Specific characters. — Body narrow cylindrical, of almost uniform thickness in the female, tapering in the male. Head in female comparatively small and rounded in front, in male considerably broader, and ending in two bluntly conical, decurved frontal processes. Tail and genital segments together scarcely more than half as long as the pedigerous part of the body. Marsupium of female broadly rounded in front with a nodiform protuberance on each side. External sexual appendages of male simple cylindrical, and about half the length of the tail. Eyes club-shaped, about the length of half the transverse diameter of the head. First pair of antennæ comparatively small, shorter than the eyes. Second pair of antennæ in female considerably shorter than the head, and ending in a triangular lappet; in male very large, tripartite, the two foremost rami being curved like a forceps at the end, and finely ciliated on the inner margin, the hindmost ramus short, pointing straight inwards, and densely hairy at the extremity. Caudal lamellæ broadly lanceolate, about twice as long as they are broad at the base. Body transparent, with a faint green, blue or red tinge: that of male generally pale yellow. Genital segments of female above with 2 angular ultramarine-blue patches, between which there are two narrow stripes of the same colour. Marsupium orange-coloured below. Length of female up to 16 mm, that of male, 10 mm.

Remarks. — This peculiar Phyllopod was first discovered during Middendorff's journey in Siberia, and is briefly described under the above name by S. Fischer, together with other Entomostraca collected during that journey. It was subsequently also found by other naturalists, notwithstanding which, no more detailed description has as yet been furnished.

Description of the Female.

The length of the body, from the frontal margin to the end of the caudal lamellæ, attains to 16 mm. It is found, however, as is also the case with other Phyllopoda, sexually mature long before it has attained this size.

The body (see Pl. IX, figs. 1 and 2) is slender, cylindrical, and of almost uniform breadth throughout, though, in fully developed animals, perceptibly distended posteriorly in the sexual region. The

afsnit som hos *Branchinecta*, skjøndt deres indbyrdes Længdeforhold er temmelig forskjelligt.

Hovedet er forholdsvis af ringe Størrelse og stumpt afrundet fortil. Det afgrændser sig skarpt fra Nakkesegmentet, der til hver Side viser Skalkjertelen meget tydeligt. Truncus er stærkt forlænget, regelmæssigt cylindrisk, og delt i ikke mindre end 19 vel begrændsede Segmenter, hvert bærende et Par Branchialfødder.

Bagkroppen udmærker sig i høi Grad ved sin korte og plumpe Form, idet den neppe indtager mere end ¹/₃ af Kropslængden. Kjønsringene er fuldstændig sammensmeltede saavel indbyrdes som med den bagenfor liggende Del af Halen, paa hvilken alene det bagerste Segment er tydeligt begrændset. Hele dette Parti har, seet ovenfra (Fig. 2), en næsten pæredannet Form, idet det fortil er stærkt fortykket og ligesom opblæst, med en afrundet knudeformig Protuberans til hver Side, medens det bagtil gradvis afsmalnes. Breden over den forreste Del af dette Afsnit er mere end dobbelt saa stor som Breden over selve Truncus. Sees Dyret fra Siden (Fig. 1), viser sig Størsteparten af den ventrale Side af dette Parti optaget af den voluminose Ægbeholder, hvis forreste Del er særdeles stærkt hvælvet, medens den bagtil kun rager ubetydeligt frem i Form af et kort koniskt Fremspring. Paa Enden af dette Fremspring findes den ydre Aabning for Ægbeholderen, som hos *Branchinecta*, begrændset af 2 vertikale mod hinanden bevægelige Læber, hvoraf den øverste er den største og ender i en tilspidset Knude (se Tab. X, Fig. 12). Halepladerne (se Tab. IX, Fig. 6) er forholdsvis korte, neppe mere end dobbelt saa lange som de er brede ved Basis, og viser en bredt lancetdannet Form, med Spidsen smalt afrundet. De er hver kantede med omtrent 19 cilierede Børster der successivt tiltager i Længde mod Spidsen.

Øinene (Tab. X, Fig. 1, o) er forholdsvis korte og tykke, neppe længere end Hovedets halve Brede, og af den sædvanlige pæredannede Form, med Øiegloben jævnt afrundet. Øiepigmentet er mørkt, dog hos det levende Dyr med et tydeligt purpurrødt Skjær, og de enkelte Synselementer vel udviklede. Det enkle Øie sees som en tydelig mørk Plet i Midten af Hovedets Pandedel.

Første Par Følere (Fig. 1, a¹, Fig. 3) er forholdsvis betydelig kortere end hos *Branchinecta*, neppe halvt saa lange som disse, men viser forøvrigt en meget lignende Bygning, og bærer paa Spidsen de sædvanlige Lugtepapiller og Følebørster.

Andet Par Følere (Fig. 1, a²) er ligeledes mindre end hos *Branchinecta*, og har Formen af 2, som det synes, fuldkommen ubevægelige trekantede Flige,

same body-divisions can be distinguished as in *Branchinecta*, although their mutual relations as to length are rather different.

The head is comparatively small and bluntly rounded in front. It is sharply defined from the cervical segment, which shows the shell-gland on each side very distinctly. The trunk is greatly elongated, regularly cylindrical, and divided into no less than 19 well-defined segments, each bearing a pair of branchial legs.

The posterior part of the body is highly remarkable for its short and stout form, constituting, as it does, scarcely ¹/₃ of the length of the body. The genital segments are completely coalesced, both mutually and with that part of the tail posterior to them, in which only the hindmost segment is distinctly defined. The whole of this part, seen from above (fig. 2), is almost pyriform, being very much thickened in front, and as it were inflated, with a rounded, nodiform protuberance on each side, while posteriorly it tapers gradually. The breadth of the front part of this section is more than double as great as that of the trunk itself. When the animal is seen from the side (fig. 1), the greater part of the ventral side of this region appears to be occupied by the voluminous marsupium, the anterior part of which is boldly convex, while the posterior end projects only slightly in the form of a short, conical prominence. At the end of this prominence is seen the external opening of the marsupium, bounded, as in *Branchinecta*, by 2 movable lips, the upper of which is the larger, and ends in a pointed nodule (see Pl. X, fig. 12). The caudal lamellæ (see Pl. IX, fig. 6) are comparatively short, being scarcely more than double as long as they are broad at the base. They exhibit a broadly lanceolate shape with the point narrowly rounded, and are each fringed with about 19 ciliated bristles, which successively increase in length towards the point.

The eyes (Pl. X, fig. 1, o) are comparatively short and thick, scarcely longer than half the breadth of the head, and of the usual pyriform shape, with the eye-ball evenly rounded. The pigment is dark, though with a distinct tinge of crimson in the living animal: the visual elements are well-developed. The ocellus is observable as a distinct dark spot in the centre of the frontal part of the head.

The first pair of antennæ (figs. 1, a¹ and 3) are comparatively much shorter than in *Branchinecta*, being scarcely half as long as the eyes, but in other ways exhibit a very similar structure, and carry at the extremity the usual olfactory papillæ and sensory bristles.

The second pair of antennæ (fig. 1, a²) are also smaller than in *Branchinecta*, and have the form of 2 apparently perfectly immovable triangular lappets

der hver har en dyb Indbugtning fortil nær Spidsen. Langs Forkanten findes en Del meget smaa haarformige Borster, der synes at være Foleredskaber, da der til enhver af dem gaar en fin Nervetrand. Overlæben (Fig. 1, L, Fig. 4 og 5) har Formen af en bred, næsten firkantet Lap, der nedad rager ud over Kindbakkernes Tyggedel. Paa Indsiden af denne Lap er der en langsgaaende, delvis haaret Forhoining, der ender bagtil i en frit fremragende, verticalt stillet Loh af smalt tungedannet Form (se Fig. 4 og 5).

Kindbakkerne (Fig. 1, M, Fig. 6) har den for Branchipodiderne characteristiske Bygning, og ender med en fint riflet Tyggeflade, uden tydelige tandformige Fremspring.

Forste Par Kjæver (Fig. 1, m¹, Fig. 7) har den bladformige Endedel af betydelig Størrelse og besat paa den tvært afkuttede Ende med en tæt Rad af omkring 24 indadkrummede Børster af en lignende Beskaffenhed som de hos *Branchinecta*.

Andet Par Kjæver (Fig. 1, m², Fig. 8) er forholdsvis smaa og idethele af en simplere Bygning end hos *Branchinecta*, uden tydelig Adskillelse mellem Basal- og Endedel. De er i den ydre, noget udvidede Del tæt haarede og har kun 2 cilierede Borster fæstede til det indre Hjørne samt en betydelig mindre simpel Borste i den indre Kant, omtrent i Midten.

Branchialfødderne er 19 Par i Antal, svarende til de 19 Kropssegmenter. Naar undtages sidste Par, er de alle af ens Bygning og viser alle de Dele, som ovenfor er adskilte hos *Branchinecta*, hvortil endnu kommer en egen Plade ved Basis paa den ydre Side, hvoraf der intet Spor er at opdage hos hin Slægt. Det forreste Par (Fig. 9) er noget mindre end det 2det (Fig. 10), de følgende noget nær af ens Størrelse indtil omtrent det 12te Par, hvorefter de successivt aftager i Størrelse bagtil. Paa dem alle er selve Stammen, eller Endopoditen, meget bred, pladeformig, med den forreste Flade noget hvælvet. Dens yderste Lap er meget stor og næsten tvært afkuttet i Enden, samt kantet med stærke Borster, hvoraf dog ingen som hos *Branchinecta*, er kloformige. De 3 oventil følgende Lappe er særdeles smaa og tæt sammentrængte, af konisk Form, og hver besatte med 2—3 længere og et Par kortere Borster. Den næstoverste Lap er kun utydeligt skilt fra den overmaade brede, halvmaaneformige basale smaa og begge kantede med en tæt og regelmæssig Rad af meget lange og leformigt krummede Borster, alle tydeligt leddede paa Midten. Exopoditen er forholdsvis liden, og har Formen af et ovalt Blad, forbundet med den ydre Del af Endopoditen ved et tydeligt Led. Den er kantet med stærke, cilierede Borster, hvoraf de fra Enden udgaaede er længst. Epipoditen er af et lignende Udseende som

which each have a deep notch in front, near the point. Along the front edge there is a number of minute hair-like bristles, which appear to be sensory organs, as a fine nerve-fibre runs to each one.

The labrum (figs. 1, L, 4 and 5) has the form of a broad, almost square lobe projecting downwards over the masticatory part of the mandibles. On the inner side of this lobe, there is a longitudinal, rather hairy prominence, which ends posteriorly in a freely-projecting, vertically-placed lobe of a narrow, linguiform shape (see figs. 4 and 5).

The mandibles (figs. 1, M and 6) are of the structure characteristic of the Branchipodidæ, and end in a finely-fluted masticatory surface without any distinct dentiform projections.

The lamelliform terminal portion of the first pair of maxillæ (figs. 1, m¹ and 7) is of considerable size, its abruptly truncated end being furnished with a close row of about 24 inward-curving bristles of the same structure as those in *Branchinecta*.

The second pair of maxillæ (figs. 1, m² and 8) are comparatively small and, on the whole, of a simpler structure than in *Branchinecta*, without any distinct separation between the basal and the terminal parts. In the outer, somewhat expanded part, they are densely hairy, and have only 2 ciliated bristles attached to the inner corner, and one much smaller, simple bristle at about the middle of the inner margin.

There are 19 pairs of branchial legs, corresponding to the 19 segments of the body. With the exception of the last pair, they are all of a uniform structure, and exhibit all those parts which have been already distinguished in *Branchinecta*, with the addition of a peculiar lamina at the base on the outer side, of which no trace is to be found in that genus. The foremost pair (fig. 9) is somewhat smaller than the second (fig. 10), the succeeding pairs being of almost uniform size until about the 12th pair, after which they successively decrease in size posteriorly. In all of them the stem, or endopodite, is very broad, lamellar, with the anterior surface somewhat convex. Its outermost lobe is very large and almost abruptly truncated, besides being edged with strong bristles, none of which, however, are claw-like as in *Branchinecta*. The 3 succeeding lobes above are exceedingly small and closely crowded, conical in shape, and each armed with 2 or 3 long, and a couple of shorter bristles. The uppermost lobe but one is only slightly separated from the exceedingly broad, crescent-shaped, basal lobe, and both are edged with a close, regular row of very long and falciform bristles, all distinctly jointed in the middle. The exopodite is comparatively small and of the shape of an oval leaf, united to the outer part of the endopodite by a distinct articulation. It is edged with strong, ciliated bristles,

hos *Branchinecta*, dannende en aflang oval spongiøs Plade, uden Spor af Børster. Ovenfor denne er til Ydersiden af Stammen fæstet 2 tildels hinanden dækkende tynde, afrundet ovale Plader, der begge maa opfattes som Dækplader. De er af noget ulige Størrelse, idet den øverste er adskilligt mindre end den nederste, og begge har Kanterne ganske glatte, uden Spor af Sagtakker.

Sidste Fodpar (Fig. 11) skiller sig fra de øvrige, foruden ved sin ringe Størrelse, ved den fuldstændige Mangel saavel af Epipodit som Basalplader. Exopoditen er særdeles liden og kun forsynet med 6 Randbørster. Endopoditens yderste Lap er langtfra saa fremragende som paa de øvrige Par og har et ringere Antal af Randbørster, alle ganske korte. Ligeledes er Børsterne paa de 2 basale Lappe betydelig mindre udviklede end paa de øvrige Par, og kun ganske svagt bøiede.

Beskrivelse af Hannen.

Uligt hvad Tilfældet er med *Branchinecta* og som det synes ogsaa med andre Branchipodider, er Hannerne af nærværende Form gjennemgaaende noget mindre end Hunnerne og overskrider neppe en Længde af 10 mm.

Legemet er (se Tab. IX, Fig. 3 og 4) noget mindre langstrakt, og baade Hovedet og Halen væsentlig ulige samme hos Hunnen. Hovedet er af meget betydelig Størrelse og viser oventil et sadelformigt Indtryk. Fortil ender det med 2 fingerformige og noget divergerende Pandefortsatser, der er nedadkrummede og skilte i Midten ved et halvmaaneformigt Indsnit (se ogsaa Tab. X, Fig. 2). Til hver Side, tilsyneladende som en umiddelbar Fortsættelse af Hovedet, udgaar en bred Basis de eiendommeligt formede Gribeantenner (se Tab. IX, Fig. 3 og 4, Tab. X, Fig. 2). Enhver af disse er delt i 3 paa hinanden følgende indadkrummede fingerformige Grene, hvoraf den forreste er størst og synes at forestille den egentlige Stamme, medens de 2 øvrige nærmest er at betragte som secundære Sidegrene. Den bagerste Gren er betydelig mindre end de øvrige, stumpt tilrundet i Enden, og rundt om besat med fine Haar, medens de 2 øvrige kun er haarede langs ad den indre concave Kant (se Tab. IX, Fig. 5). Sammen med de 2 Pandefortsatser vil disse Lemmer, naar de bøies ind mod hinanden, kunne virke som et særdeles effektivt Gribe- og Fastholdningsapparat.

Øinene, 1ste Par Følere, Munddelene og Branchialfødderne skiller sig i ingen Henseende fra samme hos Hunnen.

Derimod er Bagkroppen meget forskjellig og be-

---

those at the end being the longest. The epipodite resembles in appearance that in *Branchinecta*, and forms an oblong, oval, spongy lamella, without a trace of bristles. Above this, to the outer side of the stem, are fastened 2 thin rounded oval laminæ, partly overlapping one another, which must be regarded as cover-plates. They are somewhat unequal in size, the upper one being considerably smaller than the lower; and the edges of both are quite smooth, without a trace of serrations.

The last pair of legs (fig. 11) are distinguished from the others not only by their small size, but also by the total absence of both epipodite and basal laminæ. The exopodite is very small and furnished with only 6 marginal bristles. The outermost lobe of the endopodite is not nearly so projecting as in the other pairs, and has a smaller number of marginal bristles, all quite short. The bristles on the two basal lobes are also considerably less developed than in the other pairs, and only slightly curved.

Description of the Male.

Unlike the *Branchinecta*, and also, as it seems, the other Branchipodidæ, the males of the present species are generally rather smaller than the females, and scarcely exceed 10 mm. in length.

The body (see Pl. IX, figs. 3 and 4) is somewhat less elongated, and both the head and the tail are essentially unlike those parts in the female. The head is of very considerable size, and exhibits above a saddle-like depression. It ends in front with two digitiform, and somewhat divergent frontal processes, which are curved downwards and divided in the middle by a cresent-shaped notch (see also Pl. X, fig. 2). On each side, from a broad base, there issue, apparently as an immediate continuation of the head, the peculiarly formed prehensile antennæ (see Pl. IX, figs. 3 and 4, Pl. X, fig. 2). Each of these is divided into 3 successive, incurved, digitiform rami, of which the foremost is the largest, and seems to represent the stem proper, while the other two may be considered more properly as secondary lateral branches. The hindmost ramus is considerably smaller than the others, is bluntly rounded at the end, and fringed all round with fine hairs, while the other two are only hairy along the inner concave edge (see Pl. IX, fig. 5). In conjunction with the two frontal processes these two limbs, when bent in towards one another, can act as a most effectual seizing and holding apparatus.

The eyes, the first pair of antennæ, the oral parts and the branchial legs do not differ in any respect from those organs in the female.

The posterior division of the body, on the other

tydelig smekrere end hos Hunnen (se Tab. IX, Fig. 3 og 4, Tab. X, Fig. 6). De 2 Kjønsringe er tydeligt adskilte i sit dorsale Parti og er, ovenfra seede, neppe bredere end Truncus. Derimod danner de nedad en noget uregelmæssig Udvidning, hvorfra de ydre Kjønsvedhæng udgaar. Disse sidste er forholdsvis storre end hos *Branchinecta* og af noget nær cylindrisk Form, eller kun ganske svagt afsmalnende mod Enden, og har det ydre Parti tæt besat med fine Haar. Den bagenfor liggende Del, den egentlige Hale, afsmalnes gradvis bagtil og er, uligt hvad Tilfældet er hos Hunnen, delt i 6 tydeligt begrændsede Segmenter, foruden Halegrenene. Disse sidste er fuldkommen af samme Udseende som hos Hunnen.

Farve. — Legemet er hos begge Kjøn i levende Tilstand meget gjennemsigtigt, saa at de indre Organer mere eller mindre tydeligt skinner igjennem de tynde Integumenter. Hos Hunnerne har det ialmindelighed et svagt grønligt Anstrøg, medens det hos Hannerne viser en lys gulagtig Tone. Dog varierer Farven betydeligt hos begge Kjøn efter Lokaliteterne og spiller undertiden over i det blaalige eller rødlige. Hos fuldt udviklede Hunner findes meget constant (se Tab. IX, Fig. 1 og 2) paa Rygsiden af Kjønsregionen 2 sidestillede rudeformige Pletter af en intensiv ultramarinblaa Farve og indfattede af en mørkere Kant. Enhver af disse Pletter forlænger sig sædvanligvis fortil i en smal Stribe af samme Farve, og mellem begge disse sees ialmindelighed 2 andre tæt sammenstillede Længdestriber af en lignende Couleur. Den forreste Del af Ægbeholderen er i Regelen orangefarvet, medens den bagerste Del viser nogle uregelmæssige violette Skatteringer. De i Ægbeholderen indsluttede Æg er morkt grønfarvede. Hos Hannerne er ofte Spidserne af Gribeantennernes Grene mere eller mindre tydeligt orangefarvede, og undertiden det bagerste Segment af Halen violet anstrøget (se Tab. IX, Fig. 3 og 4).

Indre Organer.

Tarmen strækker sig, som hos *Branchinecta*, i Form af et simpelt cylindriskt Ror igjennem hele Legemet (se Tab. IX, Fig. 1—4), og er ialmindelighed fyldt med orangefarvet Indhold, der bagtil gradvis antager en mørkere brunagtig Farve. I Hovedet udgaar fra Forenden af Tarmroret 2 korte Blindsække af en lignende Structur som hos *Branchinecta*. Spiserøret (Tab. X, Fig. 4, 5, o) viser ved sin Forbindelse med Tarmroret en eiendommelig klapformig Indretning, ligesom der paa dette Sted findes et Slags chitinagtigt Stotteapparat besat med et Antal af stærke, i Tarmens indre frit fremspringende borsteformige Fortsatser, cilierede i Kanterne. Endetar-

hand, is very different to, and much more slender than that of the female (see Pl. IX, figs. 3 and 4; Pl. X, fig. 16). The two genital segments are distinctly separated in their dorsal part, and, when seen from above, are scarcely broader than the trunk. Below, however, they form a somewhat irregular expansion, from which the external sexual appendages issue. The latter are relatively larger than in *Branchinecta*, and nearly cylindrical in form, being only very slightly tapered towards the end, and with the outer part covered with fine hairs. The posterior portion, or tail proper, tapers gradually towards the end, and, unlike that of the female, is divided into 6 distinctly-defined segments, besides the caudal rami. The latter are of exactly the same appearance as those of the female.

Colour. -- In the living state, the body in both sexes is very transparent, so that the internal organs are traced more or less distinctly through the thin integuments. In the females, it has generally a faint tinge of green, while in the males, it exhibits a light yellow shade. The colour varies, however, considerably in both sexes, according to the localities, and sometimes has a blue or a red tint. In fully developed females, there is very generally found (see Pl. IX. figs. 1 and 2) on the dorsal side of the sexual region, 2 juxtaposed, diamond-shaped patches of an intense ultramarine-blue, surrounded by a darker rim. Each of these patches is generally prolonged anteriorly into a narrow stripe of the same colour, and between them are generally to be seen two other longitudinal stripes of the same colour, placed close together. The anterior portion of the marsupium is, as a rule, orange-coloured, while the posterior part exhibits some irregular purple markings. The eggs enclosed in the marsupium are of a dark green colour. In the males, the tips of the rami of the prehensile antennæ are frequently more or less distinctly orange-coloured, and the hindmost segment of the tail is often tinged with purple (see Pl. IX. figs. 3 and 4).

Internal Organs.

As in *Branchinecta*, the **intestine** runs in the shape of a simple cylindrical tube throughout the length of the body (see Pl. IX. figs. 1—4), its contents being generally of an orange-colour, gradually assuming a darker brown hue posteriorly. From the anterior end of the intestinal tube, in the head, there issue 2 short cæca of a structure similiar to that in *Branchinecta*. The œsophagus (Pl. X, figs. 4, 5, o) exhibits at its junction with the intestinal tube, a peculiar valve-like arrangement, and also at the same place a kind of chitinous support, clothed with a number of strong, setiform spikes with ciliated edges, freely projecting inside the intestine.

men er, som hos *Branchinecta*, kun indskrænket til sidste Halesegment, og viser en lignende Bygning som hos denne Slægt.

Nervesystemet synes idethele at være bygget paa samme Maade som hos *Branchinecta*, alene med den Forskjel, at Bugganglickjæden her er sammensat af et betydelig større Antal Ganglier, overensstemmende med det større Antal Segmenter i Forkroppen.

Ovarierne (Tab. X, Fig. 12, 13, osv.) er her kun indskrænket til Kjonsregionen, idet de ligger til hver Side ved Basis af Ægbeholderen, uden at strække sig ind, hverken i Forkroppen eller i den bagenfor Ægbeholderen liggende Del af Halen. De danner 2 korte cylindriske Sække (Fig. 14), i hvis Indre ialmindelighed kun findes en enkelt Række af sig udviklende større Æg fyldte med grøn Blommemasse, og desforuden, mere uregelmæssigt fordelte, et Antal af meget smaa klare Celler med tydeligt fremtrædende Kjerne. Omtrent fra Midten af hvert Ovariums indre Kant udgaar Æglederen, der viser paa Midten en stærk, sækformig Udvidning og munder i det indre af Ægbeholderen. Mundingen er delvis omgivet af en meget voluminos Kjertelmasse (Fig. 12, 13, gl), der strækker sig igjennem hele Ægbeholderens Længde, og som afgiver Stoffet til den stærke Skal, hvormed Æggene her omgives. De modne af Ovarierne udkomne Æg ligger uregelmæssigt ordnede i Ægbeholderens Siderum (se Tab. IX, Fig. 1 og 2) og udtommes med visse Mellemrum gjennem dens klapformige Munding. De er da (se Tab. X, Fig. 15) omgivne af en temmelig tyk og meget fast chitinos Skal, der ved stærk Forstorrelse viser sig uregelmæssig reticuleret. Ægindholdet er ensformigt kornet og af en meget mork grøn, i det brunlige spillende Farve. Nogen Segmentering af Ægget har jeg ikke kunnet paavise.

Testes (Tab. X, Fig. 16, t) indtager omtrent samme Plads som Ovarierne, skjøndt de strækker sig lidt ind i den bag Kjonsringene liggende Del af Halen. De har Formen af 2 smale Sække, tilspidsede i hver Ende, og noget tykkere fortil end bagtil. Noget bagenfor den forreste Ende udgaar fra den nedre Side Sædlederne, der, som hos *Branchinecta*, danner en temmelig stærk, tvedelt Udvidning (vd), hvorpaa de hver antager Formen af en trang Kanal. Denne gjor en stærk slyngeformig Boining, inden den træder ind i de ydre Kjonsvedhæng, paa hvis Spids den udmunder.

Udvikling.

Ogsaa af denne Form har jeg leilighedsvis havt Anledning til at undersoge flere Udviklingstrin, uden at det dog endnu har lykkets mig at faa studeret den hele Udvikling fra forst af.

The rectum, as in *Branchinecta*, is limited to the last caudal segment, and exhibits a structure similar to that in the above-named genus.

The **nervous system** seems, on the whole, to be constructed in the same manner as in *Branchinecta*, with the one difference that the ventral ganglion chain is composed of a considerably larger number of ganglia, corresponding to the greater number of segments in the anterior part of the body.

The **ovaries** (Pl. X, figs. 12, 13, ov) are confined to the genital region, and lie one on each side of the base of the marsupium, without extending either into the anterior part of the body, or into the caudal region behind the marsupium. They form two short cylindrical bags (fig. 14) within which there is generally only a single row of eggs undergoing development, and filled with a green yolk-mass, and also, more irregularly dispersed, a number of minute clear cells with distinctly conspicuous nuclei. From about the middle of the inner edge of each ovary, issues the oviduct, with a large sac-like dilatation in the middle, and opens into the inside of the marsupium. The mouth is partially surrounded by a very voluminous glandular mass (figs. 12, 13, gl), which extends through the entire length of the marsupium, and secretes the substance for the strong shell with which the egg becomes here surrounded. The mature ova that have come out of the ovary, are irregularly arranged in the lateral spaces of the marsupium (see Pl. IX, figs. 1, 2) and are evacuated at certain intervals through the valve-like mouth. They are then (see Pl. X, fig. 15) enveloped in a tolerably thick, and very firm chitinous shell, which on being highly magnified appears irregularly reticulated. The contents of the ovum are uniformly granulose and of a very dark green colour with a tinge of brown. I have been unable to discover any segmentation of the ovum.

The **testes** (Pl. X, fig. 16, t) occupy about the same place as the ovaries, though they extend a little way into that part of the tail lying behind the genital segments. They are in the form of 2 narrow bags, pointed at both ends and rather thicker in front than behind. From the inferior side, a little behind the anterior end, issue the efferent ducts forming, as in *Branchinecta*, a rather strong, bipartite expansion (vd), whereupon each assumes the form of a narrow channel. This makes a spiral curve before it enters the external sexual appendage, at the point of which it opens.

Development.

I have occasionally had the opportunity of examining several developmental stages of this form also, although I have not yet succeeded in studying its whole development from the very beginning.

Det tidligste Larvestadium, jeg har fundet, er afbildet Tab. IX, Fig. 7. Det svarer, hvad Lemmernes Udvikling angaar, noget nær til det Tab. VIII, Fig. 15 afbildede Stadium af *Branchinecta*, men skiller sig mærkeligt derved, at de sammensatte Øine, der hos hint Stadium neppe endnu var anlagte, her er meget tydeligt og omtrent ligesaa vidt komne som paa det i andre Henseender meget videre udviklede Stadium af *Branchinecta*, som er fremstillet Fig. 17 paa samme Planche. Det synes altsaa som om disse Organer udvikles betydelig tidligere hos nærværende Phyllopode. De 2 Par Følere og Kindbakkerne med sine Palper stemmer idethele meget noie med samme hos det tilsvarende Stadium af *Branchinecta*, alene med den Forskjel, at den inderste af de 2 fra 2det Par Føleres Skaft udgaaende, indadkrummede Fortsatser her er simpel, ikke tvekløftet. Af Branchialfødder er der kun tilstede 7—8 svage Anlæg i Form af simple Tværvulster til hver Side af Kroppen, som allerede viser en tydelig Segmentering. Haleenden er noget indsnøret ved Basis og ender med 2 meget korte Lappe, hver bærende en enkelt Børste.

Den videre Udvikling foregaar paa en fuldkommen lignende Maade som hos *Branchinecta*, idet Branchialfødderne successivt udvikles forfra bagtil, medens 2det Par Følere og Mandibularfødderne gradvis reduceres.

Forekomst og Levevis.

Nærværende eiendommelige Phyllopode er meget almindelig overalt i Finmarken. Jeg har truffet den paa følgende Lokaliteter: Bugo paa Sydsiden af Varangerfjorden, Vadso, Fastlandet indenfor Vardo paa mange Stedet, Vagge Tanafjord, Mehavn, Hasvig paa flere Steder, Hammerfest ligesaa. Længere Syd paa Landet har jeg derimod aldrig stødt paa den, og den synes saaledes hos os udelukkende at være indskrænket til den arktiske Zone. Den forekommer under lignende Forhold som *Branchinecta paludosa* og ikke sjelden sammen med den. Det er især i ganske grunde Smaatjern med mudret Bund og som ud paa Sommeren delvis eller fuldstændig udtørres, at den paatræffes og her ofte i enorme Mængder. Dog har jeg ogsaa af og til truffet den i større og dybere Vande, f. Ex. i et Tjern paa Høideplateauet ved Vagge i Bunden af Tanafjorden, hvor den viste en vakker blaalig Farvetegning. Den svømmer almindelighed om i Vandet mere eller mindre nær Overfladen og med en ganske jevn Fart, altid med Ryggen nedadvendt. Hanner og Hunner træffes meget ofte i Copulation, og Hannen fastholder herunder Hunnen saa kraftigt med sine Gribeantenner om Kjonsregionen, at det ikke

The earliest larval stage that I have found is figured on Pl. IX, fig. 7. As regards the development of the limbs, it answers to the stage of *Branchinecta* represented on Pl. VIII, fig. 15, with the remarkable difference that the compound eyes, which, in that stadium, had scarcely commenced to appear, are here very distinctly developed, and are about as far advanced as in the, in other respects, much further developed stadium of *Branchinecta* shown on fig. 17 of the same plate. It therefore seems as if these organs were developed much earlier in the present Phyllopod. The two pairs of antennæ and the mandibles with their palpi agree on the whole very exactly with those organs in the corresponding stage of *Branchinecta*, with the one difference, that the inner of the two incurved processes starting from the scape of the second pair of antennæ are here simple, not bifid. There are only 7 or 8 slight rudiments of branchial legs in the form of simple transverse prominences on each side of the body, which already shows distinct articulation. The extremity of the tail is somewhat constricted at the base, and ends in two very short lobes, each carrying a single bristle.

Further development proceeds exactly as in *Branchinecta*, the branchial legs developing successively from front to back, while the 2nd pair of antennæ and the mandibular legs gradually diminish.

Occurrence and Habits.

This peculiar Phyllopod is very common over the whole of Finmark. I have met with it in the following localities: Bugo, on the south side of the Varanger Fjord; Vadso; in many places on the mainland south of Vardo; Vagge on Tana Fjord; Mehavn; Hasvig in many places; also Hammerfest. On the other hand, I have never come across it further south, and it thus seems, in this country (Norway) to be confined to the arctic zone. It is found under the same conditions as, and not infrequently together with *Branchinecta paludosa*. It is especially in quite shallow, small lakes with muddy bottom, and which either partly or completely dry up towards the end of the summer, that it is met with, and there often in very great numbers. I have, however, now and then also found it in larger, deeper lakes, e. g. in a lake on the plateau at Vagge, at the head of Tana Fjord, where it was of a beautiful blue colour. It generally swims about more or less near the surface of the water at an even rate, with its back always turned downwards. Males and females are often found in copulation, during which the male clasps the female so firmly with its prehensile antennæ about the genital

sjeldent lykkes at faa begge i Sammenhæng conserveret paa Spiritus.

Udbredning. — Arten blev forst opdaget af Middendorff i Smaatjern paa den sibiriske «Tundra» ved Floderne Taimyr og Boganida, ligesom ogsaa i Russisk Lapland ved Tri-Ostrowa, og er senere af Fries gjenfunden i Østfinmarken. Derimod er den ikke kjendt hverken fra Grønland, det arktiske Amerika eller Spitsbergen.

region, that it is often possible to preserve both together in spirit.

Distribution. — This species was first discovered by Middendorff in small lakes on the Siberian «Tundra» at the rivers Taimur and Boganida, and also in Russian Lapland at Tri-Ostrowa; it was subsequently found again by Fries in East Finmark. It has not, however, been heard of either from Greenland, arctic America or Spitzbergen.

Sectio II. Notostraca.

(Skjolddækte Phyllopoder).

Syn: Phyllopoda cancriformia.

Section II. Notostraca.

(Shield-bearing Phyllopods).

Syn: Phyllopoda cancriformia.

Character. — Legemet mere eller mindre dækket oventil af et bredt hvælvet Rygskjold, der fortil er sammenvoxet med Hovedet. Kroppen ensformigt segmenteret, jevnt afsmalnende bagtil, og endende med 2 forlængede Haletraade. Øinene sessile, nær sammen paa Oversiden af Hovedet. Andet Par Folere hos det voxne Dyr rudimentære eller ganske manglende. Munddelene tæt sammentrængte bag Hovedets ventrale Duplicatur, og bestaaende af Over- og Underlæbe, Mandibler og 2 Par Kjæver. Fodderne overordentlig talrige og tæt sammentrængte bagtil, saa at flere Par er fæstede til hvert enkelt Segment. Ingen ydre Ægbeholder. Udviklingen en compliceret Metamorphose begyndende med et Naupliusstudium.

Bemærkninger. — Nærværende Gruppe adskiller sig meget skarpt fra de øvrige Phyllopoder ved en Række vel markerede Characterer, hvoraf den mest iøinefaldende er det fladt hvælvede Rygskjold, der fortil gaar i et med Hovedet og giver Dyret en umiskjendelig Lighed med Xiphosurerne og derigjennem ogsaa med de forverdenske *Trilobiter.* Med disse sidste stemmer ogsaa nærværende Gruppe overens ved det overordentlig store Antal af uniforme Segmenter, hvori Legemet er delt. Idethele synes flere Characterer, der udmærkede nogle af de ældste forverdenske Crustaceer, tydeligere at afspeile sig i nærværende Gruppe end i nogen af de øvrige. Den indeholder for Tiden kun en enkelt Familie.

Characters. — Body more or less covered above by a broad, vaulted carapace, which is united anteriorly with the head. Trunk uniformly segmented, tapering evenly posteriorly, and ending in two elongated caudal filaments. Eyes sessile and close together on the upper surface of the head. Second pair of antennæ in the full-grown animal either rudimentary or altogether wanting. Oral parts closely crowded behind the ventral duplicature of the head, and consisting of upper and lower lip, mandibles and 2 pairs of maxillæ. Legs extremely numerous and closely crowded together posteriorly, so that several pairs are attached to each segment. No external marsupium. Development, a complicated metamorphosis, commencing with a nauplius stadium.

Remarks. — The present group is sharply defined from other Phyllopoda by a series of well-marked characters, of which the most conspicuous is the vaulted carapace which is united with the head, giving the animal an unmistakable likeness to the *Xiphosuræ*, and thereby also to the palæozoic *Trilobites.* With the latter the present group also agrees, in the extraordinarily large number of uniform segments into which the body is divided. Taken as a whole, several of the characters that distinguished some of the oldest paleozoic Crustacea, seem to be reflected more clearly in the present group than in any of the others. At present, it contains only a single family.

Fam. Apodidæ.

Character. — Rygskjoldet bredt afrundet fortil, fladt hvælvet, og indskaaret bagtil, med en tydelig transversal Nakkefure, begrændsende Hovedet bagtil; det sidste skovlformet, visende en halvmaaneformig ventral Duplicatur, bag hvilken Folere og Munddele har sin Plads. Den bagre Del af Legemet mere eller mindre fremragende bag Rygskjoldet og delt i talrige korte, med fine Torne omkrandsede Segmenter. Haletraadene stærkt forlængede. Overlæben bred, klapformig; Underlæben tvekløftet. Kindbakkerne med grovt tandet Eg. 1ste Par Kjæver oxeformige; 2det Par med en membranos lateral Fortsats. Alle Fodder med tydeligt begrændset Coxallap; 1ste Par mere eller mindre ulige de ovrige, med Enditerne traadformige; de næst folgende Par prehensile, med Enditerne delvis kloformige; 11te Par hos Hunnen med Epi- og Exopoditen omformede til en kapselformig Ægbeholder. Hannerne meget sjeldne, betydelig mindre end Hunnerne, og uden specielle prehensile Organer.

Bemærkninger. — Denne Familie indeholder kun 2 Slægter, *Apus* og *Lepidurus*, der staar hinanden overmaade nær, og begge har en meget vid geographisk Udbredning, idet de er repræsenterede baade i den nye og gamle Verden, ligesom ogsaa i Australien. Kun den sidste af disse Slægter er repræsenteret i vor Fauna.

Fam. Apodidæ.

Characters. — Carapace broadly rounded in front, slightly vaulted and indented behind, with a distinct transverse cervical furrow defining the head posteriorly; the latter shovel-formed and exhibiting a crescent-shaped ventral duplicature, behind which the antennæ and oral parts are situated. Hind part of the body projecting more or less behind the carapace, and divided into numerous segments, encircled by fine spikes. Caudal filaments very much elongated. Anterior lip broad and flap-like; posterior lip bifid. Mandibles with the cutting edge coarsely dentated. First pair of maxillæ securiform, second pair with a membranous lateral expansion. All the legs with clearly defined coxal lobes; first pair more or less unlike the remainder, with the endites filiform; the next pairs prehensile, with the endites partially claw-like; 11th pair in the female, with the epipodite and exopodite transformed into a capsular ovisac. Males very rare, considerably smaller than the females, and without special prehensile organs.

Remarks. — This family contains only two genera, *Apus* and *Lepidurus*, which are very nearly allied, and both have a very wide geographical distribution, being represented both in the old and the new world, as also in Australia. Only the latter of these two genera is represented among the Norwegian fauna.

Gen. Lepidurus, Leach, 1816.

Slægtscharacter. — Rygskjoldet inlmindelighed meget stort, dækkende den storste Del af Kroppen og forsynet bagtil med en mere eller mindre udpræget langsgaaende dorsal Kjol. Sidste Halesegment forlænget mellem Haletraadene til en pladeformig Udvidning. 1ste Fodpar med Enditerne forholdsvis korte, kun lidet overragende Rygskjoldets Rand. 63 Fodpar tilstede. Forovrigt overensstemmende med Slægten *Apus*.

Bemærkninger. — Den her omhandlede Slægt er forst opstillet af den bekjendte Naturforsker Leach, og væsentlig characteriseret ved Tilstedeværelsen af en median Haleplade, der ganske mangler hos *Apus*, samt ved de forholdsvis korte Enditer paa 1ste Fodpar. Da midlertid forovrigt de herhen horende Arter paa det noieste stemmer overens med *Apus*, snavel i ydre Habitus som i de anatomiske

Gen. Lepidurus, Leach, 1816.

Generic Characters. — Carapace usually very large, covering the greater part of the body, and furnished posteriorly with a more or less marked longitudinal dorsal keel. Last caudal segment prolonged between the caudal filaments to a lamellar expansion. First pair of legs with the endites comparatively short and projecting only slightly beyond the edge of the carapace. There are 63 pairs of legs. In other respects it agrees with the genus *Apus*.

Remarks. — The genus here treated of was first established by the well-known English naturalist, Leach, and is characterised principally by the presence of a median caudal lamella, which is altogether absent in *Apus*, and by the comparatively short endites in the first pair of legs. As, however, the species belonging to this genus agree in other

Detailler, kan det være et Spørgsmaal, om disse 2 Slægter i Virkeligheden altid lader sig holde skarpt ud fra hinanden. Man vil nemlig finde, at Enditernes Længde paa 1ste Fodpar er hos Arterne af Slægten *Lepidurus* ikke lidet varierende, og Halepladen er ialfald hos enkelte Arter saa betydelig reduceret i Størrelse, at den næsten maa kaldes rudimentær. Rygskjoldet er vistnok ialmindelighed større hos *Lepidurus* end hos *Apus*, og dækker derfor hos den første Slægt en større Del af Kroppen end hos den sidste; men man vil dog finde, at der ogsaa i saa Henseende er adskillig Variation hos Arterne af begge Slægter. Hos *Lepidurus glacialis* er det saaledes neppe synderligt større end hos *Apus cancriformis*, og hos den nordamerikanske *Lepidurus bilobatus* er en fuldkommen ligesaa stor Del af Kroppen ubedækket af Rygskjoldet som hos *Apus cancriformis*. Man kjender 6 eller 7 forskjellige Arter af denne Slægt, hvoraf kun en tilhører Norges Fauna.

respects exactly with those of *Apus*, both in external habitus and in anatomical details, it may be questioned whether these two genera can in reality always be kept distinct from one another. For instance, it will be found that the length of the endites in the first pair of legs in the genus *Lepidurus*, varies not a little; and the caudal lamella, at any rate in certain species, is so greatly reduced in size as to be almost rudimentary. The carapace is certainly generally larger in *Lepidurus* than in *Apus*, and therefore covers, in the former genus, a larger part of the body than in the latter; but it will still be found that even in this respect there is considerable variation in the species of both genera. For instance, in *Lepidurus glacialis* it is scarcely larger than in *Apus cancriformis*, and in the North American *Lepidurus bilobatus*, fully as large a part of the body is left uncovered by the carapace as in *Apus cancriformis*. Six or seven different species of this genus are known, only one of which belongs to the fauna of Norway.

Lepidurus glacialis (Krøyer).
(Pl. XI, XII, XIII).

Apus glacialis, Krøyer, Nat. Tidsskr. 2 R. Bd. 2. p. 481.
Lepidurus glacialis, Packard, Monogr. Phyll. Crust. North America. U. St. Geol. Surv. 1, p. 316, Pl. XVI, Pl. XVII, figs. 1—5, Pl. XXI, figs. 1, 2.

Artscharacter. — Rygskjoldet af middelmaadig Størrelse, bredt ovalt, jevnt afrundet fortil, med en tydeligt markeret dorsal Kjøl; det bagre Indsnit temmelig dybt, vinkelformigt. 12—18 Segmenter ubedækkede bag Rygskjoldet. Halepladen forholdsvis meget kort, i Regelen ikke længere end sidste Halesegment er bredt, tungeformig, neppe indsnøret ved Basis, undertiden svagt indskaaret i Spidsen, Kanterne med et begrændset Antal Sagtakker. 2det Par Følere tilstede som smaa Rudimenter. 1ste Fodpar med Enditerne meget korte, kun ubetydeligt overragende Kanterne af Rygskjoldet. Farven hos levende Exemplarer mere eller mindre mørk olivenbrun, paa Spiritusexemplarer ensformig grøn. Længden af Hunnen indtil 24 mm, af Hannen neppe mere end 12 mm.

Bemærkninger. — Nærværende Art er først kortelig beskreven paa ovenanførte Sted af Krøyer, og senere afbildet af samme Forfatter i Gaimard's store Reiseværk, dog her uden nogen Beskrivelse. Den adskiller sig fra de øvrige Arter af Slægten, og navnlig fra den i Mellemeuropa almindeligt forekommende *Lepidurus productus*, ved Rygskjoldets ringere Størrelse, de meget korte Enditer paa 1ste Fodpar, og ved Halepladens Korthed.

Lepidurus glacialis (Krøyer).
(Pl. XI, XII, XIII).

Apus glacialis. Krøyer, Nat. Tidsskr. 2 R., Bd. 2, p. 431.
Lepidurus glacialis, Packard, Monogr. Phyll. Crust. North America. U. St. Geol. Surv. 1, p. 316, Pl. XVI, Pl. XVII, figs. 1—5, Pl. XXI, figs. 1, 2.

Specific Characters. — Carapace of medium size, broadly oval, evenly rounded in front, with a distinctly-marked dorsal keel; posterior emargination rather deep and angular. From 12 to 18 of the posterior segments not covered by the carapace. Caudal lamella comparatively very short, generally not longer than the breadth of the last caudal segment, linguiform, scarcely constricted at the base, and sometimes slightly notched at the extremity; edges with a limited number of denticles. Second pair of antennæ present as small rudiments. First pair of legs with the endites very short, projecting only slightly beyond the edges of the carapace. Colour in living specimens more or less dark olive brown, in spirit specimens, uniform green. Length of the female up to 24 mm., of the male, scarcely more than 12 mm.

Remarks. — The present species was first briefly described in the above-named paper, by Krøyer, and subsequently figured by the same author in Gaimard's great work, but without any description. It differs from the other species of the genus, and especially from *Lepidurus productus*, so common in Central Europe, by the smaller size of the carapace, the very short endites of the first pair of legs, and the shortness of the caudal lamella.

Beskrivelse af Hunnen.

Længden af de storste af mig undersøgte Exemplarer er, maalt fra Panderanden til Enden af Halepladen, 24 mm. Dog synes det at være meget sjeldent, at den naar en saa betydelig Størrelse, og 18—20 mm. maa ansees for Gjennemsnitsstørrelsen for fuldt udviklede Individer.

Som hos de ovrige til denne Phyllopodegruppe horende Former, er (se Tab. XI, Fig. 1) Storsteparten af Legemet dækket oventil af et bredt, kun svagt hvælvet Rygskjold, hvorved Legemsformen faar et noget fladtrykt Udseende. Dette Rygskjold er fortil fuldkommen sammenvoxet med Hovedet, hvorimod det bagtil kun løst dækker den underliggende Krop, som frit kan bevæges under samme (se Fig. 3). Sees Legemet ovenfra (Fig. 1), viser sig en storre eller mindre Del af Kroppen at rage frem bagenfor Rygskjoldet i Form af en jevnt afsmalnende, noget cylindrisk Hale, endende med 2 lange, divergerende Vedhæng, Haletraadene, mellem hvilke desuden rager frem en liden median Haleplade. Sees Legemet nedenfra (Fig. 2), ligger hele Dyrets Bugflade med sine forskjellige Vedhæng frit for Beskueren indenfor Rygskjoldets Concavitet. Helt fortil sees en fra Panderanden udgaaende halvmaaneformig glat Flade, umiddelbart bag hvilken Fulerne og Munddelene har sin Plads. Derpaa folger den lange Række af Fodder, der viser et temmelig uensartet Udseende. 1ste Par er ialmindelighed lige udstrakt til hver Side, saa at det noget overrager Siderandene af Rygskjoldet, medens de derpaa folgende 10 Par er mere indadkrummede, dog saaledes, at der mellem dem i Regelen altid findes et aabent Rum, i Bunden af hvilket Kroppens Bugside sees i Form af en smal rendeformig Fordybning, begrændset til Siderne af de respective Fodders indadrettede Coxallapper. Længere bagtil indsnævres dette Rum, og Fodderne ligger her tæt sammen som Bladene i en Bog, aftagende gradvis i Størrelse. Den samlede Fodmasse antager derved Formen af en bagtil vendende spids Kegle. Den bagerste Del af Legemet er uden Lemmer og af simpel cylindrisk Form.

Rygskjoldet viser, ovenfra seet (Fig. 1), en bredt oval Form, med Sidekanterne jevnt brede og fortil gaaende i et med den ligeledes brede Frontalrand af Hovedet. Bagtil er det noget indsnævret og har i Midten et dybt, vinkelformigt Indsnit, hvis Kanter er bevæbnede med smaa spidse Tagger. Oventil sees i den forreste Del en tydelig transversal Fordybning, Nakkefuren, i Bunden af hvilken der er en afrundet Tværvulst, der antyder Mandibularsegmentet. Den foran Nakkefuren liggende Del repræsenterer Hovedet, der i Midten viser en stumpt afrundet Forhoining, paa hvilken de 2 sammensatte Øine

Description of the Female.

The length of the largest specimen examined by me measured 24 mm. from the frontal margin to the end of the caudal lamella. It seems, however, very seldom that it attains so considerable a size, and from 18 to 20 mm. must be considered as the average size for fully-developed animals.

As in the other forms belonging to this group of Phyllopoda, the greater part of the body (see Pl. XI, fig. 1) is covered above by a broad, only slightly vaulted carapace, whereby the body acquires a somewhat flattened appearance. This carapace is completely united in front with the head, whereas posteriorly it only loosely covers the underlying body, which can move freely beneath it (see fig. 3). When the animal is viewed from above (fig. 1), more or less of the body is seen projecting from behind the carapace in the form of an evenly tapering, somewhat cylindrical tail, ending in two long, divergent appendages, the caudal filaments, between which there also projects a small median caudal lamella. When viewed from below (fig. 2), the whole of the animal's ventral surface with its various appendages lies exposed to view within the concavity of the carapace. Right in front, a crescent-shaped, smooth surface is visible, starting from the frontal margin, and immediately behind this are situated the antennæ and the oral parts. Then follows the long row of legs which present a somewhat heterogeneous appearance. The first pair is generally extended equally to both sides, so that it projects a little beyond the lateral edges of the carapace, while the following 10 pairs are more bent inwards, though in such a way, that, as a rule, there is an open space between them, at the bottom of which the ventral surface of the body is visible in the shape of a narrow groove bounded laterally by the inwardly inclined coxal lobes of the respective legs. Further back, this space is contracted, and the legs lie as close together as leaves in a book, diminishing gradually in size. The accumulated mass of legs then assumes the form of a posteriorly pointing cone. The hindmost part of the body is without limbs, and in the form of a simple cylinder.

The carapace, seen from above (fig. 1), is of a broad oval shape with the lateral edges evenly curved, and continuous with the likewise curved frontal margin of the head. It is somewhat narrowed behind, and has, in the middle, a deep, angular incision, the edges of which are armed with small, sharp denticles. In the anterior part above, may be seen a distinct transversal hollow, the cervical sulcus, at the bottom of which there is a rounded transverse prominence, indicating the mandibular segment. The region in front of the cervical furrow represents the head, and exhibits, in the centre, a bluntly

har sin Plads. Bag Nakkefuren begynder den frie Del af Rygskjoldet, der som en Kappe løst bedækker den underliggende Krop. Denne Del har efter Midten en tydelig Kjøl, der bliver mere fremtrædende bagtil, hvor den ender med et spidst Fremspring i Bunden af Rygskjoldets bagre Indsnit. Fortil er, som ovenfor anført, Rygskjoldet fuldkommen sammenvoxet med Hovedet og danner her nedentil (se Fig. 2) en halvmaaneformig horizontal Duplicatur, hvorved Hovedet faar en udpræget, bredt skovldannet Form (se ogsaa Fig. 3). Hvad angaar Rygskjoldets finere Bygning, saa mangler det ethvert Spor af Kalkafleiringer og er derfor meget boieligt og idethele af en temmelig blod Consistens. Det er, som sædvanligt, sammensat af 2 Lameller, en ydre meget tynd, fuldkommen glat og glindsende Lamelle af chitinøs Beskaffenhed, og en indre membranøs og noget spongiøs Lamelle. Mellem begge findes et System af Hulrum, hvori Blodet cirkulerer, og desuden de 2 meget stærkt udviklede Skalkjertler. Disse er delvis udvendig synlige som aflangt ovale, noget sabelformigt krummede Felter, der fra Nakkefuren strækker sig langs ad Siderne af den frie Del af Rygskjoldet (se Fig. 3). De bestaar hver (se Tab. XIII, Fig. 4) af en flere Gange slyngeformigt bugtet Kanal, der synes at udmunde ved Basis af Kindbakkerne.

Borttager man den frie Del af Rygskjoldet, sees (Tab. XIII, Fig. 1 og 2) den underliggende Krop at være delt i en Række meget ensformige Segmenter, der ikke grupperer sig til tydeligt markerede Afsnit, om det end efter Forholdet af Lemmerne lader sig gjøre med nogenlunde Sikkerhed at bestemme Grændserne for de 3 sædvanlige Kropsafsnit: Midtkrop, Bagkrop og Hale. Segmenternes Antal er ialt 28. Heraf tilhører de 11 forste Midtkroppen og bærer hvert et enkelt Par Fodder, hvorimod de 11 følgende, til Bagkroppen horende Segmenter bærer hvert flere Par Fodder. De 6 bagerste Segmenter er fodløse og repræsenterer derfor den egentlige Hale. De er meget skarpt begrændsede, med Bagkanten noget hævet og rundt om bevæbnet med korte Tagger, der ogsaa forefindes paa Rygsiden af de nærmest tilgrændsende Segmenter af det foregaaende Afsnit. Sidste Halesegment (se Tab. XII, Fig. 23–27) er noget længere end de foregaaende, og har oventil paa hver Side af Midtlinien en rundagtig Knude besat med en Kreds af smaa Tagger, i hvis Midte en fin Sandseborste sees at rage frem (se Fig. 28). Ved Enden af Segmentet findes paa den ventrale Side Analaabningen, og umiddelbart over denne fortsætter Segmentet sig i en tynd horizontal Plade, der skyder frem bagtil mellem Basis af de 2 Haletraade.

rounded prominence, upon which the 2 compound eyes are situated. Behind the cervical furrow, the free portion of the carapace begins, covering loosely, like a mantle, the underlying body. Down the centre of this part, there is a distinct keel, which becomes more prominent posteriorly, and ends in a sharp projection at the bottom of the posterior emargination of the carapace. As stated above, the carapace is completely coalesced in front with the head, and there forms, below (see fig. 2), a crescent-shaped horizontal duplicature, whereby the head acquires a pronounced shovel-like shape (see also fig. 3). With regard to the finer structure of the carapace, no trace whatever of calcareous deposit is found in it, and it is therefore very flexible and, on the whole, of a rather soft consistence. It is, as usual, composed of two lamellæ, one external, very thin, perfectly smooth and shining, and of a chitinous nature, the other, an inner, membranous and somewhat spongy lamella. Between the two there is a system of cavities, through which the blood circulates, and also 2 very highly developed shell glands. These are partially visible externally in the form of long oval, rather ensiformly curved areas, extending from the cervical sulcus along the sides of the free portion of the carapace (see fig. 3) They each consist (see Pl. XIII, fig. 4) of a tube with several windings, which seems to open at the base of the mandibles.

If the free portion of the carapace be removed (Pl. XIII, figs. 1, 2), the underlying body is found to be divided into a series of very uniform segments, which do not apportion themselves into distinctly marked sections, although it is possible, by the relations of the limbs to one another to determine, with a measure of certainty, the limits of the 3 ordinary divisions of the body, — the mesosome, the metasome and the tail. The number of the segments is 28 in all. Of these the first 11 belong to the mesosome, and each carry one pair of legs, whereas the following 11 segments, which belong to the metasome, each carry several pairs of legs. The last 6 segments have no legs, and therefore represent the tail proper. They are very sharply defined, the posterior edge being somewhat raised, and armed all round with short denticles, which are also found on the dorsal side of the adjacent segments of the preceding section. The last caudal segment (see Pl. XII, figs. 23—27) is rather longer than the preceding ones, and has above, on each side of the median line, a round prominence surrounded by a circle of small denticles, from the midst of which a fine sensory bristle is seen to project (see fig. 28). At the end of the segment, on the ventral side, is the anal orifice, and immediately above it, the segment is prolonged into a thin horizontal lamella, protru-

Denne Plade, der er eiendommelig for Slægten *Lepidurus*, er hos nærværende Art ialmindelighed af forholdsvis ringe Størrelse og som oftest ikke længere end sidste Halesegment er bredt. Formen er mere eller mindre udpræget tungedannet, uden nogen bemærkelig ludsnøring ved Basis. Den varierer forøvrigt særdeles meget saavel i Størrelse som Form, hvad der vil kunne sees af de her givne Figurer (Fig. 23—27), og tiltager ialmindelighed i Længde med Alderen. Fig. 25 fremstiller Halepladen hos et ganske usædvanlig stort Exemplar. Det er imidlertid meget sjeldent, at den naar en saa betydelig Størrelse som her angivet. Langs efter Midten har Halepladen hos alle Individer en stump Kjøl besat med et noget varierende Antal af grove Tagger, sædvanligvis 2 eller 3. Kanterne er i sin ydre Del grovt og noget uregelmæssigt sagtakkede. Hos de fleste Exemplarer har Halepladen af Hovedets Dorsalside (se Tab. XI, Fig. 1 og 3, Tab. XIII, Fig. 1 og 2). De er, i Modsætning til hvad Tilfældet er hos Branchipodiderne, sessile, af nyredannet Form, og saaledes stillede, at deres Forende ligger nær sammen, medens der bagtil mellem dem er et større Rum, der indtages af et ovalt, noget ophøiet og skarpt begrændset Felt, den saakaldte Postocularknude (Tab. XIII, Fig. 1, x, Fig. 8). Umiddelbart foran de sammensatte Øine ligger det enkle Øie (Fig. 1, 5, oc), som dog ialmindeligbed kun utydeligt skinner igjennem Integumenterne. Hvad de sammensatte Øines Bygning angaar, saa stemmer denne idethele naar afsees fra deres sessile Character, overens med samme hos Branchipodiderne, skjøndt ogsaa visse Uoverensstemmelser kan paavises. Fra det mørkebrune Pigment sees talrige stærkt lysbrydende Legemer at straale ud til alle Sider. Disse Legemer er den ydre Del af Krystalkeglerne, hvis indre spidst udtrukne Del er dybt indplantet i Pigmentet. Enhver Krystalkegle viser sig ved nærmere Undersøgelse (Fig. 6, 7) at være sammensat af 4 Længdesegmenter og forbinder sig med den tværstribede Synsstav, hvortil igjen slutter sig en af de mange Endefibre, hvori Synsnerven opløser sig. Ethvert Synselement er-isoleret ved en membranøs Skede, i hvis Midte sees 2 tydelige, jevnsides liggende Kjerner (Fig. 7),

Forste Par Følere (Tab. XII, Fig. 1, a¹, Fig. 2) udspringer paa Hovedets Ventralside til hver Side af Overlæbens Basis og umiddelbart bag den halvmaaneformige Pandeduplicatur. De er meget smaa og ialmindeligbed rettede skraat udad og fortil, idet de bøier sig om Bagkanten af den ovennævnte

ding posteriorly between the bases of the 2 caudal filaments.

This lamella, which is peculiar to the genus *Lepidurus*, is generally, in the present species, of comparatively small size, measuring as a rule no more in length than the last caudal segment does in breath. The shape is more or less decidedly linguiform, without any noticeable constriction at the base. It also varies very much both in size and shape, as will be seen from the figures here given (figs. 23—27), and generally increases in length with age. Fig. 25 represents the caudal lamella of an unusually large specimen; but it is very seldom that it attains to so considerable a size as that here shown. The caudal lamella in all specimens has medially a blunt keel armed with a rather variable number of coarse denticles, generally 2 or 3. The edges are coarsely and rather irregularly dentated in their outer portion. In most specimens there is a small indentation in the middle of the extremity of the caudal lamella, thus forming 2 short, terminal, often asymmetrical lobes (see fig. 27).

The compound eyes, as above stated, are situated on the most prominent part of the dorsal surface of the head (see Pl. XI. figs. 1, 3; Pl. XIII, figs. 1, 2). Unlike those in the Branchipodidæ, they are sessile, reniform in shape, and so placed that their anterior ends lie close together, while between them posteriorly there is a considerable space which is occupied by an oval, somewhat elevated and sharply-defined field, the so-called post-ocular tubercle (Pl. XIII, fig. 1 x, fig. 8). Immediately in front of the compound eyes lies the ocellus (figs. 1, 5, oc); which, however, is generally only indistinctly seen through the integuments. With regard to their structure, the compound eyes, setting aside their sessile character, agree with those in Branchipodidæ, though a few points of difference can be found. Numerous strongly refractive bodies are seen radiating to all sides from the dark brown pigment. These bodies are the outer part of the crystalline cones, the inner pointed part being buried deeply in the pigment. Each crystalline cone proves, on a closer examination (figs. 6, 7), to be composed of 4 longitudinal segments, and to connect itself interiorly with the transversely barred ocular rod to which, again, one of the numerous terminal fibres, into which the optic nerve resolves itself, is attached. Each visual element is isolated in a membranous sheath, in the middle of which are seen 2 distinct nuclei lying side by side (fig. 7).

The first pair of antennæ (Pl. XII. fig. 1. a¹. fig. 2) spring from the ventral surface of the head on each side of the base of the upper lip, and immediately behind the crescent-shaped frontal duplicature. They are very small, and are generally directed obliquely outwards and forwards, bending

Duplicatur. Man kan paa dem adskille et smalt, af en Del utydeligt sondrede Led bestaaende Skaft og en noget opsvulmet, aflangt tenformig Endedel. Denne sidste ender med 3 korte Foleborster og har langs sin nedre Side talrige smaa Lugtepapiller, ordnede i flere Rækker (se Fig. 3). Enhver af disse Lugtepapiller (Fig. 4) viser sig ved stærk Forstorrelse at udspringe med en kort og tynd Stilk og har det ydre Parti skjævt udvidet, dannende en stump Vinkel med Stilken. De ender i en stump Spids, i hvis indre en liden stærkt lysbrydende Blære har sin Plads.

Andet Par Folere (Tab. XII, Fig. 1 a², Tab. XIII, Fig. 2, a²), der udspringer tæt ved 1ste Par, og lidt længere udad, er blot tilstede som yderlig smaa Rudimenter, der er noget forskjelligt udviklede hos forskjellige Individer (se Tab. XII, Fig. 5, 6, 7). Ialmindelighed danner de hver et smalt, i en tynd Spids udgaaende Appendix, paa hvilket undertiden kan adskilles en noget tykkere Basaldel og en tentakelformig Endedel. Hos et Exemplar var Spidsen ulige tvekloftet (Fig. 6).

Af Munddelene er Overlæben og Kindbakkerne let bemærkelige, hvorimod de derpaa følgende Dele er mere eller mindre fuldstændig skjulte af Overlæben, saa at man kun ved Dissection kan faa Rede paa deres Bygning.

Overlæben (Tab. XII, Fig. 1, L, Tab. XIII, Fig. 2, L) udspringer fra Midten af Pandeduplicaturen, med hvilken den er bevægeligt forbunden, saa at den til en vis Grad kan loftes op fra de ovrige Munddele. Ialmindelighed ligger den dog tæt ind mod Kindbakkerne, dækkende en storre Del af samme (se Tab. XI, Fig. 2). Den er af forholdsvis betydelig Storrelse og viser en afrundet firkantet Form, med den nedre Flade svagt convex, den ovre noget concaveret. Enderanden er svagt udrandet i Midten og meget fint cilieret

Kindbakkerne er meget kraftigt udviklede og hos det voxne Dyr uden ethvert Spor af nogen Palpe. Deres ydre Del er meget ioinefaldende, naar Dyret sees fra Bugsiden (Tab. XI, Fig. 2), og viser sig som en paatværs oval Forhoining til hver Side af Overlæben. Derimod skjules deres indre Del, Tyggedelen, ganske af Overlæben og kommer forst tilsyne, naar denne bortfjernes eller loftes op (Tab. XII, Fig. 1, M). Det ovale, baadformige Corpus (se Fig. 8) er med sin ydre, i en Spids udgaaende Ende articuleret til Indsiden af Mandibularsegmentet og har den indre Hule fyldt med de kraftige Adductor-Muskler. Tyggedelen er stærkt, næsten oxeformigt udvidet, og delt i 8 kraftige, tvekloftede Tænder, hvoraf den bagerste eller yderste er den storste og ved et storre Mellemrum skilt fra de ovrige, der successivt aftager i Storrelse. Den inderste Tand

round the posterior margin of the above-named duplicature. A narrow scape, consisting of some indistinctly articulated joints may be distinguished, and a rather swollen, oblong-fusiform terminal part. The latter ends in 3 short sensory bristles, and, along its lower side, has numerous small olfactory papillæ, arranged in several rows (see fig 3). Each of these olfactory papillæ appears, when highly magnified, to stand on a thin, short stalk (fig. 4), while the distal part is obliquely expanded and forms an obtuse angle with the stalk. They end in a blunt point, inside which a small, strongly refractive vesicle is found.

The second pair of antennæ (Pl. XII, fig. 1, a²; Pl. XIII, fig. 2, a²), which spring out close to the first pair, and a little farther outwards, are only present as exceedingly small rudiments, which are developed differently in different specimens (see Pl. XII, figs. 5, 6, 7). They generally each form a thin, finely-pointed appendage, in which may sometimes be distinguished a thickish basal part, and a tentacular terminal part. In one specimen, the point was unequally bifid (fig. 6).

Of the oral parts, the labrum and the mandibles are easily distinguished, whereas the succeeding parts are more or less concealed by the labrum, so that any knowledge of their structure is only to be obtained by dissection.

The labrum (Pl. XII, fig. 1, L.; Pl. XIII, fig. 2, L) issues from the middle of the frontal duplicature, with which it is movably connected, so that it can, to a certain extent, be raised from the other parts. It generally, however, lies close in to the mandibles, covering the greater part of them (see Pl. XI, fig. 2). It is of comparatively large size, and presents a rounded quadrilateral shape, with the lower surface somewhat convex. The distal edge is slightly emarginated in the middle, and very finely ciliated.

The mandibles are very powerfully developed, and, in the full-grown animal, possess no trace of palpi. Their outer part is very conspicuous in a ventral aspect of the animal (Pl. XI, fig. 2), and appears as a transverse oval prominence on each side of the labrum. Their inner, masticatory part, on the other hand, is quite hidden by the labrum, and is only visible when the latter is either removed or raised (Pl. XII, fig. 1, M). The oval, navicular body (see fig. 8) is articulated by its pointed distal end to the inside of the mandibular segment, its inner cavity being filled by the powerful adductor muscles. The masticatory part is greatly, almost securiform, expanded, and divided into 8 powerful, bifid teeth, the hindmost or outermost of which is the largest, and is separated by a greater space from the others, which successively decrease in size.

er utydeligt tredelt og har i den indre Kant en fin Ciliering (Fig. 9).

Bag Kindbakkerne følger nu tæt sammen de øvrige Munddele (se Tab. XII, Fig. 1), som det ikke er saa ganske let at isolere, da de delvis er forbundne ved et System af stærke Chitinlister. Imidlertid er det ikke saa vanskeligt at paavise, at de danner 3 paa hinanden følgende Rækker: forrest en vel udviklet Underlæbe, derefter 2 Par normalt udviklede Kjæver.

Underlæben (Fig. 10, l, Fig. 11) bestaar af 2 symetriske Halvdele eller Lappe, forbundne i Midten ved en tynd Membran. Enhver Sidelap er støttet af en noget bueformig Chitinplade, der ved Basis hænger sammen med den tilsvarende forreste Kjæve (se Fig. 10), og hvis Ende danner en smalt afrundet indbøiet Lob besat med tætte Haar. Indad fortsætter Chitinpladen sig i en tyndere, halvt membranøs Lamelle, der ligeledes er fint haaret i den indre Kant og længere bagtil har et tæt tværstribet marginalt Parti. Af andre Forskere er Underlæbens Sidelappe tydede som 1ste Kjævepar, hvad der aabenbart er urigtigt, da disse Lappe er fuldstændig ubevægelige og desuden forbundne i Midten ved en tydelig Membran. Mærkelig er iethvertfald hos nærværende Gruppe Tilstedeværelsen af en vel udviklet Underlæbe, som hos de høiere Crustaceer. Thi hos andre Phyllopoder, ligesom ogsaa hos den store Flerhed af Entomostraceer, sees neppe en Antydning til denne Del.

1ste Par Kjæver (Fig. 10 m¹, Fig. 12) danner hver en i Enden øxeformigt udvidet Chitinplade, der med sin tilspidsede Basis er forbunden med Underlæbens Chitinskelet, og derfor ved Dissection ialmindelighed fanes i Sammenhæng med Underlæben. Paa Grund af Chitinsubstantsens Elasticitet kan de imidlertid til en vis Grad bevæges imod hinanden, og en Del tydelige Muskler, der løber skraat indad, besørger denne enkle Bevægelse. Paa den øxeformigt udvidede indre Ende er de bevæbnede med talrige korte Pigge og en hel Del stive Børster. Det forreste Hjørne danner en særskilt, noget paatværs stillet Lap, som er forsynet med en Del noget stærkere Pigge.

2det Par Kjæver (Fig. 1, m², Fig. 13), der af andre Forskere (Packard) feilagtigt er tydede som et Slags Kjævefødder, er af mere membranøs Beskaffenhed og ender indad med en afrundet, tungeformig Tyggelap, besat med talrige grovt cilierede Børster. Paa den ydre Side findes en stumpt konisk Udvidning af en noget lignende spongiøs Beskaffenhed som Føddernes Epipoditer. Denne Udvidning maa nærmest opfattes som et Slags rudimentær Palpe.

Fødderne er, som ovenfor nævnt, overordentlig talrige, idet der paa den bagre Del af Truncus (Metasome) findes mange flere Fodpar end der er

The innermost tooth is faintly tripartite, and is finely ciliated on its inner edge (fig. 9).

The remainder of the oral parts now follow closely behind the mandibles (see Pl. XII, fig. 1), and are not very easy to separate from one another, being partially connected by a system of strong chitinous fillets. It is not, however, difficult to see that they form 3 consecutive series: in front, a well-developed inferior lip, and then 2 pairs of normally-developed maxillæ.

The inferior lip (figs. 10, l, 11) consists of 2 symmetrical halves or lobes, connected in the middle by a thin membrane. Each lobe is supported by a somewhat arched chitinous lamella which is united at the base to the corresponding anterior maxilla (see fig. 10), and forms a narrowly rounded, incurved, thickly ciliated lobe. The chitinous lamella is continued inwards in the form of a thinner, half-membranous lamina also finely ciliated on the inner edge, and whose marginal part, farther back, is thickly barred transversely. The lateral lobes of the lower lip are designated by other naturalists as the first pair of maxillæ, but this is clearly incorrect, as these lobes are quite immovable, and are connected in the middle by a distinct membrane. The presence, in this group, of a well-developed inferior lip, as in the higher Crustacea is, at all events, remarkable; for in other Phyllopoda, as also in the majority of Entomostraca, there is scarcely an indication of this part.

Each of the first pair of maxillæ (figs. 10 m¹, fig. 12) has the form of a securiformly expanded chitinous lamella, which is connected by its pointed base with the chitine skeleton of the inferior lip, and is therefore, when dissected, generally detached in conjunction with that part. On account of the elasticity of the chitine however, they can, to a certain extent, be moved towards one another, and several distinct muscles, running obliquely inwards, effect this simple movement. On the securiformly expanded inner end, the maxillæ are armed with numerous short spines, and a number of stiff bristles. The foremost corner is in the form of a peculiar, somewhat obliquely-placed lobe, furnished with a few stronger spines.

The second pair of maxillæ (fig. 1 m², fig. 13) which have been incorrectly interpreted by other naturalists (Packard) as a sort of maxilliped, are of a more membranous nature, and terminate inside with a rounded linguiform masticatory lobe, clothed with numerous coarsely ciliated bristles. On the outer side, there is a bluntly conical expansion of a spongy nature, somewhat similar to that of the epipodites of the legs. This expansion should probably be regarded as a sort of rudimentary palp.

The legs, as stated above, are remarkably numerous, there being on the posterior part of the trunk (the metasome), many more pairs of legs

Segmenter. Paa Midtkroppen bærer derimod hvert Segment kun et enkelt Par Fødder, og de er her ogsaa langt kraftigere udviklede (see Tab. XI, Fig 2), visende idethele, naar undtages 1ste Par, Characteren af ægte Griberedskaber, vel skikkede til at gribe og fastholde den Næring, hvoraf Dyret lever. Forøvrigt er disse forreste Par, ligesaavel som de bagerste, forsynede med de 2 characteristiske ydre Vedhæng, Exopodit. og Epipodit, der begge synes at staa i Respirationens Tjeneste. Foddernes Antal er ialt ikke mindre end 63 Par.

1ste Fodpar (Tab. XII, Fig. 1, p¹, Fig. 14) skiller sig kjendeligt i sit Udseende fra de følgende Par, og er ogsaa ialmindelighed mere udadrettede, saa at de delvis overrager Rygskjoldets Sidekanter. De bestaar imidlertid af de samme Hoveddele som de øvrige Fødder. Selve Stammen viser en mere eller mindre tydelig Segmentering. Navnlig er der paa Midten af samme en meget distinct Ledføining, der deler Stammen i en indre og en ydre Del, dannende med hinanden en noget knæformig Bøining. Den indre Del af Stammen har, som paa de øvrige Fødder, ved Basis en vel udviklet og meget skarpt sondret Coxallap, der er rettet lige indad og besat paa sin stumpt afrundede Ende med talrige korte Pigge og fine, indadkrummede Børster. Af de saakaldte Enditer er kun den inderste fæstet til denne Del af Stammen, medens de 3 øvrige udgaar fra dens ydre Afsnit. De har alle Formen af forholdsvis smale, næsten traadformige Fortsatser, grovt sagtakkede i Kanterne og delvis visende en utydelig Leddeling. Den 4de eller yderste Endit er dobbelt saa lang som den 1ste og omtrent af Stammens halve Længde. Ved Basis af denne Endit er der et ubetydeligt lancetformigt Fremspring, der repræsenterer Rudimentet af den paa de øvrige Fodpar meget kraftigt udviklede 5te Endit. De 2 ydre Vedhæng er begge forholdsvis smaa. Epipoditen (ep) har Formen af en afrundet oval Lamelle, der ved en kort Stilk er fæstet til Stammens Yderside omtrent ved dennes knæformige Bøining. Exopoditen (ex), der udspringer i kort Afstand fra Epipoditen længere udad, er ligeledes pladeformig, men betydelig mindre og af uregelmæssig trekantet Form, idet den er udtrukket i 2 Flige, hvoraf den yderste er mest fremspringende og rundt om kantet med fine Børster.

2det Fodpar (Fig. 15) er adskilligt stærkere bygget end 1ste, og skiller sig desuden væsentlig ved Forholdet af Enditerne. Disse er nemlig kortere og stærkere, næsten kloformige, og mangler ethvert Spor af Leddeling, skjondt de viser i begge Kanter et Antal af smaa, med fine Pigge besatte Afsatser. Den yderste eller 5te Endit, der paa 1ste Par kun

than there are segments. On the mesosome, on the ₂ other hand, each segment carries only a single pair of legs, which are also much more powerfully developed (see Pl. XI, fig. 2), exhibiting, on the whole, with the exception of the first pair, the character of true grasping organs, well fitted for seizing and retaining the food on which the animal lives. The anterior, as well as the posterior pairs, are furnished with the two characteristic external appendages, exopodite and epipodite, which both appear to serve as organs of respiration. The number of legs in all is no less than 63 pairs.

The first pair of legs (Pl. XII, fig. 1, p¹, fig. 14) is conspicuously distinguished in appearance from the succeeding pairs, and is also generally directed more outwards, so as partially to project over the lateral edges of the carapace. These legs consist, however, of the same principal parts as the other legs. The stem itself shows a more or less distinct segmentation. In the middle of it, notably, there is a very distinct articulation, dividing it into a proximal and a distal part, which form with each other a somewhat geniculated flexure. As in the other legs, there is, at the base of the proximal portion of the stem, a well-developed and very sharply defined coxal lobe, directed straight inwards, and furnished at its bluntly rounded extremity with numerous short spines, and fine, incurved bristles. Of the so-called endites, only the innermost is attached to this part of the stem, while the other 3 issue from its distal section. They all have the form of comparatively narrow, almost filiform processes, coarsely serrated at the edges, and partly showing an indistinct segmentation. The fourth, or outermost endite is twice as long as the first, and about half the length of the stem. At its base, there is a lanceolate projection, which represents the rudiment of the powerfully developed 5th endite on the other legs. The two outer appendages are both comparatively small. The epipodite (ep) is in the shape of a rounded oval lamella, attached by a short peduncle to the outer side of the stem at about the geniculated bend. The exopodite (ex) which issues at a short distance from the epipodite, farther out, is also lamellar, but considerably smaller, and of an irregularly triangular shape, being drawn out into two lobes, of which the outer is the more prominent, and is edged all round with fine bristles.

The 2nd pair of legs (fig. 15) is far more strongly built than the first, and is, in other respects, principally distinguished by the relations of the endites to one another. These are shorter and stronger, almost claw-like, and devoid of every trace of segmentation, although they exhibit at both edges a number of small serrations clothed with fine spinules.

var tilstede som et Rudiment, er her meget stærkt udviklet, fuldkommen saa lang som den 4de, og udpræget kloformig. Den er i Yderkanten besat med fine Borster og har Inderkanten fint og regelmæssigt sagtakket. Coxallappen er noiagtig af samme Udseende som paa 1ste Par. Derimod er de 2 ydre Vedhæng, og navnlig Exopoditen (ex) forholdsvis større.

De folgende 7 Par gaar successivt over til at antage det Udseende, som 10de Fodpar viser. Dette sidste (Fig. 16) er idethele kortere og mere sammentrængt, uden nogen tydelig Segmentering eller knæformig Boining af Stammen. Coxallappen er forholdsvis noget mindre end paa de 2 forreste Par og mere lige indadrettet. Enditerne er kortere og bredere, næsten pladeformige, og den yderste bredt lancetformig samt tæt borstebesat i den ydre Kant. De ydre Vedhæng er begge af anselig Storrelse, og navnlig Exopoditen (ex) betydelig storre end paa de forreste Par; dens Form er ogsaa noget forskjellig, idet den er mere oval, med den nedre Flig bredt afrundet.

11te Fodpar (Fig. 17) viser et fra de ovrige Fodder meget afvigende Udseende, idet de 2 ydre Vedhæng her er omdannede paa en eiendommelig Maade, saa at de tilsammen danner en æskeformig Kapsel, hvori Æggene midlertidigt optages, for at forsynes med sin Skal. Laaget af Kapselen, der vender fortil og er af regelmæssig circulær Form, dannes af Epipoditen, medens Bunden af Kapselen udgjores af Exopoditen. Ogsaa denne er af tilrundet Form, men noget bredere end Epipoditen, og udspringer med en bred Basis fra Stammen. Begge slutter temmelig noie sammen, dog saaledes, at der paa den ydre Side er en rendeformig Fordybning, der dannes af de omboiede Kanter af Exopoditen. Selve Stammen er kort og bred, pladeformig, og den yderste Endit ikke tydeligt begrændset, dannende en umiddelbar Fortsættelse af Stammen i Form af en triangular Lap.

12te Fodpar (Fig. 18) viser igjen et mere normalt Udseende og stemmer idethele i sin Bygning noie overens med 10de Par, naar undtages, at det er mindre og har den yderste Endit forholdsvis kortere og bredere. Det samme er ogsaa Tilfældet med Exopoditen, hvis nedre Del - er mindre fremspringende.

De folgende Fodpar aftager successivt i Storrelse og bliver tilsidst ganske rudimentære, skjondt alle de Dele, der findes paa de foregaaende Par, lader sig panvise.

Fig. 19 fremstiller en Fod af et af de bagerste Par ved samme Forstorrelse som de foregaaende Par. Det vil sees, at Enditerne er betydeligt redu-

The outermost, or 5th endite, which in the first pair was only found as a rudiment, is here very strongly developed, is fully as long as the 4th, and of a pronounced claw-like shape. The outer edge is clothed with fine bristles, and the inner edge finely and regularly serrated. The coxal lobe is of exactly the same appearance as in the first pair. The two outer appendages, on the other hand, and especially the exopodite (ex), are comparatively larger.

Through the 7 succeeding pairs there is a gradual transition to the 'appearance of the 10th pair of legs. This pair (fig. 16) is on the whole shorter and more compact, without any distinct segmentation or geniculation of the stem. The coxal lobe is relatively rather smaller than that in the foremost 2 pairs, and its direction is more directly inwards. The endites are shorter and broader, almost lamellar, the outermost being broadly lanceolate in form, and densely setous on the distal edge. The outer appendages are both of considerable size, the exopodite (ex) especially being much larger than in the foremost pairs. Its shape is also somewhat different, being more oval, and the lower lobe more broadly rounded.

The 11th pair of legs (fig. 17) exhibits a very different appearance from the others, the 2 outer appendages being transformed in a peculiar manner, so as together to form a box-like capsule in which the ova are temporarily received in order to be furnished with their shell. The lid of the capsule, which turns to the front, and is of a regularly circular shape, is formed by the epipodite, while the bottom of the capsule consists of the exopodite. This, too, is of a rounded form, but rather broader than the epipodite, and issues with a broad base from the stem. The two parts fit together tolerably exactly, yet in such a manner that on the outer side there is a channel-like hollow formed by the decurved edges of the exopodite. The stem itself is short, broad and lamellar: the outermost endite is not clearly defined, and forms a direct continuation of the stem in the shape of a triangular lobe.

The 12th pair of legs (fig. 18) exhibits a more normal appearance, and, on the whole, agrees very nearly in its structure with the 10th pair, excepting that it is smaller, and that the outermost endite is relatively shorter and broader. This is also the case with the exopodite, the lower part of which is less projecting.

The succeeding pairs of legs decrease successively in size, and at last become quite rudimentary, although it is possible to distinguish all the parts that are found in the preceding pairs.

Fig. 19 represents a leg of one of the hindmost pairs magnified with the same power as the preceding pairs. It will be seen that the endites are

cerede og stærkere sammentrængte, og at ogsaa Epi-
poditen har aftaget stærkt i Størrelse. Derimod er
Exopoditen endnu forholdsvis af ikke ubetydelig
Størrelse og noget afvigende i Form, med kun et be-
grændset Antal af Randborster, hvoraf en udmærker
sig ved betydelig Længde.

En Fod af sidste Par er fremstillet Fig. 21
ved samme Forstørrelse som Fig. 19, og Fig. 22
meget stærkere forstørret. Uagtet sin ringe Stør-
relse, har Foden, som det vil sees, alle sine Dele i
Behold, skjøndt i høieste Grad reducerede.

Haletraadene (se Tab. XI, Fig. 1—3, Tab. XIII,
Fig. 1, 2), der nærmest maa opfattes som et Slags
Lemmer, og aabenbart svarer til Halegrenene eller
Furca hos *Nebalia* og hos *Branchipodiderne*, er af
meget betydelig Længde, adskilligt mere end halvt
saa lange som hele Legemet, og synes til en vis
Grad at være bevægelige, da de snart er stærkt
divergerende, snart mere lige bagudrettede. De ud-
springer til hver Side af Halepladen, fra Enden af
sidste Halesegment, og afsmalnes gradvis mod Enden,
der gaar ud i en fin Spids. Af Consistens er de
særdeles elastiske, saa at de lader sig bøie i alle
Retninger, men nogen egentlig Leddeling synes ikke
at være tilstede. Derimod er de forsynede med tal-
rige, noget skraatgaaende Tværrader af fine Pigge,
som i den indre Kant antager Charakteren af fine
Børster (se Tab. XII, Fig. 23—24).

Hannen (Tab. XI, Fig. 6, 6 a) er betydelig min-
dre end Hunnen, idet den kun opnaar en Længde
af 13 mm, og ligner ganske og aldeles unge Hunner
af samme Størrelse, uden at der er nogen iøinefal-
dende secundære Kjønscharacterer at opdage. Det
er derfor ikke saa let at kjende begge Kjøn ud fra
hinanden, og dette er vel for en Del Grunden til,
at Hanner inden denne Gruppe saa yderlig sjelden
er blevne observerede. Ved en noget nøiere Under-
søgelse, er det dog meget let at bestemme Kjønnet
efter 11te Fodpars Bygning. Hos Hannen er nemlig
dette Fodpar (Tab. XIII, Fig. 20) ganske bygget
paa samme Maade som de umiddelbart foregaaende
og efterfølgende Par, medens hos Hunner af samme
Størrelse den characteristiske Ægkapsel allerede er
tydeligt udviklet.

Farven er hos levende Exemplarer af begge
Kjøn paa Oversiden mere eller mindre mørk oliven-
brun, med et temmelig svagt grønligt Skjær, og ofte
fint spettet med gult og lysebrunt. Undersiden af
Rygskjoldet og Foddernes ydre Vedhæng viser sæd-
vanligvis et rødbrunt Skjær, og Munddelene har en
mere eller mindre hornbrun Farve. Efterat Dyret
nogen Tid har ligget paa Spiritus, gaar Farven
imidlertid over til et temmelig ensformigt mørke-
grønt.

considerably reduced and more compressed, and that
the epipodite has also greatly diminished in size.
The exopodite, on the other hand, is still relatively
of a considerable size, and differs somewhat in shape,
having only a limited number of marginal bristles,
one of which is remarkable for its great length.

One of the last pair of legs is represented in
fig. 21 magnified with the same power as fig. 19,
and in fig. 22, much more highly magnified. In spite
of its insignificant size, the leg, as will be seen, has
all its parts, though very greatly reduced.

The caudal filaments (see Pl. XI. figs. 1—3; Pl.
XII, figs. 1, 2) which must perhaps be considered
as a kind of limb, and evidently answer to the
caudal rami or furca in *Nebalia* and in the *Branchi-
podidæ*, are of very considerable length, much longer
than half the length of the body, and seem to be
movable to a certain extent, as at times they are
widely divergent, at others directed more straight
out behind. They issue, one on each side of the
caudal lamella, from the end of the last caudal seg-
ment, and taper gradually towards the finely-pointed
extremity. Their consistence is exceedingly elastic,
allowing of their being bent in all directions, but
there seems to be no actual articulation. They are
furnished with numerous rather oblique, transverse
rows of fine spines, which, on the inner edge, as-
sume the character of fine bristles (see Pl. XII, figs.
23, 24).

The Male (Pl. XI, figs. 6, 6 a) is considerably
smaller than the female, and attains a length of
only 13 mm. It exactly resembles young females of
the same length, without there being any conspi-
cuous secondary sexual characters. It is therefore
not easy to distinguish one sex from the other, and
this is probably partly the reason why the males
in this group have so very seldom been observed.
On a closer examination, it is, however, very easy
to determine the sex by the structure of the 11th
pair of legs. In the males, the structure of this
pair of legs (Pl. XIII, fig. 20) is the same as that
of the pairs immediately preceding and following it;
while in females of that size, the characteristic egg-
capsule is already distinctly developed.

The **colour** in living specimens of both sexes is
of a more or less dark olive brown on the upper
surface, with a slightly greenish tinge, and is often
finely speckled with yellow and light brown. The
under surface of the carapace, and the outer appen-
dages of the legs generally exhibit a reddish brown
tinge, and the oral parts have a horny brown hue.
After the animal has lain for some time in spirit,
however, the colour changes to a tolerably uniform
dark green.

Indre Organer.

Fordøielsessystemet. — Tarmen danner (se Tab.
XIII, Fig. 1, 2) et simpelt og temmelig vidt, bagtil
noget afsmalnende Rør, der strækker sig igjennem
Axen af Legemet, og udmunder, efterat have dan-
net en kort Endetarm, ved Enden af sidste Hale-
segment, under Basis af Halepladen. Paa Under-
siden af dens forreste stumpt afrundede Del munder
Spiserøret, der er stærkt musculøst og stiger lodret
i Veiret fra Mundaabningen. Dets øvre Ende sprin-
ger frit frem i Tarmens Lumen, og viser her en
eiendommelig klapformig Indretning (se Tab. XII,
Fig. 10, 11, œ), hvorved Tarmens Contenta hindres
fra at passere tilbage ind i Spiserøret. Med den
forreste Del af Tarmen forbinder sig et meget com-
pliceret leveragtigt Organ, der fylder en stor Del af
Hovedet (se Tab. XIII, Fig. 1, 2, l). Det bestaar
af 2 symetriske Halvdele, hver delt i talrige uregel-
mæssigt forgrenede Blindsække (Fig. 3), der er ud-
klædt indvendig med et Lag af glanduløse Celler.
Alle disse Blindsække samler sig tilsidst paa hver
Side til en fælles kort Stamme, der munder i den
forreste Del af Tarmen. Det hele Apparat svarer
utvivlsomt til de 2 forholdsvis simple blindsæk-
formige Udvidninger af Tarmen hos Branchipodi-
derne.

Karsystemet. — Hjertet (Fig. 1, 2, c) er af me-
get langstrakt Form, og strækker sig igjennem hele
Midtkroppen, fra Mandibularsegment og ind i 11te
fodbærende Segment. Som sædvanligt, ligger det
umiddelbart ind under Kroppens dorsale Integument,
og afsmalnes gradvis forfra bagtil, hvor det synes
at ende blindt. Fortil har det derimod en vid Aab-
ning, hvorigjennem Blodet drives ud i Hovedet og
derfra i Rygskjoldet og den øvrige Krop. For hvert
Kropssegment har det et Par venøse Spalter, for-
synede med 2 klapformige, bevægelige Læber, der
afvexlende lukker og aabner sig, og hvorimellem
Blodet optages i Hjertet fra de forskjellige Dele af
Legemet. I Rygskjoldet finder en meget livlig Blod-
circulation Sted, og Blodet gjennemstrømmer her et
meget compliceret System af Hulrum, beliggende
mellem de 2 Lameller, hvoraf Rygskjoldet er sam-
mensat. Nogen virkelige Blodkar existerer imidler-
tid ligesaalidt her som hos andre Phyllopoder.

Nervesystemet. — Som hos andre Krebsdyr, be-
staar Nervesystemets Centraldele af det øvre Svælg-
ganglion, eller Hjernegangliet, og en Bugganglie-
kjæde. Hjerneganglietet er meget vanskeligt at un-
dersøge, da det ligger tæt omhyllet af andre Dele.
Saavidt jeg har kunnet se ved omhyggelig Dissec-
tion, er det (Tab. XIII, Fig. 5, g) forholdsvis lidet
og af betydelig simplere Bygning end hos Branchi-
podiderne, uden de hos disse forekommende dorsale

Internal Organs.

Digestive system. — The intestine (see Pl. XIII,
figs. 1, 2) is in the form of a simple, rather wide
tube, slightly tapering posteriorly, and extending
through the axis of the body; after having formed
a short rectum, it opens at the end of the last
caudal segment beneath the base of the caudal
lamella. On the under side of its anterior, bluntly-
rounded part, opens the œsophagus, which is exceed-
ingly muscular, and rises perpendicularly from the
oral aperture. Its upper end projects freely into
the lumen of the intestine, exhibiting there a pecu-
liar valve-like arrangement (see Pl. XII, figs. 10,
11, œ), whereby the contents of the intestine are
prevented from passing back into the œsophagus.
With the foremost part of the intestine is connected
a very complicated hepaticous organ, which occupies
a great part of the head (see Pl. XIII, figs. 1, 2, l).
It consists of 2 symmetrical halves, each divided
into numerous irregularly ramified cœca (fig. 3),
which are lined interiorly with a stratum of glan-
dular cells. All these cœca unite at last, on each
side, into a short common stem that opens into the
anterior part of the intestine. The whole apparatus
undoubtedly answers to the two comparatively
simple cæcum-like expansions of the intestine in
the Branchipodidæ.

Vascular system. — The heart (fig. 1, 2, c) is
of a very elongated shape, and extends throughout
the mesosome, from the mandibular segment into
the 11th pedigerous segment. It lies, as usual, imme-
diately below the dorsal integument of the body,
and tapers gradually from the front to the back,
where it seems to have no outlet. In front, on the
contrary, it has a wide opening, through which the
blood is driven out into the head, and thence into
the carapace and the rest of the body. In each
segment of the mesosome there are two venous
ostia, each furnished with 2 valve-like movable lips,
which alternately open and shut, and through which
the blood is received into the heart from the diffe-
rent parts of the body. A very active circulation
takes place in the carapace, the blood flowing
through a very complicated system of cavities lying
between the 2 lamellæ of which the carapace is
composed. Actual blood-vessels, however, no more
exist here than in other Phyllopoda.

Nervous system. — As in other crustaceans, the
central portion of the nervous system consists of an
upper œsophageal ganglion, or cerebral ganglion, and
a ventral ganglion chain. The cerebral ganglion is
very difficult to examine, as it is closely enveloped
by other parts. As far as I have been able to see
by careful dissection, it is comparatively small (Pl.
XIII, fig. 5, g), and of a much simpler structure
than in the Branchipodidæ, without the dorsal lobes

Lappe. Fra dets forreste Del udgaar til hver Side og noget opad en kort og tyk Nervestamme, som er Synsnerven. Efterat være traadt hen mod den nedre Flade af Øiet, oploser den sig i talrige divergerende Grene (se Fig. 7), hvoraf hver enkelt forbinder sig med et tilsvarende Synselement. Fra Midten af Hjerneganglicts forreste Ende passerer en temmelig stærk Nervestamme lige fortil og omgiver med sin gangliost opsvulmede Ende det enkle Øie bagtil (se Fig. 5). Hvor Nerverne·for Følerne udspringer, har det ikke været mig muligt at se, men der er Rimelighed for, at deres Udspring forholder sig som hos Branchipodiderne. Bagtil udgaar fra Hjerneggangliet 2 lange Commissurer, der omgiver Spiserøret og nedentil forbinder sig med det 1ste Ganglion i Bugganggliekjæden. Denne sidste (se Fig. 9, 10, 11) bestaar af en stor Mængde Ganglier svarende til det store Antal Fødder, og er idethele be. tydelig stærkere udviklet end hos Branchipodiderne, ligesom den ogsaa viser et temmelig forskjelligt Udseende, noget nærmende sig til det hos Phyllocariderne. Som hos disse, ligger Ganglierne (se Fig. 9) meget tæt sammen, om de end er tydeligt skilte baade ved Længde- og Tværcommissurer. Af de sidste findes, som hos andre Phyllopoder, 2 for hvert Par Ganglier, og mellem dem er der en meget liden, tvært oval Aabning, medens der mellem Længdecommissurerne er et større, paa langs ovalt Mellemrum. Fra hvert Ganglion udgaar til Siden 2 stærke Nervestammer, hvoraf den forreste strax deler sig i 2 Grene; men angaaende disse Nervestammers videre Forløb har jeg ikke kunnet skaffe mig fuld Klarhed. Bagtil bliver Gangliekjæden (se Fig. 10, 11) gradvis smalere og de enkelte Ganglier tættere sammentrængte, saaat Commissurerne mellem dem vanskeligt adskilles. Den ender i en stump Spids paa det Sted, hvor de sidste Par rudimentære Fødder findes. Fra denne bagerste Del af Buggangliekjæden udgaar Nerverne for Halen; men heller ikke om disses Forløb har jeg kunnet skaffe mig et klart Begreb.

Ovarierne (Tab. XIII, Fig. 1, 2, ov) repræsenteres af 2 temmelig voluminose og stærkt lappede Organer, der strækker sig langs Siderne af Tarmen igiennem Størsteparten af den fodbærende Del af Kroppen. De munder hvert med en kort Ægleder ved Basis af 11te Fodpar, og indeholder et indre Hulrum, der staar i direkte Forbindelse med Æglederen. Undersøges et Stykke af de udpræparerede Ovarier under Mikroskopet, vil man finde, at ethvert sig udviklende Æg er indesluttet i en Follikel, der rager frem fra Ovariets Overflade i Form af en afrundet, mere eller mindre fremspringende Blære. Man finder paa samme Stykke Ovarium Æg i alle Udviklingsstadier, fra overordentlig smaa, kun ved

found in the latter. From the anterior part there issues on each side, going a little upwards, a short, thick nerve-stem, which is the optic nerve. After advancing towards the lower surface of the eye, it is resolved into numerous divergent branches (see fig. 7), each one of which unites with a corresponding visual element. From the anterior end of the cerebral ganglion, a tolerably strong nerve-stem passes forwards and surrounds posteriorly, with its ganglionic swollen end, the ocellus (see fig. 5). It has not been possible for me to see where the nerves for the antennæ originate, but it is probable that their origin is the same as in the Branchipodidæ. ·From the cerebral ganglion, posteriorly, run two long commissures, which encircle the œsophagus, and unite below with the first ganglion in the ventral ganglion chain. The latter (see figs. 9, 10, 11) consists of a considerable number of ganglia corresponding to the large number of legs, and is in the whole, much more highly developed than in the Branchipodidæ, exhibiting too, a rather different appearance, somewhat approaching that of the Phyllocaridæ. As in that group, the ganglia (see fig. 9) lie very close together, although distinctly separated both by longitudinal and transverse commissures. Of the latter there are, as in the other Phyllopoda, two to each pair of ganglia, and between them a very small, transversely oval opening, while between the longitudinal commissures, there is a larger, longitudinally oval space. From each ganglion there issue laterally 2 strong nerve-stems, the anterior of which immediately divides into 2 rami; but concerning the farther course of these nerve-stems, I have been unable to ascertain anything clearly. Posteriorly, the ganglionic chain (see figs. 10, 11) becomes gradually narrower, and the several ganglia more crowded, so that the commissures between them are difficult to distinguish. It ends in a blunt point at the place where the last pair of rudimentary legs are found. From this posterior part of the ventral ganglion chain issue the nerves for the tail, but in their case also, I have been unable to obtain any clear idea as to the course they take.

The **ovaries** (Pl. XIII, figs. 1, 2, ov) are represented by 2 rather voluminous and much lobed organs, extending along the sides of the intestine throughout the greater part of the body. They each open by a short oviduct at the base of the 11th pair of legs, and contain an inner cavity, which is in direct communication with the oviduct. On examining a portion of the dissected ovary under the microscope, it will be seen that each of the eggs undergoing development is enclosed in a follicle, which projects from the surface of the ovary in the form of a rounded, more or less projecting vesicle. On the same piece of ovary are found eggs in all stages of development, from exceedingly small rudi-

meget stærk Forstorrelse synlige Anlæg til temme-
lig store, med et opakt Indhold fyldte Kapsler. I
enhver Follikel findes altid 4 Celler combinerede.
I de mindste Follikler (Fig. 13) er blot Kjernerne
synlige, medens i de storre Follikler (Fig. 14, 15),
de enkelte Celler skarpt afgrændser sig fra hver-
andre. Af de 4 Celler er det alene den yderste, der
repræsenterer den egentlige Æg-celle; de 3 ovrige
er kun bestemte til dennes Ernæring og absorberes
derfor tilsidst ganske. Denne polare Celle skiller
sig ogsaa kjendeligt fra de 3 ovrige derved, at
Kjernen er mindre skarpt contureret. Paa den fuldt
udviklede Ægcelle unddrager sig tilsidst Kjernen
ganske for Observationen, og heller ikke Kjernerne
i de 3 Næringsceller kan sees paa Grund af den
opake, gulbrune Næringsblomme, som nu fylder det
hele Æg (se Fig. 12). Er Æggene modne, træder
de ind i Ovariernes indre Hule og udtommes derfra
successivt gjennem Æglederen i 11te Fodpars Æg-
kapsel, hvor de omgives med en temmelig fast Skal
(Fig. 16). Denne sidste viser sig ved stærk For-
storrelse (Fig. 16[1]) meget fint reticuleret, og dannes
rimeligvis ved af Kapselens Vægge afsondret
Secret. I hver Ægkapsel finder man i Regelen kun
et meget begrændset Antal Æg, fra 1 enkelt (se
Tab. XII, Fig. 17, ov) til 4, og de forbliver her kun
en ganske kort Tid, idet de successivt udtommes af
Kapselen og falder tilbunds, hvor de indleires i
Mudret, for til næste Sommer at udvikle sig til en
ny Generation.

Testes har samme Beliggenhed som Ovarierne
og ligner ogsaa ved forste Øiekast disse i Udseende.
Ved nærmere Undersogelse viser imidlertid Follik-
lerne sig forholdsvis mindre og af mere uregelmæs-
sig, noget affladet Form og ligesom slyngede ind i
hinanden (se Tab. XIII, Fig. 17). I enhver Follikel
er der (se Fig. 18) en indre Hule, der staar i For-
bindelse med det centrale Hulrum, og fra Follikler-
nes Vægge udvikle Sædelementerne sig i Form af
meget smaa simple Celler (Fig. 19). Hvor Testes
udmunder, har det ikke lykkets mig at faa con-
stateret.

Udvikling.

Jeg har heller ikke af denne Phyllopode kun-
net forfolge den hele Udvikling, men har dog leilig-
hedsvis faaet fat paa en Del Larvestadier, som jeg
her noget noiere skal omtale.

Det tidligste observerede Stadium er afbildet
Tab. XI, Fig. 4, og Detailler af samme, Tab. XIII,
Fig. 21—27.

Legemet har en Længde (fraregnet Haletraa-
dene) af kun omtrent 2 mm., og er halvt gjennem-
sigtigt, af gulrod Farve.

ments, only visible under a very high power of the
microscope, to rather large capsules with opaque
contents. In each follicle, 4 cells are always found
combined. In the smaller follicles (fig. 13) only the
nuclei are visible, while in the larger ones (figs. 14,
15) the cells are sharply divided from one another.
Only the outermost of the 4 cells represents the
egg-cell proper; the other 3 only serve to nourish
that one, and are therefore at last completely ab-
sorbed. This polar cell is also easily distinguishable
from the other three by the less distinctly outlined
nucleus. In the fully developed egg-cell, the nucleus
at last entirely withdraws from sight, nor can the
3 alimentary cells be seen on account of the opaque,
yellowish-brown food-yolk which now fills the entire
ovum (see fig. 12). When the eggs are mature, they
enter the inner cavities of the ovaries, and are
thence evacuated successively through the oviduct
into the egg-capsule of the 11th pair of legs, where
they are enveloped in a rather firm shell (fig. 16).
This, when highly magnified (fig. 16), appears to be
very finely reticulated, and is probably formed by
a secretion from the walls of the capsule. In each
capsule there is found, as a rule, only a very limi-
ted number of ova, from a single one (see Pl. XII,
fig. 17, ov) to 4, and they remain there only a very
short time, being discharged successively from the
capsule, when they fall to the bottom, and are im-
bedded in the mud, to develope in the following
summer into a new generation.

The **testes** occupy a similar position to the
ovaries, and also, at first sight resemble them in
appearance. Upon closer examination, however, the
follicles prove to be relatively smaller, and of a
more irregular, somewhat flattened shape, and are,
as it were, twisted about one another (see Pl. XIII,
fig. 17). In every follicle (see fig. 18) there is an
inner cavity, in communication with the central ca-
vity, and the sperm elements develope from the
walls of the follicles in the form of very small
simple cells (fig. 19). I have not succeeded in ascer-
taining where the testes discharge themselves.

Development.

Of this Phyllopod too, I have been unable to
follow the whole course of development, but have
however occasionally succeeded in finding certain
larval stages, which I will here describe more
minutely.

The earliest stage observed is figured on Pl. XI,
fig. 4, and details of the same on Pl. XIII, figs.
21—27.

The body has a length (not including the caudal
filaments) of only about 2 mm. and is semi-trans-
parent and of a yellowish-red colour.

Rygskjoldet er vel udviklet, men forholdsvis mindre hvælvet end hos det voxne Dyr, og har det bagre Indsnit bredere, næsten retvinklet. Den bag Rygskjoldet fremragende Del af Legemet er forholdsvis tykkere og mere sammentrængt end hos voxne Individer og rundtom saa tæt besat med fine Pigge, at den faar et laaddent Udseende. Segmenteringen er endnu lidet tydelig og egentlig kun antydet ved de tæt paa hinanden følgende Tværrader af Pigge (se Tab. XIII, Fig. 27). Sidste Segment er dog meget tydeligt begrændset og ved en kjendelig Indknibning sondret fra de foranliggende. Det er ogsaa af langt betydeligere Størrelse, og er aabenbart sondret længe før disse. Af Form er det trapezoidisk, gradvis udvidet bagtil, og viser de 2 sidestillede dorsale Knuder meget tydeligt. De ydre Hjørner af Segmentet er bevæbnede med en Tværrad af stærke Pigge. Halepladen er ufuldstændigt udviklet og kun repræsenteret ved en ubetydelig, i 2 symetriske Spidser udgaaende Udvidning af det dorsale Integument. Haletraadene er endnu ganske korte, neppe mere end ⅓ saa lange som Legemet, og viser en noget tendannet Form. De er rundt om besatte med fine, tiltrykte Pigge, som dog ikke ordner sig i tydelige Tværrader, og har i Spidsen en særdeles lang og 2 korte Pigge.

De sammensatte Øine (se Fig. 21, o) er forholdsvis smaa og har endnu ikke Synselementerne tydeligt udviklede. Umiddelbart foran dem sees meget tydeligt det enkle Øie (oc), der næsten er af samme Størrelse som de sammensatte.

Første Par Følere (Fig. 21, a¹) ligner i Udseende dem hos det voxne Dyr, men er forholdsvis større, saa at de rager kjendeligt ud over Panderanden. De synes endnu ikke at have Lugtepapiller udviklede, hvorimod en af de apicale Føleborster er af betydelig Længde.

Andet Par Følere (Fig. 21, a²), hvoraf der hos det voxne Dyr kun er ubetydelige Rudimenter tilbage, er her mægtigt udviklede, dannende et Par kraftige Aarer, ved Hjælp af hvilke Larven bevæger sig raskt om i Vandet paa en eiendommelig stødvis Maade. De er hver sammensat af et stærkt, cylindriskt, ved Basis i flere Led delt Skaft, der paa sin Ende bærer 2 meget ulige udviklede Grene. Den ydre Gren er adskilligt længere end Skaftet, smalt cylindriskt, og delt i 5 tydelige Led, hvoraf det 1ste er vel saa langt som de 4 øvrige tilsammen. Hvert Led bærer ved Enden en lang, tæt cilieret Svømmeborste. Den indre Gren er meget liden, neppe mere end ⅕ saa lang som Skaftet, 2-leddet, og forsynet i Spidsen med 3 ulige lange cilierede Borster.

The carapace is well developed, but comparatively less vaulted than in the full-grown animal, and the posterior emargination is broader and almost rectangular. That part of the body projecting beyond the carapace is comparatively shorter and thicker than in full-grown specimens, and so thickly covered all round with fine spines, as to present a hairy appearance. The segmentation is still very indistinct and really only indicated by the closely succeeding transverse rows of spines (see Pl. XIII, fig. 27). The last segment, however, is very distinctly defined, and is separated from those in front of it by a perceptible contraction; it is also far larger in size, and has evidently been formed long before they have. Its shape is trapezoidal, gradually widening posteriorly, and it exhibits very distinctly the 2 laterally-situated dorsal protuberances. The external angles of the segment are armed with a transverse row of strong spines. The caudal lamella is imperfectly developed, and is only represented by a very slight expansion of the dorsal integument, projecting in two symmetrical points. The caudal filaments are still quite short, scarcely more than ⅓ of the length of the body, and exhibit a somewhat fusiform shape. They are set all round with fine, adpressed spines, which, however, are not arranged in distinct transverse rows; and at the extremity there is one particularly long spine and 2 short ones.

The compound eyes (see fig. 21, o) are comparatively small, and the visual elements not yet distinctly developed. Immediately in front of them, the ocellus (oc) is seen very clearly, almost of the same size as the compound eyes.

The first pair of antennæ (Fig. 21, a¹) in appearance resemble those of the full-grown animal, but are comparatively larger, so that they project perceptibly over the frontal margin. They do not as yet seem to have developed olfactory papillæ, but on the other hand one of the apical sensory bristles is of considerable length.

The second pair of antennæ (fig. 21, a²) of which there are left only slight rudiments in the fullgrown animal, are here powerfully developed, constituting a pair of strong oars, by the aid of which, the larva moves rapidly through the water in a peculiar, jerky manner. Each antenna is composed of a strong cylindrical scape, divided at the base into several joints, and carrying at its extremity 2 very unequally developed rami. The outer ramus is considerably longer than the scape, narrow cylindrical and divided into 5 distinct joints, the first of which is rather longer than the other 4 together. Each joint bears at its extremity a long, densely-ciliated natatory bristle. The inner ramus is very small, scarcely more than ⅕ of the length of the scape, is bi-articulated, and furnished at the

Af Munddelene er (se Fig. 21) Overlæben (L) og Kindbakkerne (M) let at observere, og synes i alt væsentligt at ligne samme hos det voxne Dyr. Af nogen Mandibularpalpe er der intetsomhelst Spor at se, skjøndt den ganske sikkert har existeret paa et tidligere Stadium. Underlæben og Kjæverne har jeg ikke kunnet noiere undersoge.

Af Fodderne er de til Midtkroppen horende Par allerede taalelig vel udviklede, med alle sine Hoveddele tydelige, hvorimod de bagre Par bliver i hoi Grad rudimentære, forestillende tilsidst meget smaa, utydeligt indskaarne Skiver uden enhver Borstebesætning (Fig. 26). Forste Fodpar (Fig. 22) viser i Henseende til Enditerne endnu ingensomhelst Forskjel fra de nærmest folgende Par (Fig. 23), og den yderste eller 5te Endit, der hos det voxne Dyr er ganske rudimentær, er her ligesaa vel udviklet som paa de folgende Fodder. Derimod er Exopoditen kjendelig mindre og kun forsynet med 8 Randborster, medens den paa 2det Par (Fig. 23) har ikke mindre end 14 saadanne. 11te Fodpar (Fig. 24) er endnu kun lidet udviklet og viser intet Tegn til nogen Ægkapsel. Exopoditen er paatværs oval og forsynet med en Rad af 9 forholdsvis korte Randborster. Epipoditen er meget liden, knudeformig, og Enditerne afstumpede i Enden. Paa de folgende Par (Fig. 25) bliver, som ovenfor nævnt, alle disse Dele endmere rudimentære, og tilsidst (Fig. 26) er der neppe mere end ubetydelige Spor af dem tilbage.

Af indre Organer skinner Tarmen meget tydeligt igjennem Integumenterne (se Tab. XI, Fig. 4) og er ialmindelighed fyldt med orangefarvede Contenta. Fortil udsender den 2 korte Blindsække (Tab. XIII, Fig. 21, l), der hver klover sig i 2 Grene, hvoraf igjen enhver er svagt tvelappet i Enden. Dette er Begyndelsen til den hos det voxne Dyr saa voluminose og complicerede Lever.

Et noget senere Stadium er fremstillet Tab. XI, Fig. 5. Legemet har nu en Længde af omtrent 4 mm. og er endnu halvt gjennemsigtigt, med et svagt grønagtigt Skjær og gulrod gjennemskinnende Tarm. Rygskjoldet er nu forholdsvis noget storre, men endnu temmelig fladt, og Kroppen har strakt sig noget mere i Længde. Forovrigt stemmer dette Stadium meget nær med det foregaaende, og 2det Par Folere fungerer fremdeles som Svommeredskaber, skjøndt de er noget reducerede i Størrelse, medens Fodderne synes mere udviklede.

extremity with 3 ciliated bristles of unequal length.

Of the oral parts (see fig. 21), the labrum (L) and the mandibles (M) are easy to observe, and seem in every essential particular to resemble those parts in the full-grown animal. There is no trace whatever of a mandibular palp, though it must certainly have existed at an earlier stage. The posterior lip and the maxillæ I have not been able to examine closely.

The pairs of legs belonging to the mesosome are already tolerably well developed, all their principal parts being distinct, whereas the posterior pairs become extremely rudimentary, appearing at last like very small, indistinctly indented lamellæ, entirely without bristles (fig. 26).

As regards the endites, the first pair of legs (fig. 22) presents as yet no difference whatever from the pairs immediately following (fig. 23), and the outermost or 5th endite, which in the full-grown animal is quite rudimentary, is here just as well developed as in the succeeding legs. On the other hand the exopodite is perceptibly smaller, and furnished with only 8 marginal bristles, while that of the 2nd pair (fig. 23) has no less than 14 such bristles. The 11th pair of legs (fig. 24) is as yet only slightly developed, and shows no sign of any egg-capsule. The exopodite is transversely oval, and furnished with a row of 9 comparatively short marginal bristles. The epipodite is nodiform and very small, and the endites are truncated at the extremity. In the succeeding pairs (fig. 25), all these parts become, as stated above, more and more rudimentary, until at last (fig. 26) there is hardly more than a slight vestige of them left.

Of the internal organs, the intestine shows very distinctly through the integuments (se Pl. XII, fig. 4), its contents generally being of an orange colour. It sends out in front 2 short cæca (Pl. XIII, fig. 21, l), which each divide into 2 branches, each of which is in its turn slightly bi-lobed at the extremity. This is the commencement of the very voluminous and complicated liver found in the full-grown animal.

Pl. XI, fig. 5 represents a rather later stage. The body has now a length of about 4 mm. and is still semi-transparent, with a faint greenish tinge, and the yellowish-red intestine showing through. The carapace is now comparatively rather larger, though still somewhat flat, and the trunk has somewhat increased in length. In other respects this stage agrees very closely with the preceding one, and the 2nd pair of antennæ still officiate as swimming implements, though they are somewhat reduced in size, while the legs appear to be more developed.

I senere Stadier reduceres 2det Par Folere mere og mere og taber tilsidst sine Svømmeborster fuldstændigt, hvorved deres Betydning som Bevægeorganer er ophort. Bevægelsen overtages nu udelukkende af de mere fuldkomment udviklede Fødder. Halepladen begynder saa smaat at forlænge sig og faar flere Randtorne, men er endnu hos temmelig store Unger meget liden (se Tab. XIII, Fig. 28).

Levevis. — Nærværende Phyllopode synes ikke, som Tilfældet er med de fleste ovrige Former, at være udelukkende indskrænket til mindre Vandansamlinger, som ud paa Sommeren torrer ganske eller delvis ud. Jeg har tvertimod hidtil kun fundet den i temmelig store og dybe Vande, og har seet den paa Dybder af mindst 3—4 Favne. Som Regel holder den sig lige ved Bunden og svommer langs denne, altid med Ryggen opad. Men ikke saa sjelden tager den sig ogsaa Udflugter hoiere op i Vandet og vender herunder snart Ryg, snart Bug opad, eller dreier sig rundt paa forskjellig Vis. Svomningen tilveiebringes hos det voxne Dyr udelukkende ved Hjælp af Fodderne og foregaar med en ganske jevn og ikke meget hurtig Fart.

De grovt tandede Kindbakker og de stærke kloformige Enditer paa de forreste Par Fodder tyder paa, at Dyret hovedsagelig lever af Rov, rimeligvis for en stor Del af andre Entomostraceer. Jeg har ogsaa ikke sjeldent mellem Fødderne paa dem fundet Daphnier og forskjellige Copepoder (*Cyclops*, *Heterocope*). Efter Sigende skal den i visse Tilfælde ogsaa fortære Fiskerogn og derved blive skadelig for Fiskebestanden i de Vande, hvori den forekommer.

De allerfleste Individer, man træffer, er af Hunkjon, og det er forst efter et meget noie Eftersyn af talrige Exemplarer, at det er lykkets mig at finde frem nogle faa Hanner. Efter al Sandsynlighed er Hannernes Forekomst kun indskrænket til en ganske kort Periode, rimeligvis til Slutten af Sommeren.

Forekomst. — Selv har jeg her i Landet kun truffet den paa Filefjelds Hoideplateau, omkring Nystuen, dels i selve Nystuvandet eller i Udvidningen af den fra samme mod Vest udgaaende Elv, dels i et Fjeldvand, Vesleskartjernet kaldet, paa selve Nystufjeldets Ryg af en Hoide af circa 4000 Fod over Havet. I det sidstnævnte Vand, der er temmelig dybt, fandtes den i Slutningen af August 1887 i stor Mængde, og kunde fra Stranden af gjennem det krystalklare Vand sees overalt paa Bunden. Kun undtagelsesvis fandtes den saa nær Stranden og paa saa grundt Vand, at den kunde tages med en almindelig Haand-Haav, og min Fangst af den indskrænkede sig derfor ogsaa, forste Gang, jeg besogte dette Vand, kun til nogle faa Exemplarer.

In later stages the 2nd pair of antennæ become more and more reduced in size, and at last entirely lose their natatory bristles, whereby their importance as organs of motion ceases. The production of motion is now undertaken exclusively by the more fully developed legs. The caudal lamina commences slightly to lengthen, and acquires several marginal spines, but is still, even in rather large young ones, very small (see Pl. XIII, fig. 28).

Habits. — The present Phyllopod does not seem, as is the case with most of the other forms, to be exclusively confined to small pieces of water, which either quite or partially dry up towards the end of the summer. On the contrary, I have hitherto only found it in rather large and deep lakes, and have seen it at depths of at least 3 or 4 fathoms. As a rule, it keeps to the bottom, where it swims along, always with its back uppermost; but it not infrequently makes excursions higher up in the water, and during these, turns sometimes its back, sometimes its ventral surface uppermost, or twists about in various ways. The action of swimming in the full-grown animal is performed exclusively by the aid of the legs, and at a perfectly even, and not very rapid rate.

The coarsely dentated mandibles, and the strong, claw-like endites of the foremost pairs of legs indicate that this animal lives principally by preying on others, probably to a large extent on other Entomostraca. I have also not infrequently found between its legs Daphniæ and various Copepods (*Cyclops, Heterocope*). According to report, it has also, in certain cases, been known to consume fishspawn, and is thus detrimental to the stock of fish in the lakes where it occurs. .

The greater number of specimens met with are of the female sex, and it is only after a very careful examination of numerous specimens that I have succeeded in finding a few males. In all probability, the occurrence of the males is limited to quite a short period, probably until the end of the summer.

Occurrence. — In this country (Norway) I have personally only met with this form on the high plateau of the Filefjeld, about Nystuen, partly in Nystue Lake itself and the expansions of the river flowing out of it towards the west, and partly in a mountain tarn called Vesleskartjern, on the ridge of Nystue Mountain, and at a height of about 4000 feet above the sea. In the last-named lake which is rather deep, this species was found at the end of August, 1887, in great numbers, and could be seen from the shore, through the clear water, all over the bottom. Only in exceptional cases was it found so near the shore and in such shallow water, that it could be taken with an ordinary hand-net, so that my take of it, the first time I visited this lake,

Forst efterat jeg havde forsynet mig med en meget lang, 4—5 Alens Stang, til hvis Ende Haaven fastbandtes, kunde jeg fange den i storre Antal; men mange Exemplarer gik endnu saa dybt, at det var umuligt at naa i dem.

Foruden paa Filefjeld er den af nu afdøde Gartner Moe taget i Lom, og af Landskabsmaler Skari ved Kongsvold paa Dovrefjeld. I Finmarken er den derimod, saavidt mig bekjendt, aldrig bleven paatruffet, ligesaalidt som i Lavlandet Syd paa. Denne Phyllopode er snaledes hos os utvivlsomt en ægte «relict» Form, der kun i vore Høifjelde endnu har fundet de nødvendige Betingelser for sin Existence.

Udbredning. — Arten blev forst fundet i Grønland, hvor den synes at være meget almindelig. Senere er den ogsaa observeret i det arktiske Amerika, paa Spitsbergen, paa Novaja Semlja og i Sibirien. Den er saaledes en ægte arktisk Form, og i sin Udbredning circumpolar.

was limited to a very few specimens. It was only when I had provided myself with a very long rod — 8 or 10 feet long — to the end of which the net was attached, that I was able to capture them in larger numbers; and many of them were still in such deep water, that it was impossible to get at them.

Besides being found on the Filefjeld, it was found by the late florist, Moe, in the Lom, and by landscape-painter Skari at Kongsvold on the Dovre Mountains. On the other hand, it has never, to my knowledge, been met with in Finmark, nor yet in the south lowlands. This Phyllopod is thus in this country (Norway) a true «relict» form, which has found only on our mountains the conditions necessary for its existence.

Distribution. — The species was first found in Greenland, where it seems to be very common. It has since been observed in arctic America, on Spitzbergen, Novaia Zemlia, and in Siberia. It is thus a true arctic form, and circumpolar in its distribution.

Sectio III. Conchostraca.

Syn: Phyllopoda conchiformia.

Characteristik. — Legemet omgivet af en stor, tveklappet Skal af chitinos Structur og fæstet til samme ved et smalt dorsalt Ligament. Valvlerne bevægelige ved Hjælp af en stærk Lukkemuskel og forbundne dorsalt med hinanden uden nogen egentlig Laas. Hovedet bevægeligt og vel sondret fra Kroppen, gaaende ud i et mere eller mindre fremragende sammentrykt Rostrum. Kroppen ensformigt segmenteret og endende med en kort, mere eller mindre omboiet Haledel, sædvanligvis forsynet i Enden med 2 stærke bevægelige Klor og bærende dorsalt 2 jevnsides stillede Borster. De sammensatte Øine nær sammen, undertiden sammensmeltede, og beliggende i det indre af Hovedet. Det enkle Øie vel udviklet. Begge Par Folere tilstede, 1ste Par forholdsvis sman, enkle; 2det Par omdannede til kraftige, tvegrenede Svømmeorganer. Munddelene nærmest lignende dem hos Gruppen *Anostraca.* Fodderne af uniform Bygning, pladeformige, fligede, med tydeligt udviklet Coxallap og med Exopoditen delt i en dorsal og en ventral Lap; det 1ste eller de

Section III. Conchostraca.

Syn: Phyllopoda conchiformia.

Characters. — Body surrounded by a large bivalved shell of chitinous structure, to which it is attached by a narrow dorsal ligament. Valves movable by the aid of a strong adductor muscle, and connected dorsally with one another without having a true hinge. Head movable and well-defined from the trunk, terminating in a more or less prominent, compressed rostrum. Trunk uniformly segmented, ending in a short, more or less deflexed caudal part, generally provided at the extremity with two strong, movable claws, and bearing dorsally 2 juxtaposed bristles. Compound eyes close together, sometimes merged into one another, and situated in the interior of the head. Ocellus well developed. Both pairs of antennæ present, 1st pair comparatively small, simple; 2nd pair transformed into powerful, bi-ramous natatory organs. Oral parts most nearly resembling those in the *Anostraca* group. Legs of uniform structure, lamellar, lobate, with distinctly developed coxal lobe, and with the exopodite divided into a dorsal and a ventral lobe;

2 forreste Par hos Hannen omdannede til Gribe-redskaber. Æggene meget smaa, bæres sammen-hobede ind under den dorsale Del af Skallen. Ud-viklingen, naar undtages Slægten *Cyclestheria*, en compliceret Metamorphose, begyndende med et Nau-plius-Stadium.

Bemærkninger. — Denne Gruppe af Phyllopoder udskiller sig fra de 2 foregaaende ved en Række af vel udprægede Characterer og danner paa en Maade Overgangen til *Cladocererne*. Som den mest ioine-faldende Character maa fremhæves den store tve-klappede Skal, hvori Legemet fuldstændigt kan ind-drages, og som ofte viser en skuffende Lighed med Skallen hos visse bivalve Mollusker. Ogsaa 2det Par Føleres Bygning hos det voxne Dyr er væsent-lig forskjellig, idet de her, som hos Larverne af hine, danner et Par kraftige, tvegrenede Aarer, hvormed Dyret ror sig frem igjennem Vandet. Gruppen indeholder for Tiden 2 distincte Familier, nemlig *Limnadiidæ* og *Limnetidæ*, som begge er re-præsenterede i Norges Fauna.

the 1st pair or the first 2 pairs in the male trans-formed into prehensile implements. Ova very small, carried crowded together beneath the dorsal part of the shell. Development, except in the case of the genus *Cyclestheria*, a complicated metamorphosis, commencing with a nauplius stadium.

Remarks. — This group of Phyllopoda is dis-tinguished from the 2 preceding groups by a number of well-marked characters, and in a manner forms the transition to the *Cladocera*. As its most con-spicuous character must be noted the large bi-valved shell, into which the body can be completely with-drawn, and which often shows a striking resem-blance to the shell in certain bi-valve Mollusca. The structure of the second pair of antennæ in the full-grown animal is also essentially different, forming here, as in the larvæ of other Phyllopods, a pair of powerful, bi-ramous oars, with which the animal propels itself through the water. This group contains at present 2 distinct families, viz., *Limna-diidæ* and *Limnetidæ*, both of which are represented in the fauna of Norway.

Fam. 1. Limnadiidæ.

Characteristik. — Skallen ialmindelighed sam-mentrykt og forsynet hos voxne Individer med et vexlende Antal af Væxtstriber. Hovedet af middels Størrelse og kun lidet forskjelligt hos de 2 Kjøn. Kroppen forlænget og meget bevægelig, Haledelen vel udviklet, omboiet, dannende bagtil 2 jevnsides stillede tandede Plader, og endende med 2 bevæge-lige Klør. Første Par Følere mere eller mindre forlængede, og sædvanligvis lappede i den ene Kant; 2det Par med Grenene slanke og betydelig længere end Skaftet. Kindbakkernes Tyggeflade uden tyde-lige Tænder. Fødderne talrige, fra 16 til 28 Par, med forholdsvis korte Enditer; den dorsale Lap af Exopoditen forlænget hos Hunnen paa 2 eller 3 af de midterste Par til traadformige Vedhæng, stot-tende Ægmassen.

Bemærkninger. — Denne Familie er hovedsage-ligt characteriseret ved Skallens Form og Structur, det betydelige Antal Fødder og Haledelens tydelige Udvikling. Den indeholder for Tiden 4 Slægter, nemlig *Limnadia* Brogniart, *Eulimadia* Packard, *Estheria* Rüppel og *Cyclestheria* G. O. Sars. Hos os er blot den første af disse Slægter repræsenteret.

Fam. 1. Limnadiidæ.

Characters. — Shell generally compressed and furnished in the full-grown animal with a varying number of lines of growth. Head of medium size, and only slightly different in the 2 sexes. Trunk elongated and very movable; caudal part well de-veloped, curved downwards, forming posteriorly 2 juxtaposed dentated lamellæ, and terminating in 2 movable claws. First pair of antennæ more or less elongated, and generally lobed in one margin; second pair with slender rami, considerably longer than the scape. Masticatory part of the mandibles without distinct teeth. Legs numerous — from 16 to 28 pairs — with comparatively short endites; dorsal lobe of exopodite in the female elongated, in 2 or 3 of the middle pairs, into filiform appendages, supporting the egg-mass.

Remarks. — This family is principally charac-terised by the form and structure of the shell, the large number of legs, and the conspicuous develop-ment of the caudal part. It contains at present 4 genera, viz. *Limnadia*, Brogniart, *Eulimadia*, Packard, *Estheria*, Rüppel, and *Cyclestheria*, G. O. Sars. Only the first of these is represented in Norway.

Gen. **Limnadia,** Brogniart, 1820.

Slægtscharacteristik. — Skallen stærkt sammentrykt, meget tynd, glat, uden tydelige Umboner, men hos det voxne Dyr med talrige Væxtstriber. Hovedet forholdsvis lidet og forsynet med et stilket dorsalt Fastheftningsorgan, Pandedelen konisk fremspringende og sondret fra Rostrum ved en vinkelformig Indbugtning. Foddernes Antal omkring 24 Par, den dorsale Lap af Exopoditen kun lidet fremragende; Epipoditen forholdsvis liden. Halepladerne udtrukne nedentil i et tilspidset, ikke kloformigt Hjørne og fint tandede bagtil. De sammensatte Øine tydeligt adskilte, skjøndt tæt sammenstillede; det enkle Øie triangulært. Første Par Følere forholdsvis korte, men tydeligt lappede i sin ydre Del; 2det Par med den indre Gren længere end den ydre, begge delte i talrige skiveformige Led, besatte i den indre Kant med lange Svømmeborster, i den ydre med korte Pigge. Æggene meget smaa, omgivne af en turbinformet Skal. Forplantningen udelukkende parthenogenetisk. Udviklingen en complet Metamorphose.

Bemærkninger. — Slægten *Limnadia* blev først opstillet af Brogniart allerede i 1820, medens Slægten *Estheria* daterer sig fra en langt senere Tid, hvorfor ogsaa Familien bør benævnes efter den første og ikke, som det ofte er skeet, efter den sidste Slægt. Fra Slægten *Estheria* er nærværende Slægt let kjendelig ved den stærkere sammentrykte og tyndere Skal, paa hvilken ingen tydelige Umboner findes, ved Hovedets meget forskjellige Form, tildels ogsaa ved 1ste Par Føleres, Foddernes og Halepladernes Structur. Meget nærmere staar den Slægten *Eulimadia* Packard, og den eneste mere væsentlige Forskjel synes at være, at Arterne af denne sidste Slægt er, ligesom de af Sl. *Estheria*, bisexuelle, medens Hanner af Sl. *Limnadia* endnu ikke, trods de omhyggeligste Efterforskninger, er forefundne og rimeligvis heller ikke existerer. Man kjender hidtil med Sikkerhed kun 2 Arter af denne Slægt, en europæisk og en amerikansk, *L. americana* Morse. De øvrige til denne Slægt henregnede Arter synes alle at henhøre til den nærstaaende Slægt, *Eulimadia*.

Limnadia lenticularis (Lin.)
(Pl. XIV—XVII).

Monoculus lenticularis, Linné, Fauna Svecica, Edit. 2da, p. 499.

Daphnia gigas, Herman, Mém. apterol. p. 134, Pl. V, fig. 4, 5, Pl. IX, fig. a.

Limnadia Hermanni, Brogniart, Mém. du Mus. d'hist. nat., Tome VI, p. 84, Pl. 13.

Limnadia gigas, Grube, Archiv f. Naturgeschichte, 19 Jahrg., Bd. 1, p. 164.

Artscharacteristik. — Skallen, seet fra Siden, bredt oval, med den største Høide foran Midten,

---

Gen. **Limnadia,** Brogniart, 1820.

Generic Characters. — Shell greatly compressed, very thin, smooth, without distinct umbones, but with numerous lines of growth in the full-grown animal. Head comparatively small and furnished with a stalked dorsal affixing organ; frontal part conically projecting, and defined from the rostrum by an angular sinus. Number of feet, about 24 pairs; dorsal lobe of the exopodite only slightly projecting; epipodite comparatively small. Caudal lamellæ drawn out below to a sharp, not clawlike angle, and finely dentated posteriorly. Compound eyes quite distinct from one another, though placed close together: ocellus triangular. First pair of antennæ comparatively short, but distinctly lobed in their distal portion; 2nd pair with the inner ramus longer than the outer, and both divided into numerous laminar joints, clothed on the inner edge with long natatory bristles, on the outer with short spines. Ova very small, surrounded by a turbinate shell. Propagation exclusively parthenogenetic. Development a complete metamorphosis.

Remarks. — The genus *Limnadia* was first established by Brogniart as early as 1820, while the genus *Estheria* dates from a much later time. The family ought therefore to be named after the first genus, and not, as is so often done, after the last. The present genus is easily distinguishable from *Estheria* by the greater compression and thinness of its shell, on which no distinct umbones are to be found; by the very different form of the head; and to some extent by the structure of the 1st pair of antennæ, the legs, and the caudal lamellæ. The genus *Eulimadia*, Packard, is far more closely allied, and the only essential difference seems to be that the species of this last genus, like those of the genus *Estheria*, are bi-sexual, while males of the genus *Limnadia*, in spite of the most careful investigations, have not yet been found, and probably do not exist. Only two species of this genus are as yet known, one European and one American, *L. americana,* Morse. The other species referred to this genus would seem all to belong to the nearly-allied genus, *Eulimadia*.

Limnadia lenticularis (Lin.)
(Pl. XIV—XVII).

Monoculus lenticularis, Linnæus, Fauna Svecica, Edit. 2da, p. 499.

Daphnia gigas, Herman, Mém. apterol. p. 134, Pl. V, figs. 4, 5; Pl. IX, fig. a.

Limnadia Hermanni, Brogniart, Mém. du Mus. d'hist. nat. Tome VI, p. 84, Pl. 13.

Limnadia gigas, Grube, Archiv f. Naturgeschichte, 19de Jahrg. Bd. 1, p. 164.

Specific Characters. — Shell, seen from the side, broadly oval, with the greatest height in front

Rygkanten hos fuldvoxne Individer stærkt buet i sin forreste Del. Bugkanten jevnt convex, Forenden meget kort, afstumpet, Bagenden noget uddraget og smalt tilrundet, med en tydelig Vinkel oventil —: seet ovenfra smalt tenformig, bredest foran Midten. Væxtstriberne ikke meget skarpt markerede, og vexlende efter Alderen indtil 15 paa hver Side. Hovedet næsten af triangulær Form, med Pandedelen smalt konisk og skilt fra det triangulære Rostrum ved et dybt vinklet Indsnit. Føddernes Antal hos fuldvoxne Individer 24 Par, 9—11te Par med Exopoditens dorsale Lap traadformigt forlænget. Halepladerne hver med 10—16 smaa Tagger ovenfor det tornformigt udtrukne nedre Hjørne; Haleklørne fint tandede langs den concave Kant og besatte med fine Børster i den basale Del. Farven mere eller mindre tydelig olivengrøn, Fødderne ialmindelighed lyst gulrøde. Længden af Skallen indtil 17 mm.

Bemærkninger. — Allerede Herman har ytret den Formodning, at det af ham som *Daphnia gigas* beskrevne Dyr maaske kunde være identisk med Linné's *Monoculus lenticularis*, og ogsaa Grube [1]) synes at være af samme Mening. De senere af Prof. Lilljeborg [2]) anførte Data synes endmere at bekræfte Rigtigheden af denne Anskuelse, og det forekommer mig derfor nu at være fuldt berettiget at optage igjen den Linnéiske Artsbetegnelse, *lenticularis*, saameget mere som den er noksaa betegnende. Det Navn, hvorunder nærværende Form af de fleste Forfattere, ogsaa af Prof. Lilljeborg, er opført, er *Limnadia gigas*.

Beskrivelse.

Hos de største af mig observerede Exemplarer har Skallen en Længde af 12 mm. og en Høide af 9 mm. Prof. Lilljeborg har fundet den at kunne naa en Længde af indtil 17 mm. og en Høide af nær 13 mm. Men en saadan Størrelse synes dog at maatte ansees som exceptionel.

Skallen, der fuldstændigt omslutter Dyret, saa at kun den forreste Del af Hovedet med Aarerne og Halen kan strækkes udenfor samme, er stærkt sammentrykt fra Siderne og temmelig tynd og gjennemsigtig, hvorfor Legemet sees meget tydeligt igjennem samme (se Tab. XI, Fig. 1). Den bestaar af 2 symetriske Halvdele eller Valvler, der langs Dorsalsiden støder sammen under en spids Vinkel og her er fast forbundne med hinanden, uden nogen virkelig Laas. Da imidlertid Skallen er meget elastisk, er Valvlerne til en vis Grad bevægelige

of the middle; dorsal margin, in full-grown specimens, much arched in the foremost part; ventral margin evenly curved, anterior extremity very short and blunt, posterior end rather elongated and narrowly rounded, with a well-marked angle above —: seen from above narrowly fusiform, with the greatest breadth in front of the middle. Lines of growth not very clearly marked, varying according to age up to 15 on each side. Head almost triangular, with the frontal part narrowly conical and separated from the triangular rostrum by a deep angular notch. The number of legs in full-grown specimens 24 pairs, the 9th to the 11th pairs having the dorsal lobe of the exopodites elongated in the form of filaments. Caudal lamellæ each with from 10 to 16 small denticles above the spine-like, elongated lower corner; caudal claws finely dentated along their concave edge, and the basal part clothed with fine bristles. Colour more or less distinctly olivegreen, legs generally light yellowish red. Length of shell up to 17 mm.

Remarks. — Herman has already surmised that the animal described by him as *Daphnia gigas* may perhaps be identical with Linnæus's *Monoculus lenticularis*, and Grube [1]) seems to be of the same opinion. The data subsequently furnished by Prof. Lilljeborg [2]) seem still further to confirm the correctness of this view, and I therefore feel fully justified in adopting again the Linnean specific designation, *lenticularis*, the more so as it is fairly characteristic. The name by which the present form is specified by most authors, Prof. Lilljeborg included, is *Limnadia gigas*.

Description.

In the largest specimens examined by me, the shell has a length of 12 mm. and a height of 9 mm. Prof. Lilljeborg has found it attaining a length of 17 mm., and a height of nearly 13 mm.; but such a size must probably be considered exceptional.

The shell, which completely envelopes the animal, so that only the anterior part of the head, with the oars and the tail can be extended from it, is greatly compressed, and rather thin and transparent, so that the body is distinctly seen through it (see Pl. XIV, fig. 1). It consists of 2 symmetrical halves or valves which meet at an acute angle along the dorsal side, and are there firmly united to one another, without any true hinge. As, however, the shell is very elastic, the valves are movable to a certain extent, and can be opened a little,

[1]) Ueber die Gattungen *Estheria* und *Limnadia*, p. 68.
[2]) Øfversigt af Kgl. Vet. Akad. Forhandl. 1871, p. 824.

[1]) Ueber die Gattungen *Estheria* und *Limnadia*, p. 68.
[2]) Øfversigt af Kgl. Vet. Akad. Forhandl. 1871, p. 824.

og kan aabnes noget eller lukkes efter Dyrets Behag. I sidstnævnte Tilfælde slutter deres frie Kanter tæt mod hinanden, saa at Dyret er hermetisk indesluttet i Skallens Cavitet. Skallen er fæstet til Legemet oventil ved et temmelig smalt Ligament og noget nedenfor dette til hver Side ved den stærke Lukkemuskel, hvis Insertion til Indersiden af hver Valvel viser sig som et vel begrændset rundagtig Felt i dennes forreste Del. Umiddelbart bag dette Felt sees Skalkjertelen strækkende sig paaskraat bagover hver Valvel. Seet fra Siden (Fig. 1) viser Skallen hos fuldt udvoxede Exemplarer en noget uregelmæssig, bredt oval Form, med den storste Hoide, der sædvanligvis overstiger ³/₄ af Længden, beliggende foran Midten. Dorsalkanten er hos ældre Exemplarer meget stærkt buet i sin forreste Del og begrændset fortil ved en temmelig utydelig stumpvinklet Afsats, bagtil ved et noget stærkere fremtrædende Hjorne. Nedenfor disse Hjorner begynder Valvlernes frie Kanter, og disse danner i hele sin Længde en uafbrudt og fuldkommen jevn Bue. Forenden af Skallen er meget kort og afstumpet, medens Bagenden er noget uddraget og smalt tilrundet. Paa Siderne af Skallen sees et Antal meget fine concentriske Linier, de saakaldte Væxtstriber. Deres Antal er varierende efter Alderen. Hos de storste af mig observerede Individer har jeg talt 11 saadanne Striber paa hver Valvel; men Prof. Lilljeborg har paa ualmindelig store Exemplarer fundet indtil 15 Par Væxtstriber. Alle disse Striber convergerer mod det forreste Hjorne af Skallen, og ligger følgelig her tæt sammen, hvorimod de bagtil ender i forskjellig Hoide langs Dorsalkanten af Skallen. De yderste Linier, som ialmindelighed er tætteres, lober nogenlunde parallelt med Valvlernes frie Kanter; ved den inderste Linie begrændses oventil et ovalt Felt, hvor Skallen har sin storste Brede, og indenfor hvilket Insertionsarcsen for Skallens Lukkemuskel og Skalkjertelen har sin Plads. Seet ovenfra (Fig. 2) eller nedenfra (Fig. 3) viser Skallen en meget smal, noget tendannet Form, med den storste Brede, der er betydelig mindre end ¹/₃ af Længden, foran Midten.

* Hvad Skallens finere Bygning angaar, saa viser den en fuldkommen glat og glindsende Overflade, uden Spor af nogen ydre Skulptur. Den er imidlertid, ligesom Rygskjoldet hos *Lepidurus*, sammensat af 2 væsentlig forskjellige Dele, en ydre, tilsyneladende af flere Lag bestaaende chitinos Skikt, og en indre membranos Beklædning, der danner en Fortsættelse af Legemets Integument. Begge disse Skikter er forbundne med hinanden ved talrige Tværbjælker, der delvis sees udvendigt som uregelmæssige opake Smaapletter, og mellem hvilke der

or shut according to the pleasure of the animal. In the latter case, their free edges fit closely together, so that the animal is hermetically enclosed in the shell's cavity. The shell is attached to the body above by a rather narrow ligament, and a little below this, to each side, by the strong adductor muscle, whose insertion on the interior surface of each valve appears as a well-defined circular area in the foremost part of the valve. Immediately behind this area, the shell-gland is seen extending obliquely backwards over each valve. Seen from the side (fig. 1), the shell, in fully-grown specimens, exhibits a rather irregular, broadly oval form, with its greatest height, which generally exceeds ³/₄ of its length, in front of the middle. The dorsal margin in older animals is very much curved in its foremost part, and bounded in front by a somewhat indistinct, obtuse angled projection, behind, by a rather more sharply projecting angle. Below these angles begin the free edges of the valves, and these form throughout their length an uninterrupted and perfectly even curve. The anterior end of the shell is very short and blunt, while the other end is rather drawn out, and narrowly rounded. On the sides of the shell, a number of very fine concentric lines are visible, the so-called lines of growth. Their number varies according to age. In the largest specimens examined by me, I have counted 11 such lines on each valve; but Prof. Lilljeborg has found as many as 15 pairs of lines of growth on unusually large specimens. All these lines converge towards the anterior corner of the shell, and consequently lie close together there; while at the back they end at different heights along the dorsal edge of the shell. The outermost lines, which are generally closer, run to a certain extent parallel with the free edges of the valves. The intermost line bounds, above, an oval field where the greatest breadth of the shell occurs, and within which the area of insertion of the shell's adductor muscle, and the shell-gland are situated. Seen from above (fig. 2) or from below (fig. 3), the shell exhibits a very narrow, somewhat fusiform shape, with the greatest breadth, which is considerably less than ¹/₃ of the length, in front of the middle.

As regards its more delicate structure, the shell presents a perfectly smooth and shining surface, without a trace of any external sculpturing. It is, however, like the carapace in *Lepidurus*, composed of two essentially different parts, an exterior chitinous coating apparently consisting of several layers, and an internal membranous lining, forming a continuation of the integument of the body. Both these strata are connected with one another by numerous crossbars, which are partially visible externally as small, irregular, opaque spots, and between which

er et compliceret System af Hulrum, hvori Blodet circulerer. Mellem disse Skikter af Skallen er ogsaa Skalkjertelen beliggende. Denne sidste viser sig ved nærmere Undersøgelse (se Tab. XV, Fig. 14) at bestaa af en flere Gange slyngeformigt bugtet Kanal, der fortil delvis omgiver Insertionsareaen for Skallens Lukkemuskel, men hvis Hoveddel ligger umiddelbart bag samme. Kanalens Udgangspunkt synes at ligge lige over den sidstnævnte Area og omtrent paa samme Sted ogsaa dens Ende; men nogen skarp Begrændsning mellem begge har jeg dog ikke kunnet paavise, og det er muligt, at der her er en direkte Kommunikation, saa at Kanalen i Virkeligheden danner et i sig selv tilbagegaaende Rør. Bag Muskelareaen danner Kanalen 3 ind i hverandre liggende tungeformige Slynger, der, om man forfølger Kanalen fra dens tilsyneladende Udgangspunkt, følger paa hinanden i en saadan Orden, at den midterste Slynge er den først dannede, den yderste den 2den, og den inderste den 3die. Den midterste og yderste Slynge er forbundet ved en smalt udløbende, tungeformig Omboining, der strækker sig dorsalt forover. og ender lige over Kanalens Udgangspunkt. Den yderste og inderste Slynge gaar over i hinanden ved en lignende, men bredere Omboining, der ligger mere ventralt, lige nedenunder Muskelareaen, og her krydser den forreste Del af Kanalen. Overalt viser Kanalens Kontnrer sig uregelmæssigt takkede, og i dens Vægge sees spredte Cellekjerner, givende den et glandulost Udseende.

Det i Skallen indesluttede Dyr (se Tab. XV, Fig. 1) indtager en forholdsvis liden Del af Skalcaviteten, hvori det er frit suspenderet, kun fæstet helt fortil ved det ovenomtalte dorsale Ligament og ved Skallens Lukkemuskel. Saavel den foran som bagenfor liggende Del af Legemet er derfor frit bevægelig, og flere Muskler sees ogsaa at passere fra det dorsale Ligament saavel fortil som bagtil. Legemet lader sig naturligt dele i 2 Hovedafsnit, der med hinanden danner en større eller mindre Vinkel, og hvis Begrændsning antydes ved det dorsale Ligament og Lukkemuskelen. Det foran disse Dele liggende Afsnit er meget mindre end det bagenfor liggende og kan igjen deles i 2 underordnede Afsnit, begrændsede fra hinanden oventil ved en dyb Indbugtning. Den forreste Del er det egentlige Hoved, den bagerste det saakaldte Nakkesegment. Det bagenfor det dorsale Ligament og Lukkemuskelen liggende, særdeles bevægelige Afsnit lader sig ligeledes dele i 2, den egentlige Krop (truncus) og Haledelen, hvoraf den forste er af meget betydelig Størrelse, den anden ganske kort.

Af ydre Vedhæng bærer Hovedet de 2 Par Følere og fortsætter sig bagtil paa Undersiden i Overlæben.

there is a complicated system of cavities in which the blood circulates. Between these strata of the shell, the shell-gland is also situated. This last proves, on a close examination (see Pl. XV, fig. 14) to consist of a twisted channel curled up in several windings, which in front partially surround the area of insertion of the shell's adductor muscle, but of which the greater number lie immediately behind it. The point of issue of the channel appears to lie just over the above-mentioned area, and its end also at about the same place; but I have not been able to make out any sharp boundary between the two, and it is possible that there is here a direct communication, so that the channel forms in reality a tube running back into itself. Behind the muscular area, the channel forms 3 linguiform coils lying within one another, which, if the course of the channel be traced from its apparent origin, so follow one another, that the middle coil is the first formed, the outermost one, the second, and the innermost, the third. The middle and outermost coils are connected by a narrowly projecting, lingular fold, which extends forwards dorsally, and ends just above the starting-point of the channel. The outermost and innermost coils run into one another with a similar, but broader fold, which is more ventral in position, just below the muscular area, and here crosses the front part of the channel. The outline of the channel is throughout irregularly jagged, and scattered cell-nuclei are visible in its walls, giving it a glandular appearance.

The enclosed animal (see Pl. XV, fig. 1) occupies a comparatively small portion of the cavity of the shell, within which it is freely suspended, being attached only at the very front by the before-mentioned dorsal ligament and by the adductor muscle of the shell. Both the anteriorly and the posteriorly situated part of the body can therefore be freely moved, and several muscles may be seen passing from the dorsal ligament both backwards and forwards. The body permits of being naturally divided into two principal sections, which form more or less of an angle with one another, and whose limits are indicated by the dorsal ligament and the adductor muscle. The section situated in front of these parts is much smaller than that lying behind, and can be again divided into 2 sub-sections, separated from one another above by a deep hollow. The fore part is the head proper, the back part, the so-called cervical segment. The extremely mobile section situated behind the dorsal ligament and the adductor muscle, is also capable of being divided into two, — the body proper (trunk) and the caudal part, the first of these being of very considerable size, the second, quite short.

Of the external appendages, the head carries the 2 pairs of antennæ, and is continued backwards

Paa Grændsen mellem Hovedet og Nakkesegmentet ligger de 2 kraftige Kindbakker og tæt bag dem paa Bugsiden de 2 Par Kjæver. Truncus bærer 22—24 Par Branchialfødder og er delt i et tilsvarende Antal meget uniforme Segmenter. Halcdelen er uden egentlige Lemmer, men bærer paa Spidsen 2 stærke, bevægelige Klor og dorsalt 2 smaa jevnsidesstillede Borster.

Jeg gaar nu over til at beskrive ethvert af disse Afsnit noget noiere.

Hovedet (se Tab. XV, Fig. 2, 3, 4) er forholdsvis af ringe Storrelse og, seet fra Siden (Fig. 2), af uregelmæssig triangular Form. Dets dorsale Flade er jevnt convex og bærer i Midten et eiendommeligt stilket, noget kolleformigt Appendix (af), som ialmindelighed er tydet som et Fastheftningsredskab. Pandedelen er stærkt fremspringende, næsten koniskt udtrukket, og ender i en stump Spids, indenfor hvilken de sammensatte Øine har sin Plads. Nedenfor Pandedelen har Hovedet en dyb vinkelformig Indbugtning, hvorved Pandedelen meget skarpt søndres fra det triangulært fremspringende Rostrum. Dette sidste er noget trekantet i Gjennemsnit, idet det oventil har en tilskjærpet Kant, medens det nedentil er svagt indhulet langs adMidten. Bunden af Indhulingen viser sig, naar Hovedet sees fra Siden, som en buet Linie, der strækker sig fra Spidsen af Rostrum bagover mod Basis af Overlæben. Seet ovenfra (Fig. 3) eller nedenfra (Fig. 4), viser Hovedet sig temmelig bredt bagtil, men afsmalnes hurtigt fortil mod den smalt tilrundede Pandedel.

Nakkesegmentet er oventil søndret fra Hovedet ved en meget distinct og temmelig dyb Indbugtning, i hvis Bund der lader sig paavise en tydelig tværgaaende Sutur (se Fig. 3), der ender til hver Side med et lidet stærkt chitiniseret Fremspring, hvortil Kindbakkernes ovre Ende er articuleret. Den dorsale Del af Segmentet er stærkt hvælvet og næsten af samme Længde som Hovedet, hvorimod den ventrale Del er meget kort og kun indskrænket til Mellemrummet mellem Kindbakkerne og Skallens Lukkemuskel.

Den egentlige Krop (truncus) (se Fig. 1) er over dobbelt saa lang som de 2 foregaaende Afsnit tilsammen og næsten cylindrisk af Form, eller kun ganske svagt afsmalnende bagtil. Den er delt i en Række meget uniforme Segmenter, hvert bærende et Par Branchialfødder. Antallet af Segmenter er hos fuldvoxne Individer, i Overensstemmelse med Branchialfoddernes Tal, 22—24, hvoraf dog det bagerste sædvanligvis er ufuldkommen søndret. Alle Segmenter, med Undtagelse af de allerforreste, har oventil et Knippe af bagudkrummede Borster, mest udviklede paa de bagerste Segmenter. Nogen tyde-

on the under side in the form of the labrum. On the boundary between the head and the cervical segment lie the 2 powerful mandibles, and immediately behind them on the ventral side, the 2 pairs of maxillæ. The trunk carries from 22 to 24 pairs of branchial legs, and is divided into a corresponding number of very uniform segments. The caudal section is without any true limbs, but carries at the extremity 2 strong, movable claws, and dorsally 2 small, juxtaposed bristles.

I will now pass on to describe each of these sections more fully.

The head (see Pl. XV, figs. 2, 3, 4) is of comparatively small size, and, seen from the side (fig. 2), of an irregular, triangular shape. Its dorsal surface is evenly convex, and carries in the middle a peculiar, stalked, somewhat club-shaped appendage (af) which is usually interpreted as an organ of attachment. The frontal part is very prominent, almost conically drawn out, and ending in a blunt point, within which the compound eyes are situated. Below the frontal part, the head has a deep angular indentation, whereby the frontal part is very sharply divided from the triangularly projecting rostrum. The latter is somewhat triangular in section, having above a sharp edge, while below it is slightly hollowed out along the middle. The bottom of the groove appears, when the head is seen from the side, like a curved line extending from the point of the rostrum backwards towards the base of the labrum. Seen from above (fig. 3) or from below (fig. 4), the head looks rather broad at the back, but tapers rapidly in front towards the narrowly rounded frontal part.

The cervical segment is separated above from the head by a very distinct and rather deep hollow, at the bottom of which may be traced a distinct transverse suture (see fig. 3) ending at each side in a highly chitinised process, to which the upper ends of the mandibles are articulated. The dorsal part of the segment is considerably vaulted, and of almost the same length as the head, the ventral part, on the other hand, being very short, and confined only to the space between the mandibles and the adductor muscle of the shell.

The body proper (trunk) (see fig. 1) is more than twice as long as the 2 preceding sections together, and almost cylindrical in shape, or only very slightly tapering behind. It is divided into a series of very uniform segments, each bearing a pair of branchial legs. The number of segments in full-grown individuals corresponds with the number of branchial legs, viz from 22 to 24, of which, however, the hindmost is generally imperfectly defined. All the segments, with the exception of the very foremost ones, have a bunch of backward-curved bristles above, those on the hindmost seg-

lig udpræget Sondring af Midtkrop og Bagkrop findes ikke. Men, i Lighed med hvad vi har gjort med *Lepidurus*, lader sig maaske Grændsen mellem begge sætte ved det 11te Segment, der bærer det bagerste af de 3 Par Branchialfødder, hvis Exopoditer er omformede til Fæste for Ægmassen, og hvor ogsaa Kjønsaabningerne har sin Plads.

Haledelen (se Tab. XVI, Fig. 7) er ganske kort, usegmenteret, og omboiet mod Bugsiden. Den er i sin forreste Del temmelig tyk, men udvides bagtil mod Enden til 2 tynde, jevnsidesliggende Plader, der hver nedad springer frem i Form af en tornformig Fortsats. Ovenfor denne Fortsats er Randen af hver Plade delt i et noget vekslende Antal (fra 8 til 15) smaa tandformige Fremspring cilierede i Kanterne. Hvor Pladerne ophorer oventil, er der i Midten en liden Knude, hvorpaa er fæstet 2 fint cilierede 2-leddede Borster (Haleborsterne), og ovenfor dem igjen er den stærkt convexe, næsten hælformig fremspringende Rygflade af Halen bevæbnet med omkring 6 stærke bagudhoiede Torne, fint tandede i Kanterne, og ordnede i 2 uregelmæssige Rader (se ogsaa Fig. 7, bis). Til den afstumpede Ende af Haledelen er bevægeligt indleddede 2 særdeles lange og stærke, men kun ganske svagt boiede Klor (Haleklorne), der morphologiskt synes at svare til Haletraadene hos *Apodiderne* og den saakaldte Furca hos *Branchipodider* og *Phyllocarider*. De afsmalnes gradvis med Enden, som gaar ud i en fin Spids, og har langs den bagre, noget concave Side talrige smaa Tagger samt desuden i sin basale Del et Antal af fine Borster.

De sammensatte Øine (se Tab. XV, Fig. 2, 3, 4, o) har, som ovenfor nævnt, sin Plads i det indre af den koniskt fremspringende Pandedel, hvis stumpt tilrundede Ende de næsten fuldstændigt udfylder. De ligger meget nær sammen og støder endog hos fuldvoxne Individer umiddelbart til hinanden i Midtlinien (se Fig. 3, 4). Seet fra Siden (Fig. 2) har hvert Øie en fuldstændig cirkelrund Form, hvorimod de, ovenfra eller nedenfra seet, viser sig paatværs ovale. Begge Øine er (se Tab. XVI, Fig. 10, o) omgivne af en fælles tynd og gjennemsigtig Membran og bestaar af et meget betydeligt Antal af Synselementer, hvis ydre Del, som sædvanlig, bær Formen af stærkt lysbrydende korte Kegler indplantede med sin Spids i det morke Øiepigment. Dette sidste har en noget lysere overfladisk Skikt, hvorfor Krystalkeglerne indenfor Kanterne af Øiet tager sig ved paafaldende Lys ud som tæt sammen liggende regelmæssige morke Pletter, medens de i Peripherien danner en klar Bræm, eller Indfatning om Øiet. Øinene er til en vis Grad bevægelige, idet de dels kan trækkes noget tilbage i Hovedet, dels noget

ments being the most highly developed. There is no distinctly-marked division of the mesosome and metasome; but as in *Lepidurus*, we may perhaps place the boundary between the two, at the 11th segment, which carries the hindmost of the 3 pairs of branchial legs whose exopodites are transformed to support the egg-mass, and where, too, the genital openings are situated.

The caudal part (see Pl. XVI, fig. 7) is quite short, unsegmented and curved towards the ventral surface. In its anterior part it is rather thick, but expands posteriorly towards the extremity into 2 thin, juxtaposed lamellæ, each of which projects below in the form of a spiniform prominence. Above this prominence, the margin is divided into a somewhat varying number (from 8 to 15) of small dentiform projections with ciliated margins. Where the lamellæ end above, there is, in the middle, a little tubercle, to which are attached 2 finely-ciliated, 2-jointed bristles (caudal bristles), and above them again is the highly convex, almost heel-like, projecting dorsal surface of the tail, armed with about 6 strong, backward-curved spines, finely dentated at the edges, and arranged in 2 irregular rows (see also fig. 7, bis). To the blunt end of the caudal part, 2 particularly long and strong, but only very slightly curved claws (caudal claws) are movably articulated; they seem, morphologically, to correspond to the caudal filaments in the *Apodidæ*, and the so-called furca in the *Branchipodidæ* and *Phyllocaridæ*. They taper gradually towards the extremity, which is very finely pointed, and along their posterior, somewhat concave side they are clothed with numerous small teeth, and moreover in their basal part with a number of fine bristles.

The compound eyes (see Pl. XV, figs. 2, 3, 4, o) are situated, as already mentioned, inside the conically projecting frontal part, almost filling its bluntly rounded end. They lie very close together, and even touch one another in the median line in fullgrown animals (see figs. 3, 4). Seen from the side (fig. 2), each eye has a perfectly circular shape, whereas seen from above or below, they appear transversely oval. Both eyes (see Pl. XVI, fig. 10, o) are surrounded by a thin and transparent common membrane, and consist of a very considerable number of visual elements, whose outer part has, as usual, the shape of short, highly-refractive cones, with their point planted in the dark ocular pigment. This pigment has a rather lighter superficial coating causing the crystalline cones within the margin of the eye to appear, when the light falls upon them, like closely-adjacent, regular, dark spots, while those in the periphery form a clear rim or setting round the eye. The eyes are movable to a certain extent, being partly capable of slight retraction into the head, partly of being slightly turned on their axis.

dreies om sin Axe. Dette sker ved Hjælp af 3 tynde Muskler, der fra Hovedets Integument passerer bagfra fortil til hvert Øie (Fig. 10, m).

Det enkle Øie (Tab. XV, Fig. 2, 4, oc) ligger i en temmelig betydelig Afstand fra de sammensatte Øine, lige ved Basis af Rostrum, og har, seet fra Siden (Fig. 2) en trekantet Form, med den øvre Ende spidst udtrukket. Ved nøiere Undersøgelse (se Tab. XVI, Fig. 11, 12, 13) viser det et noget prismatiskt Udseende, idet man paa det kan adskille 4 Flader, begrændsede ved skarpe Kanter og hver indfattet af en smal Stribe af mørkerødt Pigment: 2 fortil sammenstødende Sideflader, en bagre Flade og en nedre Flade. Den sidste er den mindste, de 3 øvrige omtrent af ens Størrelse. Alle Flader viser i visse Belysninger en stærkt iriscerende Glands, men tager sig ialmindelighed ved direkte paafaldende Lys opakt hvide ud. Det enkle Øie er holdt i Situs ved 2 tynde strengformige Ligamenter, hvoraf det ene passerer fra den spidst udtrukne øvre Ende af Organet skraat opad ind i Hovedets Pandedel, og fæster sig her til en liden grubeformig Fortykkelse af Integumentet lige under de sammensatte Øine. Det andet Ligament udgaar fra Forkanten af den nedre Flade og begiver sig direkte ind i Rostrum, hvor det opløser sig i flere korte Smaagrene, hver endende med en liden knapformig Fortykkelse (se Tab. XV, Fig. 2, Tab. XVI, Fig. 9).

Første Par Følere (Tab. XV, Fig. 2, 3, 4, a¹, Fig. 5), der udspringer til hver Side ved den nedre Del af Hovedet, bag Rostrum, er mindre rudimentære end hos de i det foregaaende beskrevne Phyllopoder, og næsten af Hovedets Længde. De bestaar hver (se Fig. 5) af en kort Basaldel og en smalt kølleformig Endedel, der i Forkanten viser et noget vexlende Antal (fra 5—8) afrundede Lappe, hvoraf de 2 yderste indtager Spidsen af Føleren. Alle disse Lappe er tæt besatte med smaa Lugtepapiller, som ved stærk Forstørrelse (Fig. 6) viser sig at bestaa af en kort, skarpt kontureret Stilk og en særdeles delikat cylindrisk Endedel, forsynet strax indenfor Spidsen med en liden gjennemsigtig Blære. Prof. Lilljeborg har troet at finde paa Endedelen af Føleren af Antal af fine Tværsuturer, saaledes ordnede, at egentlig enhver af de laterale Lappe skulde tilhøre et særskilt Led. Jeg har dog ikke paa de af mig undersøgte Exemplarer kunnet med Sikkerhed paavise en saadan Leddeling, som derimod hos visse Arter af Estheria er meget tydeligt udpræget. Ved Hjælp af nogle tynde Muskler, der fra Hovedet passerer ind i Basaldelen kan disse Følere til en vis Grad bevæges frem og tilbage.

Andet Par Følere (Tab. XVI, Fig. 1) er mægtigt udviklede og forestiller Dyrets væsentligste Bevægeorganer. De udspringer med en bred Basis fra

These movements are accomplished by the aid of 3 thin muscles, which pass from the back of the integument of the head, forwards to each eye (fig. 10, m.).

The ocellus (Pl. XV, figs. 2, 4, oc) is situated at rather a considerable distance from the compound eyes, close to the base of the rostrum, and, when seen from the side (fig. 2), exhibits a triangular shape, with the upper end drawn out acutely. On closer observation (see Pl. XVI, figs. 11, 12, 13), it presents somewhat of a prismatic appearance, 4 surfaces, bounded by sharp edges, and each bordered by a narrow band of dark-red pigment, being distinguishable, viz, 2 lateral surfaces meeting in front, 1 posterior surface, and 1 inferior. The last is the smallest, the other 3 of almost uniform size. In certain lights, all the surfaces have an iridescent lustre, but generally appear opaquely white under directly falling light. The ocellus is kept in position by 2 thin cord-like ligaments, one of which passes from the acutely drawn-out end of the organ, obliquely upwards into the frontal part of the head, there attaching itself to a small pit-like thickening of the integument, just below the compound eyes. The other ligament issues from the anterior edge of the inferior surface, and proceeds directly into the rostrum where it is resolved into several short ramuli, each terminating in a small bud-like expansion (see Pl. XV, fig. 2; Pl. XVI, fig. 9).

The first pair of antennæ (Pl. XV, figs. 2, 3, 4, a¹, fig. 5), which spring out to each side from the lower part of the head, behind the rostrum, are less rudimentary than in the previously-described Phyllopods, and are almost as long as the head. They each consist (see fig. 5) of a short basal part and a narrow club-like terminal part, on whose front margin is a somewhat varying number (from 5 to 8) of rounded lobes, of which the two outermost occupy the point of the antenna. All these lobes are thickly set with small olfactory papillæ, which, when highly magnified (fig. 6), prove to consist of a short, sharply-defined stalk, and an exceedingly delicate cylindrical terminal part, provided, just within the point, with a small, transparent vesicle. Prof. Lilljeborg states having found a number of fine transverse sutures, so arranged that each of the lateral lobes belongs to a separate joint. I have not, however, in the specimens I have examined, been able to make out with certainty such an articulation, which, on the other hand, is very distinct in certain species of Estheria. By the aid of some fine muscles, which run from the head into the basal part, these antennæ can to a certain extent be moved backwards and forwards.

The 2nd pair of antennæ (Pl. XVI, fig. 1) are powerfully developed, and they constitute the animal's principal organs of locomotion. They issue

Sidefladerne af Hovedet (se Tab. XV, Fig. 1), og bestaar hver af et cylindriskt, muskuløst Skaft og 2 stærkt forlængede Grene. Skaftet viser ved Basis en noget albuformig Bøining og er her i Bagkanten forsynet med et lidet børstebesat Fremspring (se ogsaa Fig. 3, a²). Dets ydre Del er meget bøielig og delt i omtrent 8 korte Segmenter tæt besatte fortil med stærke, pigformige Børster. Grenene er meget smale og af meget betydelig Længde, navnlig den indre eller bagre, der er over dobbelt saa lang som Skaftet. Begge Grene er delte i talrige (fra 10 til 14), meget skarpt afsatte og noget skiveformige Led, hvoraf hvert i Bagkanten har flere lange, 2-leddede og fint cilierede Svømmebørster, i Forkanten ligeledes et større Antal af stærke, i Enden noget hageformigt krummede Pigge. Saavel Grenenes indbyrdes Længde som Antallet af Led paa hver Gren er forøvrigt noget varierende hos forskjellige Individer.

Overlæben (Tab. XV, Fig. 2, 4, L, Fig. 7) udgaar bagtil som den umiddelbare Fortsættelse af Hovedets ventrale Del, og hvælver sig paa Undersiden ud over Kindbakkernes Tyggedel, samt naar med Spidsen ind mellem Basis af 1ste Fodpar (se Fig. 1). Den er imidlertid til en vis Grad bevægelig, idet den ved to tynde til dens Basis løbende Muskler kan løftes noget af fra Munddelen og igjen ved andre Muskler presses tæt ind mod samme. Af Form er den næsten halvcylindrisk, med den nedadvendte Flade stærkt convex, den øvre noget concav. Ved Enden indsnævres den pludselig, dannende til hver Side et vinkelformigt Hjørne, og forlænger sig til en meget bøielig og i Enden fint cilieret Spids. Ovenover denne tentakelformige Fortsats har den en skiveformig, lodret stillet Endelamelle, der lægger sig ind mellem de 2 Par Kjæver, naar Overlæben presses ind mod Legemet. I Overlæbens indre sees flere colleagtige Legemer, der synes at være af kjertelagtig Natur, og ligeledes et større Antal tværgaaende Muskler, der virker paa den bløde øvre Flade og rimeligvis har Betydning ved Svælgningsprocessen.

Kindbakkerne (Tab. XV, Fig. 2, 3, 4, M, Fig. 8), der som 2 Bøiler omfatter Siderne af Legemet paa Grændsen mellem Hovedet og Nakkesegmentet, er meget kraftigt udviklede og hos det voxne Dyr uden ethvert Spor af Palpe. Den spidst udløbende øvre Ende af det baandformige Corpus er bevægeligt articuleret med en liden knopformig Fortykkelse af Integumentet ved hver Ende af den Tværsutur, som findes i Bunden af den dorsale Indbugtning mellem Hovedet og Nakkesegmentet. Tyggedelen er stærkt indbøiet og søndret fra Corpus ved en tydelig Indknibning eller Hals. Den ender, som hos Branchipodiderne med en bred, fint riflet Tyggeflade uden

from the lateral surfaces of the head, with a broad base (see Pl. XV, fig. 1), and each consist of a cylindrical, muscular scape, and two greatly elongated rami. The scape exhibits at the base a somewhat elbow-like bend, and on the hind margin at this point, is furnished with a little setous projection (see also fig. 3, a²). Its distal part is very flexible, and divided into about 8 short segments, thickly clothed in front with strong spiniform bristles. The rami are very narrow, and of considerable length, notably the inner or hinder one, which is more than twice as long as the scape. Both rami are divided into numerous (from 10 to 14) very clearly defined and somewhat lamellar joints, each of which has several long, bi-articulated and finely ciliated natatory bristles in the hind margin, and a large number of strong, rather hamous spines in the front margin. Both the mutual length of the rami, and the number of joints in each ramus, varies somewhat in different specimens.

The labrum (Pl. XV, figs. 2, 4, L, fig. 7) projects backwards as the immediate continuation of the ventral part of the head, and on its inferior side arches over the masticatory part of the mandibles, its point extending in between the base of the first pair of legs (see fig. 1). To a certain extent, however, it is movable, for it can be raised a little from the oral parts by two thin muscles running to its base, and again, by other muscles, can be pressed close in against those parts. In shape, it is almost semi-cylindrical, with the down-turned surface very convex. At the extremity it is suddenly contracted, forming on each side a sharp corner, and being produced to a very flexible point, finely ciliated at the extremity. Above this tentacular projection there is a discoid, vertically-situated, terminal lamella, which is interposed between the 2 pairs of maxillæ, when the labrum is pressed in towards the body. In the interior of the labrum are visible several cell-like bodies, which appear to be of a glandulous nature, and also a large number of transverse muscles, which act upon the soft upper surface, and probably perform a part in the process of swallowing.

The mandibles (Pl. XV, figs. 2, 3, 4, M, fig. 8) which embrace the sides of the body like 2 bows, on the boundary-line between the head and the cervical segment, are very powerfully developed, and, in the full-grown animal, without a trace of palpi. The pointed upper end of the boat-like body is movably articulated with a small bud-like thickening of the integument at each end of the transverse suture found at the bottom of the dorsal hollow between the head and the cervical segment. The masticatory part is very much incurved, and separated from the corpus by a distinct constriction or neck. It ends, as in the Branchipodidæ with a

Spor af tandformige Fremspring. Foruden de kraftige Adductormuskler, der fylder Størsteparten af den indre Hulhed af Corpus, sees ogsaa en Del andre Muskler at passere til Kindbakkerne, ved Hjælp af hvilke disse kan dreies om sin Axe inden visse Grændser. De stærkeste af disse Rotationsmuskler udspringer fra den dorsale Flade af Nakkesegmentet og convergerer mod Kindbakkernes bagre Side (se Fig. 2). Nogle betydelig mindre Muskler passerer fra Hovedets dorsale Integument til Forsiden af Kindbakkerne.

Nogen Underlæbe har det ikke lykkets mig at paavise. Prof. Lilljeborg tror dog at have fundet den i Form af 2 meget smaa tilspidsede og tæt haarede Lappe.

Forste Par Kjæver (Fig. 2, 4, 9, m^1, Fig. 10) bestaar af en kort og tyk Basaldel og en meget bevægelig indadboiet, skiveformig Endedel, der paa sin frie Rand er besat med en tæt Rad af tynde, leformigt krummede Borster, alle tydeligt 2-leddede og fint cilierede. Foruden dem findes der endnu en Rad af betydelig kortere Borster eller Pigge, der er grovt tandede i Kanterne og ender i en særdeles fin og delicat Spids (se Fig. 11). Disse Børster er dog kun indskrænkede til den bagre Halvdel af Randen. Endelig bemærkes fortil, i Vinkelen mellem Basaldelen og Endelamellen en meget liden, men tydeligt begrændset, secundær Lamelle af smal tungedannet Form og kantet med nogle ganske korte Borster.

Andet Par Kjæver (Fig. 2, 4, 9, m^2, Fig. 12, 13) er betydelig mindre end 1ste Par og, som det synes, kun lidet bevægelige. De bestaar ligeledes af en kort Basaldel og en indadrettet Endelamelle af elliptisk Form, med det indre afrundede Hjørne betydelig mere fremspringende end det ydre. Lamellen er kantet med omkring 24 tæt cilierede Borster, som dog er utydeligt leddede og kun mod det indre Hjørne naar nogen betydelig Længde.

Af Fødder har jeg hos fuldt udviklede Individer talt 22—23 Par. Prof. Lilljeborg har hos ualmindelig store Exemplarer endnu fundet et Par bag disse, saa at deres Tal kan stige til 24 Par ialt; ja Grube paastaar endog hos et Individ at have talt 26 Par. De er idethele af en meget uniform Bygning og viser alle Characteren af ægte Branchialfødder. Foruden til Respiration, har de imidlertid ogsaa en væsentlig Betydning ved Næringsoptagelsen, idet de i Vandet værende organiske Smaadele, hvoraf Dyret nærer sig, ved Føddernes rhytmiske Bevægelser bliver hvirvlet ind mod Munddelene. De 10 eller 11 forreste Par er nogenlunde af samme Længde, men fra det 11te Par begynder de stærkt at aftage i Størrelse, og de allerbagerste Par er overmaade smaa og vanskelig at tælle. De har alle broad, finely-fluted molar surface without a trace of dentate projections. Besides the powerful adductor muscles, which fill the greater part of the inner cavity of the body, a few other muscles are also seen passing to the mandibles, which, by their aid, can turn upon their axis within certain limits. The strongest of these rotatory muscles issue from the dorsal surface of the cervical segment, and converge towards the posterior side of the mandibles (see fig. 2). Some much smaller muscles pass from the dorsal integument of the head to the anterior side of the mandibles.

I have not succeeded in proving the presence of any posterior lip. Prof. Lilljeborg, however, believes that he has found it in the shape of two very small, pointed, and densely hairy lobes.

The first pair of maxillæ (figs. 2, 4, 9, m^1, fig. 10) consist of a short and thick basal part, and a very movable, incurved, lamellar, terminal part, which is clothed on its free margin with a close row of thin, falciformly curved bristles, all distinctly 2-jointed and finely ciliated. In addition to these, there is yet another row of much shorter bristles or spines, which are coarsely dentated at the edges, and end in a particularly fine and delicate point (see fig. 11). These bristles, however, are only confined to the posterior half of the margin. Lastly, there is visible in front, in the angle between the basal part and the terminal lamella, a very small, but distinctly defined lamella, of a narrow lingular form, and edged with a few very short bristles.

The 2nd pair of maxillæ (figs. 2, 4, 9, m^2, figs. 12, 13) are considerably smaller than the first pair, and apparently only slightly movable. They also consist of a short basal part, and an inward-directed terminal lamella of elliptical shape, with the inner rounded corner considerably more prominent than the outer one. The lamella is bordered with about 24 thickly ciliated bristles, which are however, indistinctly articulated, and only at the inner corner attain any considerable length.

In fully developed animals, I have counted from 22 to 23 pairs of legs. Prof. Lilljeborg has even found a pair behind these in unusually large specimens, so that their number can rise to 24 pairs in all; indeed, Grube asserts that in one specimen he has counted as many as 26 pairs. They are, on the whole, of a very uniform structure, and exhibit all the characters of true branchial legs. They are, however, of essential importance, not only in respiration, but also in the admission of nourishment, as the organic particles in the water, on which the animal feeds, are whirled in towards the oral parts by the rhythmical movements of the legs. The 10 or 11 foremost pairs are of about equal length, but after the 11th pair they begin to diminish rapidly, the hindmost pairs being exceedingly small and

(se Tab. XVI, Fig. 3) Formen af nedadrettede aflange, noget buede og uregelmæssigt fligede Plader, hvis convexe Side vender fortil, den concave bagtil, og som i Kanterne er rigeligt borstebesatte. Man kan paa dem adskille de samme 3 Hoveddele som hos andre Branchiopoder, nemlig Endopodit, Exopodit og Epipodit. Endopoditen, eller den egentlige Stamme, har ved Basis indad en meget tydeligt· sondret Coxallap (mx) af temmelig compliceret Bygning (se Fig. 4). Den er noget skraat indadrettet, af stumpt konisk Form og meget rigeligt forsynet med Borster. Ved Spidsen har den 2 korte Pigge, og en lignende Pig findes ogsaa paa den indre Side. Fra denne sidste Pig strækker sig en noget skraat lobende Rad af lange, leformigt indad krummede Borster, der alle er tydeligt 2-leddede og fint cilierede. En anden Rad af cilierede Borster strækker sig langs den ydre Kant af Coxallappen, men disse Borster er ikke leformigt krummede og aftager hurtigt i Længde mod Spidsen. Umiddelbart ovenfor dem udgaar fra Yderkanten en noget stærkere, skraat indadrettet Børste. Den indre Kant af Endopoditen er ved smaa Indsnit delt i 4 korte og brede Lappe (Enditer), der bærer en dobbelt Rad af fint cilierede Borster, hvoraf de i den ene er særdeles lange, tydeligt 2-leddede og bagudboiede. Den yderste af disse Lappe er noget mere fremspringende end de ovrige, og til dens ydre Side er articuleret en smal tungeformig Lamelle, rundt om besat med cilierede Borster. Denne Lamelle forestiller den yderste (5te) Endit, eller Endopoditens Endeled, det eneste tydeligt begrændsede Led paa Foden. Epipoditen (ep) har Formen af et aflangt ovalt, noget sækformigt Appendix, uden ethvert Spor af Borster. Den er fæstet til Ydersiden af Endopoditen i en kort Afstand fra dennes Basis og rettet lige opad over Siderne af Kroppen (se Tab. XV, Fig. 1). Exopoditen (ex), der udspringer med en bred Basis ligeledes fra Ydersiden af Endopoditen og umiddelbart nedenfor Epipoditen, er af betydelig Storrelse og delt i 2 smale i forskjellig Retning udgaaende Lappe, en ventral og en dorsal. Den ventrale Lap rækker omtrent til Spidsen af Endopoditens Endelamelle, og er ligesom denne rundtom kantet med cilierede Borster. Den dorsale Lap (ex¹) er betydelig mindre end den ventrale, neppe overragende Epipoditen, og er borstebesat alene i den ydre Kant. Paa 9de til 11te Fodpar er imidlertid hos fuldt udviklede Individer (se Tab. XV, Fig. 1) denne Lap udtrukket til en meget lang traadformig Fortsats, der rager op i Skallens dorsale Cavitet, hvor den tjener til Fæste for den her sig ansamlende Æg-masse. 23de eller sidste Fodpar (Fig. 5, 6) skiller sig i visse Henseender kjendeligt fra de ovrige. Det er særdeles lidet og har Endopoditen ganske kort, med kun 3 Lappe indad, foruden Coxallappen. Borsterne paa disse Lappe, saavelsom paa det korte,

difficult to count. They all (see Pl. XVI, fig. 3) have the shape of down-pointing, oblong, somewhat curved, and irregularly lobed laminæ, whose convex side turns to the front, the concave to the back, and whose edges are thickly clothed with bristles. The same 3 principal parts can be distinguished in them as in other Branchiopods, namely, endopodite, exopodite and epipodite. The endopodite, or stem proper, has on the inner side of the base a very distinctly-defined coxal lobe of rather complicated structure (see fig. 4). It is directed rather obliquely inwards, is of a bluntly conical shape, and abundantly provided with bristles. At the point it has two short spines, and a similar spine is also found on the inner side. From this last-mentioned spine, runs a rather oblique row of long, falciformly incurved bristles, all distinctly 2-jointed and finely ciliated. Another row of ciliated bristles runs along the outer edge of the coxal lobe, but these are not falciformly curved, and they rapidly decrease in length towards the point. Immediately above them, there issues from the outer edge a somewhat stronger bristle, directed obliquely inwards. The inner edge of the endopodite is divided by small indentations into 4 short, broad lobes (endites) carrying a double row of finely ciliated bristles, which in one row are particularly long, distinctly 2-jointed, and bent backwards. The outermost of these lobes is rather more projecting than the others, and to its outer side is articulated a narrow lingular lamella, edged all round with ciliated bristles. This lamella represents the outermost (5th) endite, or the terminal joint of the endopodite, the only distinctly defined joint in the leg. The epipodite (ep) is in the shape of an oblong oval, somewhat sac-like appendage, with no trace of bristles. It is attached to the outer side of the endopodite at a short distance from its base, and is directed straight upwards over the sides of the body (see Pl. XV, fig. 1). The exopodite (ex), which issues with a broad base also from the outer side of the endopodite, and immediately below the epipodite, is of considerable size, and is divided into 2 narrow lobes, one ventral and one dorsal, projecting in opposite directions. The ventral lobe reaches almost to the point of the terminal lamella of the endopodite, and is likewise edged all round with ciliated bristles. The dorsal lobe (ex¹) is considerably smaller than the ventral, scarcely reaching beyond the epipodite, and is edged with bristles only on the outer margin. On the 9th, 10th and 11th pairs of legs in fully-developed specimens, however (see Pl. XV, fig. 1), this lobe is drawn out to a very long filiform projection, which extends up into the dorsal cavity of the shell, where it serves as an attachment for the accumulated egg-mass there. The 23rd or last pair of legs (figs. 5 and 6) is conspicuously distinguished in certain respects

afrundede Endelcd er meget reducerede i Antal. Epi-
poditen er overmaade liden og rudimentær, hvorimod
Exopoditen er forholdsvis vel udviklet, naaende med
sin ventrale Lap langt ud over Endopoditen. Den
er kantet med omtrent 23 Børster af noget ulige
Længde. Meget lignende, skjondt endnu noget sim-
plere, er Bygningen af det 24de Par hos meget store
Exemplarer, snaledes som dette er beskrevet og af-
bildet af Prof. Lilljeborg.

Legemets Farve er hos fuldvoxne Exemplarer
mere eller mindre tydelig olivengron, gaaende paa
Bngsiden og paa Fodderne over til gulrodt. Selve
Skallen er lyst hornfarvet og temmelig gjennem-
sigtig, dog meget constant med Dorsalkanten af en
ret ioinefaldende mork graasort Farve.

Indre Organer.

Paa Grund af denne Forms store Gjennemsigtig-
hed, vil den indre Organisation ret vel kunne stu-
deres, navnlig paa levende Exemplarer, tildels ogsaa
paa vel preserverede Spiritusexemplarer, uden at
nogen Dissection strengt taget er fornoden. Kun
hvor det gjælder en mere detailleret (histologisk)
Undersogelse af Organerne, vil det være nyttigt at
skride til en Sonderlemmelse af Dyret.

Med den sædvanlige Indleirings- og Snitmethode
kommer man ikke synderlig vidt, og denne i vor
Tid i saa stor Udstrækning anvendte Undersogelses-
methode synes idethele at være lidet anvendelig,
hvor det gjælder Krebsdyr.

Fordoielsesapparat. — Tarmen strækker sig som
et nogenlunde jevnt tykt Ror gjennem hele Dyrets
Legeme, og skinner meget tydeligt igjennem Inte-
gumenterne ved dens sædvanligvis morke Contenta
(se Tab. XV, Fig. 1). Den ender i Halen med en
kort, stærkt muskulos Endetarm, som udmunder paa
Halens Spids, mellem Haleklorne. I Nakkesegmentet
gjor Tarmen en pludselig, næsten vinkelformig Boi-
ning nedad, i Overensstemmelse med Legemets stærke
Krumning paa dette Sted. Tarmens Indhold er i
denne forreste Del sædvanligvis lysere, orangefarvet
eller blegt gulagtigt. Spiseroret er ganske kort og
passerer fra Mundaabningen lige fortil, hvor det
munder i Tarmens forreste Ende med en i dens
Lumen fremspringende noget udvidet Del (se Fig. 9,
oes). I Forbindelse med Tarmen staar et temmelig
voluminost og complicceret kjertelagtigt Organ (Fig.
2, 3, *l*), der udfylder en stor Del af Hovedets indre
Hule, og aabenbart svarer til den hos *Lepidurus*
ligeledes i Hovedet beliggende Lever. Ligesom hos
Lepidurus, bestaar Organet af 2 symetriske Halv-

from the others. It is very small, and its endopo-
dite is quite short, with only 3 lobes inside in addi-
tion to the coxal lobe. The bristles on these lobes,
as also on the short rounded terminal joint, are
greatly reduced in number. The epipodite is excee-
dingly small and rudimentary, whereas the exopo-
dite is comparatively well developed, reaching far
out over the endopodite with its ventral lobe. It
is edged with about 23 bristles of somewhat unequal
length. The structure of the 24th pair found in
very large specimens, though rather more simple,
is very similar, as described and figured by Prof.
Lilljeborg.

The colour of the body in full-grown specimens
is more or less distinctly olive-green, merging into
yellowish red on the ventral side and on the legs.
The shell itself is of a light horn-colour, and toler-
ably transparent, though the dorsal margin is
almost invariably of a very conspicuously dark
grey colour.

Internal Organs.

On account of the great transparency of this
form, its internal organisation may be very easily
studied, especially in living specimens, to a certain
extent too, in well-preserved spirit specimens, with-
out the necessity of dissection. Only when a more
minute (histological) investigation of the organs is
to be made, will it be useful to resort to a dismem-
bering of the animal.

By the ordinary imbedding and section method,
not much information is to be gained, and this mode
of investigation, now so widely employed, seems,
on the whole, to be of very little use as regards
Crustaceans.

Digestive System. — The intestine runs, in the
form of a tube of fairly even thickness, through the
whole body of the animal, and is very distinctly
seen through the integuments by reason of its gene-
rally dark contents (see Pl. XV, fig. 1). It termi-
nates in the tail in a short, very muscular rectum,
which opens out at the point of the tail, between
the caudal claws. In the cervical segment, the inte-
stine makes a sudden, almost angular bend down-
wards, following the sharp curve of the body at
that place. The contents of the intestine in this
foremost part are generally lighter, of an orange
or pale yellow hue. The œsophagus is quite short
and passes from the oral aperture straight for-
wards, where it opens into the anterior end of the
intestine by a somewhat expanded part projecting
into its lumen (see fig. 9, oes). In connection with
the intestine, there is a rather voluminous and
complicated glandular organ (figs. 2, 3, *l*) occupying
a great part of the inner cavity of the head, and
evidently answering to the liver in *Lepidurus*, which

dele som hver udmunder med en kort Udforselsgang noget lateralt i Tarmens forreste Del, og i sin Peripheri er delt i talrige bugtede Blindsække, ialmindelighed fyldte med et intenst gultfarvet Stof. Hvert Organ udsender nedad en Sidogren, der i Hovedets ventrale Del, umiddelbart foran Basis af Overlæben, oploser sig i flere uregelmæssige Lappe. Hovedmassen af Organet ligger dog dorsalt, hvor det sammen med det tilsvarende Organ paa den anden Side danner en tilsyneladende sammenhængende Kalot over Tarmens forreste Del (se Fig. 2 og 3).

Circulationsapparatet. — Hjertet (se Tab. XV,

Fig. 1) er beliggende ovenover Tarmen i den forreste Del af Truncus, strækkende sig fortil ind i Nakkesegmentet, bagtil ind i det 4de fodbærende Segment. Det har Formen af et fortil noget videre cylindriskt Ror, aabent i begge Ender, og desuden forsynet til hver Side med 4 tydelige Spaltaabninger, 1 Par for Nakkesegmentet, de 3 ovrige Par for de 3 forreste Segmenter af Truncus. Af nogen virkelige Blodkar har jeg ikke kunnet finde noget Spor; men Blodet folger dog under sin Circulation i Legemet visse meget bestemte Baner. Da Blodlegemerne er meget tydelige, er det ikke saa vanskeligt paa tilstrækkelig gjennemsigtige levende Exemplarer at studere de væsentligste Træk af Circulationen, og jeg skal i det folgende i Korthed beskrive samme, saaledes som jeg har troet at finde den ved gjentagne omhyggelige Undersogelser. Fra den bagre Del af Legemet kommer en stærk Strom af Blod, der folger Rygsiden af Truncus og passerer direkte ind i Hjertet gjennem dettes bagre Aabning. Ved Hjertets Systole lukkes denne Aabning, saavelsom de laterale Spaltaabninger, og Blodet stodes med stor Kraft ud af Hjertets forreste Ende. En Del af den saaledes af Hjertet udkomne Blodmasse passerer direkte ind i den forreste Del af Legemet og forsyner Hovedet med dets forskjellige Vedhæng med Blod. En anden Blodstrom boier pludselig om under Hjertet og lober bagover, umiddelbart nedenfor den tilforende dorsale Blodstrom, lige til Haledelen, hvor den synes at boie om paa Bugsiden af Dyret for at forsyne Branchialfodderne med Blod. En 3die betydelig Del af den fra Hjertet udstodte Blodmasse passerer til hver Side mod Skallens Lukkemuskel, hvor den i Omkredsen af Muskelaroaen trænger ind i selve Skallen. Herfra fordeles Blodet rundt om i de to Valvler, idet det i forskjellige Baner gjennemstrommer det complicerede System af Hulrum, der, som ovenfor anfort, findes mellem disses 2 Lameller. Efterat have circuleret i Skallen samler Blodet sig lidt efter lidt i 2 dorsale Hovedstromme, der lober langs Rygkanten af Skallen, en ganske kort forreste, og en betydelig længere

is there also situated in the head. As in *Lepidurus*, this organ consists of two symmetrical halves each opening by a short excretory duct somewhat laterally in the anterior part of the intestine, and divided in its periphery into numerous cæca, generally filled with a substance of an intense yellow colour. Each organ sends down a lateral branch which is resolved into several irregular lobes in the ventral part of the head immediately in front of the base of the labrum. The great bulk of the organ, however, is situated dorsally, where, together with the corresponding organ on the other side, it forms an apparently continuous cap over the anterior part of the intestine (see figs. 2 and 3).

Circulatory System. — The heart (see Pl. XV,

fig. 1) is situated above the intestine in the anterior part of the trunk, extending forwards into the cervical segment, and backwards into the 4th pedigerous segment. It has the shape of a cylindrical tube, rather wider in front, and open at both ends, and also furnished at each side with 4 distinct ostia, one pair for the cervical segment, the other 3 for the 3 foremost segments of the trunk. I have been unable to find any trace of actual blood-vessels, but during its circulation through the body, the blood follows certain fixed courses. As the corpuscles are very distinct, it is not difficult in sufficiently transparent living specimens to study the principal features of the circulation, and I will here briefly describe them as I have found them by repeated careful investigations to be. From the hind part of the body comes a strong stream of blood. keeping to the dorsal side of the trunk, and passing directly into the heart through its posterior aperture. This aperture, as well as the lateral ostia, is closed by the heart's systole, and the blood is ejected with great force from the anterior end of the heart. A portion of the quantity of blood thus issuing from the heart, passes directly into the anterior part of the body, and supplies the head and its various appendages with blood. Another stream of blood turns suddenly below the heart and flows backwards immediately below the afferent dorsal stream right up to the caudal part, where it appears to turn to the ventral side of the animal, in order to supply the branchial legs with blood. A third considerable part of the quantity of blood ejected from the heart, passes on both sides towards the adductor muscle of the shell, where, within the circumference of the muscular area, it forces its way into the shell itself. From this the blood is distributed over the two valves, flowing by various courses through the complicated system of cavities which, as stated above, is found between their 2 lamellæ. After having circulated in the shell, the blood gradually collects in two principal, dorsal streams which run along the dorsal edge of the shell, one quite short

bagerste Strom. Begge mødes ved det dorsale Liga-
ment, hvor de boier om indad og udtømmer sit Blod,
sammen med det fra Hovedet tilbagevendende, i den
forreste Del af Hjertet gjennem dettes 1ste Par
Spaltaabninger. De øvrige 3 Par Spaltaabninger
synes at optage det Blod, der, efterat have circuleret
i Fødderne, vender tilbage til Hjertet.

Respirationsapparat. — Rent morphologiskt maa
vistnok Føddernes Epipoditer ansees som de egent-
lige Respirationsorganer, da de aabenbart svarer til
Gjellerne hos høiere Krebsdyr. Men da ogsaa de
øvrige Dele af Fødderne viser en lignende over-
mande delikat Struktur, har man Grund til at an-
tage, at Respirationen ikke er udelukkende ind-
skrænket til hine Vedhæng, men foregaar overalt
paa Føddernes Overflade, hvad der ogsaa har givet
Anledning til den almindelig benyttede Benævnelse
Branchialfødder. Som det physiologiskt vigtigste
Respirationsorgan maa vi dog utvivlsomt anse selve
Skallen, i hvilken der, som ovenfor anført, finder
en meget livlig Blodcirculation Sted. Ved Føddernes
rhytmiske Bevægelser sker der nemlig en stadig For-
nyelse af Vandet indenfor Skallen, og da dette Vand
umiddelbart beskyller den særdeles delikate Mem-
bran, der beklæder Valvlerne indvendigt, synes alle
Betingelser at være tilstede for at en hurtig Gas-
udvexling her kan ske med det indenfor Membranen
strømmende Blod.

Nervesystemet. — Den i Hovedet beliggende
Del af Nervesystemet er ikke vanskelig at obser-
vere paa tilstrækkelig gjennemsigtige Exemplarer.
Den bestaar af det saakaldte øvre Svælgganglion,
eller Hjernegangliet, med de fra samme udgaaende
Nerver. Selve Hjernegangliet er ikke af særdeles
betydelig Størrelse, og ligger (se Tab. XV, Fig. 2)
temmelig langt tilhage i Hovedet, umiddelbart bag
det snakle Øie, hvormed det forbinder sig med en
temmelig bred Fortsats (se ogsaa Tab. XVI, Fig. 9,
10). Det bestaar, som sædvanlig, af 2 symetriske,
med hinanden i Midtlinien forbundne Halvdele,
hvoraf enhver er udtrukket i 2 divergerende, koni-
ske Fortsatser. Fra de forreste Fortsatser udgaar
de overordentlig lange og stærke Synsnerver og
desuden en ganske liden Nerve for Øiemusklerne.
Selve Synsnerverne passerer fortil ind i Hovedets
Pandedel, hvor enhver af dem svulmer ud til et
kølleformigt Synsganglion. Begge Ganglier ligger
tæt sammen, uden dog at smelte sammen, og deres
Ender er kun ubetydeligt fjernet fra de sammen-
satte Øine (se Fig. 10). Fra dem udgaar talrige
fine Nervefibre, der trænger ind i Øinene og for-
binder sig med disses enkelte Synselementer. De
bagre Fortsatser af Hjerneganglict (a¹) er noget
kortere end de forreste og mere udadrettede (se Fig.
10), men af en lignende konisk Form. De giver

anterior stream, and one considerably longer pos-
terior one. They meet at the dorsal ligament, where
they turn inwards, and empty their blood, together
with that running back from the head, into the an-
terior part of the heart through that organ's first
pair of ostia. The 3 other pairs of ostia appear to
receive the blood which, after having circulated in
the legs, returns to the heart.

Respiratory Organs. — From a purely morpho-
logical point of view, the epipodites of the legs
must be considered as the true respiratory organs,
as they evidently answer to the gills in higher
Crustaceans. But as the other parts of the legs
also show a similar exceedingly delicate structure,
there is reason to suppose that the function of
respiration is not confined exclusively to these
appendages, but is carried on over the entire sur-
face of the leg, a circumstance which has given rise
to the generally used term — branchial legs. As
the physiologically most important organ of respi-
ration however, we must undoubtedly regard the
shell itself, in which, as stated above, a very active
circulation of the blood goes on. By the rhythmical
movements of the feet, a constant renewal of the
water inside the shell takes place, and as this water
is in immediate contact with the peculiarly delicate
membrane lining the interior of the valves, all the
conditions requisite for a rapid exchange of gas
with the blood flowing within the membrane, appear
to be present.

Nervous System. — That part of the nervous
system lying in the head is not difficult to observe
in sufficiently transparent specimens. It consists
of the so-called supra-œsophageal ganglion or cere-
bral ganglion, with the nerves proceeding from it.
The cerebral ganglion itself is of no very consider-
able size, and is situated (see Pl. XV, fig. 2) rather
far back in the head, immediately behind the ocel-
lus, with which it is connected by a tolerably
broad projection (see also Pl. XVI, figs. 9, 10). It
consists as usual of 2 symmetrical halves connected
with one another in the median line, each half
being drawn out into 2 divergent conical protuber-
ances. From the foremost of these issue the excee-
dingly long and strong optic nerves, as also a very
small nerve for the ocular muscles. The optic
nerves themselves pass forwards into the frontal
part of the head, where they each swell out into a
club-like optic ganglion. These ganglia lie close
together without however coalescing, and their
extremities are at only a slight distance from the
compound eyes (see fig. 10). Numerous delicate
nerve-fibres issue from them, entering the eyes, and
connecting themselves with the several visual ele-
ments of those organs. The hind protuberances of
the cerebral ganglion (a¹) are rather shorter than
the front ones, and directed more outwards (see

Udspringet for Nerverne til 1ste Par Følere, nemlig en meget tynd Nerve for de i Basaldelen af disse Følere indtrædende Muskler, og en betydelig stærkere Nervestamme, der passerer ind i den kølleformige Endedel og til enhver af de laterale Lappe udsender talrige Fibrer (se Tab. XV, Fig. 5). Nerverne for 2det Par Følere (a²) udgaar ikke fra Hjernegangliet selv, men fra de fra samme bagtil udgaaende stærke Commissurer, der omgiver Spiserøret for at forbinde sig med Buggangliekjæden. Man kan tydeligt adskille 2 saadanne Nerver af omtrent ens Tykkelse og udspringende tæt sammen, noget foran Midten af Commissurerne, som paa dette Sted viser en ganske svag ganglios Opsvulmning. Angaaende disse Nervers videre Forløb ind i selve Følerne, har det dog ikke været mig muligt at skaffe mig noget tilfredsstillende Begreb.

Den øvrige Del af Centralnervesystemet er meget vanskelig at observere og lader sig neppe hverken ved Dissection eller ved andre Methoder fremstille i sin Helhed. Jeg har imidlertid stykkevis kunnet nøiere undersøge samme og fundet, at den, som hos Branchipodiderne, dannes af 2 vidt adskilte stærke Nervestammer, der passerer bagtil langs Bugsiden af Truncus og i hvert Segment er forbundne med 2 tynde Tværcommissurer. Nervestammerne viser paa dette Sted en ganske svag ganglios Opsvulmning og udsender udad, i adskillig Afstand fra hinanden, 2 stærke Nerver, hvoraf den ene træder ind i den respective Fod, medens den anden synes at udbrede sig i Kroppens Sidemuskulatur.

Forplantningsapparat. — Da alle hidtil observerede Exemplarer af denne Phyllopode har vist sig at være af Hunkjøn, har vi her kun at omtale Hunorganerne eller Ovarierne. Disse (se Tab. XV, Fig. 1) har Formen af 2 noget skrueformigt dreiede Rør, der strækker sig igjennem Størsteparten af Truncus, til hver Side af Tarmen, og ender bagtil med en smalere spidst udløbende Del. Bagenfor Midten udgaar fra hvert Ovarium nedad en kort Ægleder, der udmunder i Basis af den tilsvarende Fod af 11te Par. Fra Overfladen af Ovarialrørene udgaar talrige smaa blindsækformige Udvidninger, som hos ganske unge Individer (se Tab. XVI, Fig. 15) viser et temmelig uniformt Udseende, medens de hos ældre Individer antager en meget forskjellig Udvikling og delvis grupperer sig paa en drueklaseformig Maade (se Fig. 16, 17). Disse Udvidninger er Ægfollikerne, hvori Æggenes første Dannelse foregaar. Undersøges disse Follikler nøiere (se Fig. 18), vil man i deres Indre altid finde, som hos *Lepidurus*, 4 Celler combinerede, hvoraf blot den yderste bliver til det virkelige Æg, medens de 3 øvrige forestiller Næringsceller. Paa de mindste Follikler, der er nogenlunde cylindriske af Form, er alene de 4 Celle-

fig. 10), but are of a similar conical shape. From them originate the nerves for the 1st pair of antennæ, viz., a very fine nerve for the muscles in the basal part of these antennæ, and a much stronger nerve-stem which passes into the club-like terminal part, and sends off numerous fibres to each of the lateral lobes (see Pl. XV, fig. 5). The nerves for the 2nd pair of antennæ (a²) do not issue from the cerebral ganglion itself, but from the strong commissures running backwards from it, which surround the œsophagus in order to join the ventral ganglion chain. Two such nerves can be clearly distinguished, of about equal thickness, and issuing close together a little in front of the middle of the commissures which here exhibit a very slight ganglionic swelling. As regards the further course of the nerves in the antennæ themselves, it has not been possible for me to obtain any very satisfactory idea.

The remainder of the central nervous system is very difficult to observe, and scarcely allows of being represented in its entirety, either by dissection or by any other method. I have, however, been able to examine parts of it in detail, and have found that, as in the Branchipodidæ, it is formed of 2 widely-separated, strong nerve-stems, passing backwards along the ventral side of the trunk, and connected in each segment with 2 thin transverse commissures. The nerve-stems here exhibit a very slight ganglionic swelling, and send out outwards, at a considerable distance from one another, 2 strong nerves, one of which enters the corresponding leg, while the other seems to spread over the lateral musculature of the body.

Sexual Organs. — As all the specimens of this Phyllopod hitherto observed have proved to be of the female sex, we have here only to describe the female organs or ovaries. These (see Pl. XV, fig. 1) are in the shape of 2 tubes, twisted somewhat after the manner of a screw, which extend through the greater part of the trunk on each side of the intestine, ending behind in a narrower, pointed part. Beyond the middle, a short oviduct issues in a downward direction from each ovary, opening one on each side at the base of the 11th leg. From the surface of the ovarial tubes, there issue numerous small cæcal expansions, which in quite young specimens (see Pl. XVI, fig. 15) present a fairly uniform appearance, while in older animals they assume a very varied development, and are to a certain extent grouped in a botryoidal manner (see figs. 16, 17). These expansions are the egg-follicles, in which the earliest formation of the ova takes place. On a close examination of these follicles (see fig. 18) there will always be found inside them, as in *Lepidurus*, 4 cells combined, of which only the outer one turns into a true ovum, while the other 3 represent alimentary cells. In the smallest follicles,

kjærner synbare; men meget snart sondres dog det til enhver Kjærne hørende Plasma og afgrændser sig ved skarpt markerede Linier. Samtidigt begynder den terminale Celle hurtigt at voxe og fylder sig med et opakt kornet Indhold, medens de 3 øvrige Celler forbliver gjennemsigtige og omvendt reduceres i Størrelse, saa at de tilsidst kun er tilstede som ubetydelige Rudimenter ved den indre Side af den egentlige Ægcelle. Denne sidste naar tilsidst (se Fig. 17) en temmelig anselig Størrelse og fylder den hele Follikel, som nu springer frem fra Ovarialrøret som en kugleformig, kort stilket Blære. Er Æggene færdige, løsnes de fra Folliklernes Vægge og træder ind i Ovariernes Hule. I denne har der imidlertid ansamlet sig et opakt hvidagtigt Indhold (se Tab. XIV, Fig. 6), der paa friske Exemplarer viser sig overordentlig fint kornet, men paa Spiritusexemplarer hurtigt coagulerer til en compakt gulbrun Masse, der indtager Axen af Ovarialrørernes indre Hule og delvis ogsaa fortsætter sig ind i Æglederen. Dette Indhold synes at være et Secretionsprodukt af Ovarialrørernes Vægge, bestemt til at afgive Materialet til den eiendommelige Skal eller Kapsel, der senere omgiver hvert enkelt Æg. I Begyndelsen, efterat være indkomne i Ovariernes indre Hule, er dog Æggene endnu nøgne, og antager derfor forskjellige Former ved gjensidigt Tryk eller derved, at de passerer igjennem trangere Steder af Ovarierne (se Tab. XVI, Fig. 16). De synes at opholde sig i Ovarialhulen i længere Tid, og bliver herunder ved peristaltiske Bevægelser af Ovarierne skyvet frem og tilbage, hvorved deres Overflade kommer i intim Contact med det ovenomtalte Secret. Snart observeres ogsaa paa dem den første Antydning til Skallen (se Fig. 19), og denne er ialmindelighed fuldt færdig, skjøndt endnu blød og bøielig, førend Æggene gjennem Æglederen udføres af Legemet. De samler sig derefter umiddelbart over Truncus til en compact Masse, der holdes i Situs ved Hjælp af den traadformigt forlængede dorsale Lap af 9de til 11te Fodpars Exopoditer (se Tab. XIV, Fig. 1, 2). Ægmassen, der ligger noget foran Midten af Skallens dorsale Hule, viser en temmelig uregelmæssig Form, med den øvre Flade stærkt hvælvet, den nedre concav, og Kanterne uregelmæssigt indskaarne. Den bæres her af Dyret i længere Tid, indtil Ægkapslerne har naaet den fornødne Fasthed, og dens Farve forandres herunder gradvis fra en meget lys, hvidagtig til en mørk hornbrun Couleur. De i den indeholdte Æg, der er holdte sammen ved et klæbrigt Stof, er meget smaa og derfor i Regelen overordentlig talrige. De er hvert omgivet af en høist eiendommeligt udseende og meget fast Kapsel af næsten turbinlignende Form (se Tab. XVI, Fig. 20, 21, 22), med 2 lodret paa hinanden stillede vingeformige Udvidninger. Langs ad den ene af disse Udvidninger løber en tydelig fortykket Ribbe, hvor-

which are somewhat cylindrical in shape, only the 4 cell-nuclei are visible; but very soon the plasma belonging to each nucleus is separated and defined by clearly-marked lines. At the same time the terminal cell begins to grow quickly, and to be filled with contents of an opaque, granular character, while the 3 other cells remain transparent, and are inversely reduced in size, until at last they are only present as indistinct vestiges on the inner side of the egg-cell proper. The latter at last (see fig. 17) attains a very considerable size, and fills the whole follicle, which now projects from the ovarial tube like a spherical, short-stalked vesicle. When the ova are ready, they become detached from the walls of the follicles, and enter the cavities of the ovaries. Here an opaque, whitish matter has meanwhile collected (see Pl. XIV, fig. 6), which in fresh specimens appears to be very finely granular, but in spirit specimens rapidly coagulates into a compact yellowish-brown mass occupying the axis of the inner cavities of the ovarial tubes, and is also to some extent continued into the oviduct. This substance seems to be a secretive product of the walls of the ovarial tubes, designed to furnish the material for the peculiar shell or capsule which subsequently envelopes each ovum. At first, after having entered the inner cavities of the ovaries, the ova are still naked, and therefore assume various shapes resulting from reciprocal pressure, or from their passage through narrow parts of the ovaries (see Pl. XVI, fig. 16). They appear to remain for some time in the ovarial cavity, and, by peristaltic movements of the ovaries, are pushed backwards and forwards, their surfaces thus being brought into close contact with the above-mentioned secretion. The first indication of a shell is soon observable upon them (see fig. 19), and, though soft and pliable, it is quite perfect before the ovum is evacuated from the body through the oviduct. The ova then collect immediately above the trunk, into a compact mass, which is retained in position by the aid of the filiformly elongated dorsal lappet of the exopodite of the 9th, 10th and 11th pairs of legs (see Pl. XIV, figs. 1, 2). The egg-mass, which lies a little in front of the middle of the dorsal cavity of the shell, is of a rather irregular shape, with the upper surface highly convex, the lower concave, and the edges irregularly indented. It is carried here by the animal for some time, until the egg-capsules have acquired the necessary firmness, and during that time its colour gradually changes from a very light, whitish hue to a dark horny brown colour. The ova composing it are held together by a glutinous substance, and are very small and therefore generally exceedingly numerous. They are each enveloped in a very firm capsule of most peculiar appearance, and almost turbinate shape (see Pl. XVI,

fra buede Sideribber udgaar til den modstaaende Udvidning, hvilken sidste ender med en tilskjærpet Kant og viser en fint cellulos Structur (se Fig. 23). Ved hvilke mekaniske Midler denne eiendommelige Form af Ægkapselen, der er noiagtig ligedan hos alle Æg, tilveiebringes, er ikke saa godt at sige. Rimeligvis spiller herved den skrueformige Dreining af Ovarialtuberne en væsentlig Rolle. Ægmassen bliver med visse Mellemrum, rimeligvis i Forbindelse med Hudskiftningsakten, udstødt af Skallen, og falder derpaa tilbunds, hvor den indleires i Mudret. Imidlertid har Ovarierne produceret et nyt Sæt Æg, som snart samler sig til en ny Ægmasse under den dorsale Del af Skallen. Paa denne Maade kan et og samme Individ i Løbet af nogle Uger producere et enormt Antal af Æg. Disse udklækkes dog i Regelen aldrig samme Aar, som de er lagte, men er alle bestemte til at overvintre; ja der er Grund til at antage, at de i mange Tilfælde kan henligge i en hvilende Tilstand gjennem meget lange Tidsrum, tildels fuldstændig indtorrede, for de udklækkes.

Udvikling. — Om Udviklingen af denne Phyllopode har den franske Naturforsker Lereboullet i Aaret 1866 [1]) leveret en meget udførlig, af Afbildninger ledsaget Fremstilling, hvortil senere Forskere altid har henholdt sig, uden at der, saavidt mig bekjendt, er anstillet fornyede Undersøgelser over denne Side af nærværende Forms Biologi. Ogsaa Kjønsorganernes Bygning er af samme Forsker meget udførligt omtalt i samme Afhandling, men hans Fremstilling er her i flere væsentlige Punkter urigtig og misvisende. Da jeg har havt en sjelden god Anledning til at studere denne Forms Udvikling og tror i flere væsentlige Punkter at kunne supplere og berigtige den af Lereboullet givne Fremstilling, skal jeg i det følgende forsøge noget udførligere at beskrive samme.

Udviklingen kan passende inddeles i 2 Perioder, den larvale og postlarvale, begge vel markerede fra hinanden. Den første Periode er tilendebragt i meget kort Tid, ialmindelighed i Løbet af nogle faa Dage, hvorimod der til den anden Periode udkræves mindst en hel Maaned.

Larveudviklingen. — Larven kommer til Verden i en yderst ufuldkommen Tilstand, som en saakaldt Nauplius, uden at vise nogensomhelst Lighed med det voxne Dyr. Legemet har i dette 1ste Stadium (Tab. XVII, Fig. 1) kun en Længde af 0,25 mm. og bestaar af 2 ved en svag median Indknibning sondrede Afsnit af omtrent lige Størrelse. Det forreste Afsnit repræsenterer Hovedet, det bageste

figs. 20, 21, 22) with 2 wing-like expansions placed perpendicular to one another. Along one of these expansions runs a distinctly thickened rib, from which curved lateral ribs run to the opposite expansion, this last ending in a sharp edge, and exhibiting a finely cellular structure (see fig. 23). By what mechanical means this peculiar form of egg-capsule, which is exactly similar in all the ova, is brought about, it is not easy to say. Probably the screwlike twist of the ovarial tubes has much to do with it. The egg-mass, at certain intervals, probably connected with the process of exuviation, is thrust out of the shell, and thereupon sinks to the bottom, where it is imbedded in the mud. In the meantime the ovaries have produced a new set of ova, which soon collect into a new egg-mass beneath the dorsal part of the shell. In this way, one animal, in the course of a few weeks, can produce an enormous number of eggs. These, however, as a rule, are never hatched in the same year that they are laid, but are all designed to stand a winter; indeed, there is reason to suppose that in many cases they may lie in a state of quiescence for very long periods of time, sometimes completely dried up, before they are hatched.

Development. — The French naturalist Lereboullet, in the year 1866 [1]), published a very detailed account of the development of this Phyllopod, accompanied by illustrations; and more recent naturalists have always referred to this, without, as far as I am aware, any fresh investigations on this point in the biology of the present form having been instituted. The structure of the sexual organs is also very fully described in the above treatise, but here his description, in many essential points is incorrect and misleading. As I have had an unusually good opportunity of studying the development of this form, and believe that in several important points I can supplement and correct the account given by Lereboullet, I will here endeavour to describe it somewhat more fully.

The development may be suitably divided into 2 periods, the larval and the post-larval, both wellmarked. The first period is brought to a conclusion in a very short time, generally in a few days, whereas at least a month is required for the second.

Larval Development. — The larva is brought into the world in an exceedingly imperfect condition, as a so-called nauplius, without exhibiting any resemblance whatever to the adult animal. The body in this 1st stage (Pl. XVII, fig. 1) has a length of only 0.25 mm., and consists of 2 sections of about equal size, defined by a slight median contraction. The front section represents the head, the hind one, the

---

[1]) Annales des Sciences naturelles, Zoologie, 5me Série, T. V.   [1]) Annales des Sciences naturelles, Zoologie, 5me Série, T. V.

den øvrige Krop. Hovedet er temmelig tykt, lige-som opsvulmet i sit dorsale Parti, og stumpt afknttet fortil, uden Spor af noget Rostrum. Det forlænger sig bagtil paa Undersiden i en meget voluminos Plade, der hvælver sig ud over Bugsiden af Dyret og ender i en smal, konisk tillobende Fort-sats. Denne Plade er den enormt udviklede Over-læbe (labrum). I det indre af Hovedet helt fortil bemærkes i Midten en meget ioinefaldende blodrod Pigmentmasse af noget uregelmæssig Form: det enkle Øie. Af de sammensatte Øine er der derimod intetsomhelst Spor at se. Af Lemmer findes kun 3 Par, de saakaldte Nauplius-Lemmer, alle tilhorende det forreste Afsnit af Legemet og repræsenterende de 2 Par Folere og Mandibularfødderne. Det for-reste Par (a¹) (1ste Par Folere) er dog saa smaa og rudimentære, at de let kan oversees, og er heller ikke bemærkede af Lereboullet. De har Formen af 2 ubetydelige knudeformige Fremspring til hver Side af den forreste Ende af Hovedet og noget ventralt, hver forsynet med en enkelt delicat Folebørste (se ogsaa Fig. 5 a). Det 2det Par Lemmer (a²), der re-præsenterer 2det Par Folere, er derimod af særdeles betydelig Størrelse, forestillende et Par kraftigt ud-viklede, til Siderne udstrakte Aarer næsten af hele Legemets Længde. Enhver af disse Lemmer bestaar af et tykt cylindriskt Skaft og 2 noget ulige ud-viklede Endegrene. Skaftet har ved Basis i Bag-kanten en konisk Fortsats, der ender med en kort borsteformig Spids, og ved dets Ende findes, lige-ledes i Bagkanten, en lignende, med en noget læn-gere bagndkrummet Borste endende Fortsats. Af Grenene er den øvre eller forreste noget storre end den anden og omtrent af Skaftets halve Længde. Den er noget opsvulmet paa Midten, næsten ten-formig, og viser en meget utydelig Leddeling, samt bærer 5 leddede, men endnu ucilierede Svomme-borster, hvoraf de 3 udgaar fra tilsvarende Afsatser i den bagre eller ydre Kant, de 2 øvrige fra Spidsen. Den bagre Gren er simpelt cylindrisk og delt i 2 utydeligt sondrede Led, hvoraf det yderste har ved Spidsen 3 Børster af et lignende Udseende som de paa den forreste Gren. Det 3die Par Lemmer (Mp), de saakaldte Mandibularfødder, hvoraf intet Spor findes hos det voxne Dyr, udgaar omtrent fra Midten af Legemet, paa Grændsen mellem Hoved og Krop, og er ligesom 2det Par udstrakte til hver Side, skjøndt sædvanlig noget mere bagndboiede. De udspringer hver fra en noget fortykket, knude-formigt fremspringende Basis, som forestiller det endnu undviklede Corpus af Kindbakkerne. Hver Mandibularfod bestaar af 3 utydeligt sondrede Led, hvoraf det 1ste er storst og forsynet i Bagkanten med 2 pigformige Borster. Det 2det Led bærer en enkelt lignende Borste, og sidste Led i Spidsen 3 snadanne. Den bagenfor liggende Del af Legemet er uden Spor af Lemmer og af aflang oval Form,

remainder of the body. The head is rather thick and as it were swollen in its dorsal region, and is bluntly truncated in front, without any trace of a rostrum. It is produced posteriorly on the inferior side to a very voluminous plate, which arches over the ventral side of the animal and ends in a narrow, conical projection. This plate is the enormously developed upper lip (labrum). Inside the head, in the middle right in front, a rather irregularly-shaped, very conspicuous mass of blood-red pigment is visible, — the ocellus. On the other hand, there is no trace whatever of the compound eyes. There are only 3 pairs of limbs, the so-called nauplius limbs, all belonging to the anterior section of the body, and representing the 2 pairs of antennæ, and the mandibular legs. The foremost pair (a¹) (the 1st pair of antennæ) are, however, so small and rudimentary, that they can easily be overlooked, and have not, indeed, been noticed by Lereboullet. They are in the shape of 2 small, nodiform protu-berances one on each side of the front end of the head, and somewhat ventral, each furnished with a single delicate sensory bristle (see also fig. 5 a). The 2nd pair of limbs (a²), which represent the 2nd pair of antennæ, are, on the other hand, of very considerable size, forming a pair of powerfully developed oars, extended laterally, and almost as long as the body. Each of these limbs consists of a thick cylindrical scape, and 2 rather unequally developed, terminal rami. At its base, in the hind margin, the scape has a conical projection, ending in a short, bristle-like point, and at its end, also in the hind margin, a similar projection ending in a rather longer bristle bending backwards. Of the two rami the upper or foremost one is rather larger than the other, being about half the length of the scape. It is somewhat swollen in the middle, almost fusiform, and exhibits a very indistinct arti-culation; it also carries 5 jointed, but not as yet ciliated natatory bristles, 3 of which issue from corresponding ledges in the hinder or outer margin, the other 2 from the point. The hind ramus is of a simple cylindrical shape, and is divided into 2 indistinctly defined joints, the outer of which has at its point 3 bristles similar in appearance to those on the front ramus. The 3rd pair of limbs (Mp), the so-called mandibular legs, of which no trace is to be found in the adult animal, issue from about the middle of the body, at the dividing line between the head and the trunk, and, like the second pair, extend one to each side, though gene-rally bent rather more backwards. They each issue from a somewhat thickened, nodiformly projecting base, which represents the still undeveloped body of the mandibles. Each mandibular leg consists of 3 indistinctly defined joints, of which the 1st is the largest, and is furnished, on the hind margin, with

med et lidet Indsnit i Enden (f). Af de ovenfor beskrevne Lemmer, der alle horer til Hovedet, er det forreste Par udelukkende Foleredskaber, medens de 2 ovrige Par, og navnlig det 2det, er Svommeapparater, ved hvis Slag forfra bagtil Legemet stødvis drives frem gjennem Vandet. Bevægelserne er dog i dette 1ste Stadium endnu temmelig afbrudte og ubehjælpelige. Forst efterat Larven har undergaaet sin 1ste Hudskiftning, og Svommeborsterne har faaet sin Ciliering, bliver Bevægelserne mere regelmæssige og energiske. Angaaende den indre Organisation, saa lader sig herom lidet eller intet anfore, da der endnu kun synes at være indtraadt en yderst ufuldkommen Differentiation af de forskjellige Væv. Hele Legemet ligesaavelsom Lemmerne er fyldt med en amorph ensformig kornet Materie, der giver Dyret en temmelig opak graalig Farve, uden at nogen indre Organer med Sikkerhed lader sig paavise. Vistnok bemærkes ofte i Axen af Legemet en svag gulagtig Tone, der kunde synes at antyde Tilstedeværelsen af Tarmrøret; men dette er i ethvert Fald endnu ikke tydeligt afgrændset fra de omliggende Dele.

Umiddelbart efter den 1ste Hudskiftning ser Larven snaledes ud som fremstillet Fig. 2 (fra Rygsiden). Det bagre Afsnit af Legemet har nu forlænget sig adskilligt og antaget en mere cylindrisk, eller noget konisk Form, og viser i nogen Afstand fra Enden en svag Indsnoring, ligesom antydende et terminalt Segment, svarende til Haledelen hos det udviklede Dyr. Bagtil har dette Segment en liden Indbugtning og gaar til hver Side af denne ud i en kort indadkrummet Fortsats. Hovedets Form er paa det nærmeste uforandret, og ogsaa Lemmerne af en lignende Bygning som hos 1ste Stadium, dog med den Forskjel, at alle Svømmeborster paa 2det Par nu er fint cilierede, og at de 2 fra Skaftet udgaaende Fortsatser begge har antaget Formen af stærke, bagudkrummede Børster, hvoraf navnlig den inderste er kraftigt udviklet og tæt cilieret i sit ydre Parti. Ogsaa de 3 laterale Borster paa Mandibularfødderne er nu grovt cilierede, medens de 3 Endeborster synes at mangle Ciliering. Overlæbens terminale Fortsats har forlænget sig adskilligt, saa at den rækker noget ud over Legemets bagre Ende. Legemet er endnu fyldt med en lignende amorph kornet Materie som i 1ste Stadium, men Tarmrøret er dog nu tydligere søndret og viser sig betydelig tykkere fortil end bagtil. Larven, der nu har en Længde af 0,36 mm, svømmer temmelig raskt om i Vandet ved rhytmiske Slag af 2det Par

2 spiniform bristles. The 2nd joint carries one such bristle, and the last joint, at its extremity, 3. The part of the body lying behind has no trace of limbs, and is of an oblong oval shape, with a small emargination at the extremity (f). The foremost pair of the above-described limbs, all of which belong to the head, are exclusively sensory organs, while the other 2 pairs, and the 2nd in particular, are swimming implements, by whose strokes from front to back, the body is driven forward by jerks through the water. The movements in this 1st stage, however, are still rather intermittent and awkward. Only when the larva has undergone its first exuviation, and the natatory bristles have become ciliated, do its movements become more regular and energetic. Concerning the internal organisation there is little or nothing to be said as only an exceedingly imperfect differentiation of the various tissues appears as yet to have taken place. The whole of the body, as well as the limbs, is full of an amorphous, uniform, granular matter, which gives the animal a rather opaque, grayish colour, without allowing any of the internal organs to be made out with certainty. It is true that in the axis of the body a faint yellow tinge may often be observed, which might seem to indicate the presence of the intestinal tube; but this is at any rate not distinctly marked off from the surrounding parts.

Immediately after the 1st exuviation, the appearance of the larva is as represented in fig. 2 (from the dorsal surface). The hind section of the body has now lengthened considerably, and has assumed a more cylindrical, or somewhat conical shape, and at some distance from the end it exhibits a slight constriction, as though indicating a terminal segment, answering to the caudal part of the fully-developed animal. At the tip, this segment has a small sinus, and goes out on each side into a little incurved projection. The shape of the head is as nearly as possible unchanged, and the structure of the limbs is very similar to that in the 1st stage, yet with the difference that all the natatory bristles on the 2nd pair are now finely ciliated, and that the 2 projections issuing from the scape have both assumed the shape of strong, backward-curving bristles, of which the inner one is more powerfully developed and thickly ciliated in its outer part. The 3 lateral bristles on the mandibular legs are also now coarsely ciliated, while the 3 terminal bristles seem to be destitute of cilia. The terminal protuberance of the labrum has lengthened considerably, so that it extends somewhat beyond the hind end of the body. The body is still full of an amorphous, granular matter like that in the first stage, but the intestinal tube is now more distinctly defined, and appears considerably thicker in front

Folere og delvis ogsaa Mandibularfødderne, hvorved snart Ryg- snart Bugside vendes opad.

Et noget senere Stadium er fremstillet Fig. 3 fra Bugsiden. Larven har nu naaet en Længde af 0,47 mm og har Legemets bagre Afsnit end mere forlænget, skjøndt fremdeles uden Spor af Lemmer. De terminale Fortsatser, som aabenbart svarer til Haleklorne hos det voxne Dyr, har strakt sig betydeligt i Længde og er skilt ved et dybt Indsnit, i hvis Bund Analaabningen er beliggende. I det indre af Overlæben sees flere meget tydelige celleagtige Legemer, aabenbart af kjertelagtig Natur, og dens terminale Fortsats er nu fuldkommen saa lang som den proximale Del af Overlæben og skraat nedadrettet. Mandibularføddernes Rodstykke har sondret sig skarpere fra Legemet og forlænget sig indad mod Mundaabningen, hvorved det nu meget tydeligt viser sig at repræsentere Kindbakkernes Corpus. Selve Lemmerne synes dog ikke at have undergaaet nogen væsentlige Forandringer i sin Structur. Legemet er i dette Stadium betydelig mere gjennemsigtigt end i de 2 foregaaende Stadier og næsten vandklart, saa at den med gulfarvet Indhold fyldte Tarmkanal med stor Tydelighed skinner igjennem de tynde Integumenter.

Fig. 4 fremstiller (fra Rygsiden) et betydelig senere Stadium, som er nærved at skifte Hud. Larven har nu en Længde af 0,65 mm. og har undergaaet flere væsentlige Forandringer. Legemet er idethele temmelig langstrakt, og det bagre Afsnit, uden at regne de terminale Fortsatser, dobbelt saa langt som det forreste, fra hvilket det er sondret ved en meget tydelig Indknibning. I det indre af Hovedet viser sig nu det første Spor af de sammensatte Øine i Form af 2 smaa, endnu vidt adskilte Pigmentpletter, der ligger til hver Side og noget ovenfor det enkle Øie. Lereboullet har ment, at de sammensatte Øine dannedes ved en Afspaltning fra det enkle Øie, hvad der er aldeles urigtigt. De dannes ganske uafhængigt af det enkle Øie, der baade hvad Størrelse og Form angaar, er fuldkommen uforandret. Af Lemmerne er 1ste Par fuldkommen af samme Udseende som hos de tidligere Stadier, men synes at være rykkede noget længere ned paa Bugsiden. Paa 2det Par har den basale Fortsats klovet sig i Enden i 2 børsteformige, tæt cilierede Spidser, og den bagre Gren har faaet en Svømmebørste flere paa Spidsen. Mandibularfødderne viser nu alle sine 3 Led meget tydeligt begrændsede, og den fra næstsidste Led udgaaende Børste har

than behind. The larva, which is now 0.36 mm. in length, swims about with tolerable rapidity in the water, with rhythmical strokes of the 2nd pair of antennæ, and partly of the mandibular legs, whereby now the dorsal, now the ventral surface is turned uppermost.

A somewhat later stage is represented in fig. 3, from the ventral surface. The larva has now attained a length of 0.47 mm. and has the posterior section of the body even more elongated, though still without a trace of limbs. The terminal projections, which evidently answer to the caudal claws in the adult animal, have increased considerably in length, and are separated from each other by a deep emargination, at the bottom of which the anal aperture is situated. Inside the labrum are visible several very distinct cellular bodies, evidently of a glandular nature; and its terminal projection is now fully as long as the proximal part of the labrum, and directed obliquely downwards. The basal part of the mandibular legs has become more sharply divided from the body, and is produced inwards towards the oral aperture, thereby showing very clearly that it represents the body of the mandibles. The limbs themselves, however, do not seem to have undergone any essential change in their structure. The body in this stage is considerably more transparent than in the two preceding stages, being almost as clear as water, so that the intestinal canal, with its yellow-coloured contents, shows with great distinctness through the thin integuments.

Fig. 4 represents (from the ventral surface) a very much later stage, when the animal is about to cast its skin. The larva now has a length of 0.65 mm., and has undergone several important changes. The body is on the whole rather elongated, and the posterior section, not including the terminal projections, is twice as long as the anterior, from which it is separated by a very distinct contraction. Inside the head, the earliest traces of the compound eyes now appear in the shape of two small, and as yet widely-separated spots of pigment, lying one on each side, and somewhat above the ocellus. Lereboullet thought that the compound eyes were formed by a splitting off from the ocellus, a theory which is altogether incorrect. They are formed quite independently of the ocellus, which, both as regards size and shape, is altogether unchanged. The 1st pair of limbs is of exactly the same appearance as in the earlier stages, but they seem to have moved a little farther down on the ventral surface. In the 2nd pair, the basal projection has divided at the end into 2 bristle-like, thickly ciliated points, and the posterior ramus has acquired another natatory bristle at the point. The mandibular legs now show all their 3 joints very

nntaget en pigformig Character, dannende den umiddelbare Fortsættelse af Leddet. Den terminale Fortsats af Overlæben, ligesom de nu stærkt forlængede Halefortsatser viser sig rundtom tæt besatte med korte Pigge. Paa det bagre Afsnit af Legemet bemærkes de forste Anlæg til Rygskjoldet og til de 6 forreste Par Fødder. Alle disse Dele er dog endnu dækkede af Larvehuden, som uden nogensomhelst Afbrydelse strækker sig over dem. Rygskjoldet (den senere Skal) har Formen af 2 smaa, endnu ikke med hinanden dorsalt forbundne afrundede Folde helt fortil, i hvis Indre den forste Antydning til Skalkjertelen lader sig paavise. Fødderne har endnu kun Udseende af en Række af 6 ubetydelige knopformige Fremspring langs Siderne af Kroppen umiddelbart bag Anlægget til Rygskjoldet. De aftager successivt i Storrelse bagtil, og de 2 sidste Par er kun meget svagt antydede. I det indre af det særdeles gjennemsigtige Legeme sees nu Tarmkanalen med stor Tydelighed. Den har bagtil sondret en vel begrændset, stærkt muskulos Endetarm, og gaar fortil ud i 2 korte blindsækformige Udvidninger: den forste Begyndelse til den senere saa complicerede Lever. De forskjellige Muskler, der tjener til Aarernes og Mandibularfoddernes Bevægelse kan nu med stor Tydelighed adskilles, og Larven bevæger sig ogsaa i dette Stadium adskilligt mere energiskt end i de tidligere.

I det næste her afbildede Stadium (Fig. 5) har Larven en Længde af 0,87 mm, og viser en videre Udvikling af det bagre Afsnit af Legemet, som nu, inclusive de terminale Forsatser, er over 3 Gange saa langt som det forreste. De Dele, der paa foregaaende Stadium, viste sig umiddelbart indenfor Larvehuden, nemlig Rygskjoldet og de 6 Par Fodknuder, træder nu alle frit frem fra Legemets Overflade og har tiltaget noget i Storrelse. De sammensatte Øine er ligeledes betydelig storre og er rykkede noget nærmere sammen, skjondt de endnu er skilte i Midten ved et tydeligt Mellemrum. Ethvert af dem er nu omgivet af en klar Bræm, hvori senere de enkelte Synselementer udvikler sig. I Bygningen af de 3 Par oprindelige Nauplius-Lemmer viser ikke Larven nogen væsentlige Forskjelligheder fra samme hos det sidst beskrevne Stadium. En Foler af 1ste Par er afbildet meget stærkt forstørret Fig. 5 a; den viser, som det vil sees, fuldkommen det samme rudimentære Udseende som hos de yngste Larver.

Fig. 6 fremstiller en Larve i et senere Stadium, seet fra venstre Side, med den tilsvarende Aare udeladt, for at vise de af denne dækkede Dele af Hovedet tydeligere. Larvens Længde er lidt over 1 mm. De 2 Afsnit af Legemet viser sig meget

distinctly defined, and the bristle projecting from the last joint but one has acquired a spiniform character, forming the immediate continuation of the joint. The terminal protuberance of the labrum, as also the now greatly elongated caudal projections, appear thickly covered all round with short spines. On the posterior section of the body, the earliest rudiments of the carapace and of the 6 foremost pairs of legs are observable. All these parts, however, are still covered by the larval skin, which is stretched over them without any interruption whatever. The carapace (the future shell) is in the shape of 2 small, rounded folds right in front, and not connected dorsally with one another, inside which the earliest indication of the shell-gland may be made out. The legs have still only the appearance of a row of 6 small, bud-like projections along the sides of the body, immediately behind the rudiment of the carapace. They diminish in size successively behind, and the last 2 pairs are only very faintly indicated. In the interior of the exceedingly transparent body, the intestinal canal is now seen with great distinctness. Posteriorly, a well-defined, very muscular rectum has been divided off, and in front, it forms 2 short cæcal expansions, — the earliest commencement of the subsequently so complicated liver. The different muscles employed in the motion of the oars and the mandibular legs, can now be very clearly distinguished, and the larva moves much more energetically in this stage than in the earlier ones.

In the next stage represented here (fig. 5) the larva has a length of 0.87 mm. and exhibits a further development of the posterior section of the body, which now, including the terminal projections, is more than 3 times as long as the anterior section. Those parts which in the preceding stage appeared immediately within the larval skin, viz. the carapace and the 6 pairs of pedal buds, now all project freely from the surface of the body, and have somewhat increased in size. The compound eyes are also considerably larger, and have moved a little nearer together, though they are still separated in the middle by a distinct space. They are both surrounded by a clear rim, in which the visual elements are subsequently developed. In the structure of the 3 pairs of original nauplius limbs the larva presents no essential difference from those in the last-described stage. One antenna of the 1st pair is shown, very highly magnified, in fig. 5 a; as will be seen, it presents exactly the same rudimentary appearance as in the youngest larva.

Fig. 6 represents a larva in a later stage, seen from the left side, with the left oar omitted in order to show more distinctly those parts of the head which it covers. The length of the larva is a little over 1 mm. The 2 sections of the body appear

tydeligt sondrede, idet der mellem dem ogsaa dorsalt er en temmelig dyb Indbugtning. Hovedet er jævnt hvælvet oventil og afrundet fortil, med et stumpt Fremspring nedenfor det enkle Øie, forestillende Anlægget til Rostrum. Umiddelbart bag dette Fremspring sees de endnu knudeformige 1ste Par Folere at udgaa. Bag disse igjen rager den enormt udviklede Overlæbe frem, med sin skraat nedadrettede pigformige Endefortsats. Ved dennes Basis er der indad en liden cilieret Lap, der sædvanligvis er boiet ind mod Mundaabningen og som svarer til den verticalt stillede Endelamelle hos det voxne Dyr. Til hver Side af Mundaabningen sees de nu vel udviklede Kindbakker, fra hvis ydre Side Mandibularfødderne udgaar, og umiddelbart bag dem igjen viser sig Anlægget til de 2 Par Kjæver. Rygskjoldet har nu udviklet sig til en kappeformig Huddbduplicatur, bestaaende af 2 symetriske Halvdele skilte bagtil i Midten ved en dyb Indbugtning. Det har nu tydeligt sondret sig ogsaa fortil; men de 2 Halvdele gaar ganske umærkeligt over i hinanden dorsalt, uden at der endnu er nogen tydelig Sondring af 2 Valvler. De sig udviklende Fodder, der nu fuldstændig dækkes oventil af Rygskjoldet, har forlænget sig til noget polseformige Fortsatser, der er rettede skraat bagtil og ligger tæt sammen. Den bagerste Del af Kroppen er ganske svagt omboiet mod Bugsiden og begynder at sondre sig som en tydelig Haledel. De terminale Fortsatser viser sig nu klarlig at være identiske med de senere bevægeligt til Enden af Haledelen indleddede Haleklor. I nogen Afstand fra dem paa Dorsalsiden har allerede Haleborsterne udviklet sig; derimod er der endnu ikke noget Spor af de for det voxne Dyr characteristiske tandede Haleplader. Af de Forandringer, der er foregaaet med den indre Organisation kan nævnes, at de i tidligere Stadier simple blindsækformige Udvidninger af Tarmens forreste Del har hver sondret sig i en dorsal og en ventral Lap, og at Hjertet har dannet sig i den forreste Del af Truncus.

Sidste Larvestadium er fremstillet Fig. 7, fra Rygsiden. Legemet har nu en Længde af 1,14 mm. og ligner idethele samme hos de 2 foregaaende Stadier, dog med den Forskjel, at Hovedets Pandedel er noget mere fremspringende, og at Rygskjoldet er betydelig storre. Dette sidste dækker nu som en bred Kappe Størstepartuen af Truncus tilligemed de til samme horende Lemmer oventil og har bagtil et dybt Indsnit. Fodderne, hvis Antal fremdeles kun er 6 Par, er endnu fuldstændig ubevægelige, men har nu sondret sig i sine respective Hovedafsnit, hvoraf navnlig Epipoditerne er meget tydelige i Dyrets dorsale Stilling. Fra Enderne af Fodderne er allerede korte Borster begyndt at spire

very distinctly defined, as there is, dorsally too, a rather deep hollow between them. The head is evenly arched above and rounded in front, with a blunt projection below the ocellus, representing the rudiment of the rostrum. Immediately behind this projection, the still nodiform 1st pair of antennæ are seen to issue. Behind them again, projects the enormously developed labrum, with its spiniform terminal protuberance directed obliquely downwards. At its base inside, there is a little ciliated lobe, which is usually bent in towards the oral aperture, and which corresponds to the vertically-placed terminal lamella in the full-grown animal. On each side of the oral aperture are seen the now well-developed mandibles, from the outer side of which issue the mandibular legs, and immediately behind them again, appear the rudiments of the 2 pairs of maxillæ. The carapace has now developed into a hood-shaped cuticular duplicature, consisting of 2 symmetrical halves, separated behind in the middle by a deep depression. It has also become well defined in front, but dorsally the two halves run quite imperceptibly into one another, without as yet any distinct division into 2 valves. The developing legs, which are now completely covered above by the carapace, have lengthened into somewhat sausage-shaped protuberances, directed obliquely backwards, and lying close together. The hinder part of the body is very slightly bent down towards the ventral surface, and begins to be marked off as a distinct caudal part. The terminal projections now show themselves clearly to be identical with the caudal claws subsequently movably articulated to the end of the caudal section. At some distance from them on the dorsal side, the caudal bristles have already developed, whereas there is as yet no trace of the dentated caudal lamellæ characteristic of the adult animal. Among the changes that have occurred in the internal organisation, it may be mentioned that the simple cæcal expansions of the front part of the intestine in earlier stages, have become marked off into a dorsal and a ventral lobe, and that the heart has been formed in the anterior part of the trunk.

In fig. 7, the last larval stage is represented, seen from the ventral surface. The body now has a length of 1,14 mm., and on the whole resembles that in the 2 preceding stages, though with these differences, viz., that the frontal part of the head is rather more prominent, and that the carapace is considerably larger. The latter now covers like a broad mantle the upper portion of the greater part of the trunk and limbs, and has a deep emargination behind. The legs, which still only number 6 pairs, are as yet quite immovable, but are now divided into their respective principal parts, of which notably the epipodites are very distinct in the animal's dorsal position. From the extremities of the

frem, og, sees Dyret fra Bugsiden, lader ogsaa Coxallappene sig tydeligt adskille. De sammensatte Øine er nu rykkede nær sammen, og i den periphere Area har allerede Synselementerne begyndt at danne sig. Larven bevæger sig om i Vandet paa fuldkommen samme Maade som i tidligere Stadier. Bevægelsen tilveiebringes hovedsageligt ved 2det Par Folere eller Aarerne, ved hvis rhytmiske Slag forfra bagtil Legemet drives frem gjennem Vandet paa en eiendommelig stødvis Maade. Ved hvert Slag af Aarerne føres deres basale indadkrummede Fortsats ind mellem Overlæben og Kroppen, saa at de 2 børsteformige Spidser kommer i Contact med Mundregionen, og det synes derfor som om denne Fortsats har en væsentlig Betydning ved Næringsoptagelsen. Larvetilstanden er nu endt, og med den umiddelbart følgende Hudskiftning begynder den 2den Periode i Dyrets Udvikling, den postlarvale Tilstand.

Postlarval Udvikling. — Fig. 8, 9 fremstiller 1ste postlarvale Stadium, hvilket følger umiddelbart paa det ovenfor beskrevne sidste Larvestadium, idet kun en enkelt Hudskiftning betegner Grændsen mellem begge. Og dog viser Dyret nu et totalt forskjelligt Udseende, ligesom dets Maade at bevæge sig paa er meget afvigende. Man har nu ikke synderlig Vanskelighed ved i det at erkjende en ung Limnadia, skjøndt der endnu er tilbage nogle Spor fra Larvetilstanden. Hvad der væsentlig characteriserer dette Stadium ligeoverfor Larvestadierne, er den betydelige Udvikling af Rygskjoldet, som nu har omformet sig til en tydeligt tveklappet Skal, der bedækker Størsteparten af Legemet, ikke blot oventil, men ogsaa til Siderne. Skallen er dog endnu ikke saa stor, at Legemet kan fuldstændig inddrages i samme, saaledes som Tilfældet er med fuldt udviklede Exemplarer, og Hovedet, ligesom ogsaa Halen er derfor altid ubedækkede. En anden væsentlig Forandring bestaar i Reductionen af Mandibularfødderne og den fuldstændige Mangel af de 2 fra Aarernes Skaft udgaaende bagudbøiede Fortsatser. Endelig maa anføres som en væsentlig Character, at de hos Larven fuldkommen ubevægelige Branchialfødder nu er traadt i Virksomhed, udførende sine rhytmiske svingende Bevægelser. Længden af Legemet, maalt fra Panden til Enden af Haleklørne er 1,14 mm, eller noiagtig den samme som hos Larven i sidste Stadium. Men medens Skallen hos dette sidste Stadium kun var 0,40 mm. lang og neppe mere end halvt saa hoi, har den nu en Længde af 0,70 mm. og en Høide af 0,60 mm. Den er ganske klar og gjennemsigtig, uden Spor af de hos voxne Exemplarer forekommende concentriske Linier, ligesom Formen er noget afvigende. Seet fra Siden (se Fig. 9) viser den en uregelmæssig af-

legs, short bristles have already begun to shoot forth, and when the animal is seen from the ventral surface, the coxal lobes may also be distinguished clearly. The compound eyes have now moved close together, and in the peripheral area the visual elements have already begun to form. The larva moves about in the water in exactly the same manner as in the earlier stages. The movement is brought about chiefly by the 2nd pair of antennæ or the oars, by whose rhythmical strokes from front to back the body is propelled through the water in a peculiar, jerky manner. At each stroke of the oars, their basal, incurved projection is carried in between the labrum and the body, so that the 2 bristle-like points are brought into contact with the oral region. It therefore seems as though this projection was of essential importance in the admission of food. The larval condition is now terminated, and with the immediately succeeding exuviation begins the 2nd period in the animal's development, the post-larval condition.

Post-larval Development — Figs. 8 and 9 represent the first post-larval stage, which follows immediately after the above-described last larval stage, only a single exuviation marking the boundary between the two. And yet the animal now presents a totally different appearance, its manner of moving being also very different. There is very little difficulty now in recognising in it a young Limnadia, although there are still some traces left of its larval condition. What principally characterises this stage as compared with the larval stages is the considerable development of the carapace which is now transformed into a distinctly bi-valved shell, covering the greater part of the body, not only above, but also at the sides. The shell, however, is not yet so large as to allow of the body being completely withdrawn into it, as is the case with fully developed animals; the head therefore, and the tail are always uncovered. Another essential change consists in the reduction of the mandibular legs and the total absence of the 2 backward-curved projections from the scape of the oars. Lastly, it must be mentioned as an essential character that the quite immovable branchial legs in the larva have now begun to act by performing their rhythmical, swinging movements. The length of the body, measured from the frontal part to the end of the caudal claws is 1.14 mm., or exactly the same as that of the larva in the last stage. But while the shell in that stage was only 0.40 mm. long, and scarcely more than half as high, it now has a length of 0.70 mm. and a height of 0.60 mm. It is quite clear and transparent, without a trace of the concentric lines occurring in fullgrown animals, and the shape is somewhat different. Seen from the side (see fig. 9), it shows an irregular, rounded shape, with the upper margin where the

rundet Form, med den øvre Kant, hvor Valvlerne støder sammen, næsten ret og endende saavel fortil som bagtil med et tydeligt fremspringende Hjørne. Ovenfra seet (se Fig. 8) viser den sig temmelig buget, idet Breden næsten er lig Høiden. Til hver Side sees Skalkjertelen med den umiddelbart foran samme liggende Muskelarea med stor Tydelighed, og paa Grund af Skallens store Gjennemsigtighed træder ogsaa den af samme bedækkede Del af Legemet klart og tydeligt frem. Man kan nu paa Legemet adskille alle de Afsnit, som ovenfor er beskrevet hos det voxne Dyr. Dog er Nakkesegmentet endnu temmelig kort, og Truncus kun lidet længere end det forreste Afsnit af Legemet. Hovedet har en fra samme hos det voxne Dyr temmelig afvigende Form. Dets øvre Flade er noget uregelmæssigt hvælvet og endnu uden Spor af det characteristiske stilkede Fastheftningsorgan, som først senere dannes ved en gradvis Afsnøring af en Del af Hovedets Dorsalparti. Pandedelen er endnu kun lidet fremspringende, og mellem den og det stumpt tilrundede Rostrum er der neppe engang den svageste Indbugtning at se. Af Hovedets Vedhæng er 1ste Par Følere lidt mere forlængede end hos Larverne, men endnu forholdsvis smaa og uden laterale Lappe. 2det Par Følere, eller Aarerne, har, som ovenfor anført, tabt baade den bagudbøiede Børste ved Enden af Skaftet og den tvedelte basale Fortsats. Forøvrigt stemmer de, saavel hvad Skaftets som Grenenes Bygning angaar, temmelig nær overens med samme hos Larverne, alene med den Forskjel, at der i Yderkanten af den øvre Gren har udviklet sig en kort Pig, hvoraf intet Spor var at se hos hine. Overlæben er nu betydelig reduceret i Størrelse og har antaget det for det voxne Dyr characteristiske Udseende, idet den lange, dolkformige Endedel er svundet ind til en forholdsvis liden tentakelformig Fortsats. Paa Kindbakkerne er der endnu igjen et Rudiment af Mandibularfødderne i Form af et til deres Yderside fæstet ubetydeligt koniskt Appendix uden Spor af Leddeling eller Børstebesætning. Bag Kindbakkerne sees de 2 Par Kjæver, som nu, ligesom Kindbakkerne, er i fuld Virksomhed med at bearbeide den optagne Næring. De hos Larven anlagte 6 Par Branchialfødder er nu functionsmæssigt udviklede, udførende sine characteristiske svingende Bevægelser for Respirationens og Næringsoptagelsens Formaal, og bag dem er der endnu Anlæg til 3 eller 4 Par nye Fødder. Haledelen er endnu kun svagt ombøiet og Haleklørne ufuldstændigt søndrede fra Haleenden. De har hver nær Basis en enkelt kort Sidetand, og umiddelbart ovenfor dem udgaar fra Halens Dorsalside 2 meget smaa jevnsides stillede Fremspring, som forestiller det første Anlæg til de tandede Haleplader. Ovenfor Haleborsterne har der endvidere udviklet sig et enkelt Par af de hos det voxne Dyr her forekommende

valves meet, almost straight, and ending both in front and behind in a distinctly projecting corner. Seen from above (see fig. 8), it appears rather bulging, its breadth being almost equal to its height. On each side is seen the shell-gland very distinctly, with the muscular area lying immediately in front of it; and on account of the great transparency of the shell, that part of the body which it covers is seen very clearly and distinctly. All the sections of the body described above in the adult animal, can now be distinguished. The cervical segment, however, is still rather short, and the trunk only a little longer than the foremost section of the body. The head has a rather different shape to that in the adult animal. Its upper surface is somewhat irregularly arched, and still without a trace of the characteristic stalked organ of attachment, which is formed, but not until later, by a gradual constriction of a part of the dorsal region of the head. The frontal region still projects only slightly, and between it and the bluntly rounded rostrum, there is scarcely even the slightest hollow to be seen. Among the appendages of the head, the first pair of antennæ is a little more elongated than in the larva, but still comparatively small and without lateral lobes. The 2nd pair of antennæ, or the oars, have, as stated above, lost both the backward-curved bristle at the end of the scape and the bifid basal projection. In other respects they agree very closely, as regards the structure of both the scape and the rami, with those limbs in the larva, with the one difference that in the outer margin of the upper ramus a short spike has developed, of which there was no trace in the larva. The labrum is now considerably reduced in size, and has assumed the appearance characteristic of the adult animal, the long, ensiform terminal part having shrunk into a comparatively small, tentacular projection. There is still a rudiment of the mandibular legs left on the mandibles in the form of an indistinctly conical appendage, — without a trace of articulation or bristles, — attached to their outer side. Behind the mandibles are seen the 2 pairs of maxillæ, which now, like the mandibles, are in full activity, manipulating the food admitted. The 6 pairs of branchial legs commenced in the larval stage are now able to perform their function, executing their characteristic swinging movements for the purpose of respiration and the admission of food; and there are the rudiments of 3 or 4 pairs of new legs. The caudal part is still only slightly bent down, and the caudal claws imperfectly marked off from the end of the tail. They each have near the base a single, short, lateral tooth, and immediately above them, there issue from the dorsal side of the tail 2 very small juxtaposed projections, representing the earliest rudiment of the dentated

stærke, bagudrettede dorsale Torne. De sammen-
satte Øine har tiltaget i Størrelse, og deres Syns-
elementer er nu noksaa tydelige. Umiddelbart neden-
for dem ligger det enkle Øie, som har bibeholdt sit
Udseende temmelig uforandret. Af de 2 Lappe,
hvori hos sidste Larvestadium enhver af de blind-
sækformige Udvidninger af Tarmen var delt, viser
den dorsale allerede en Antydning til en yderligere
Klovning. Ungen svømmer om i Vandet paa en
fra samme hos Larverne meget forskjellig Maade,
idet Bevægelsen nu ikke længere er stødvis, men
mere har Characteren af et ganske jevnt Løb, be-
virket ved hastigt paa hinanden følgende Slag af
Aarernes ydre Parti. Dyret vender herunder snart
Ryg- snart Bugside opad og gjør ofte kredsformige
Volter i Vandet.

Paa Tab. XIV er afbildet fra venste Side 2
umiddelbart følgende Stadier (Fig. 4 og 5), hvoraf
vil sees, at Skallen hurtigt voxer i Størrelse, saa
at den tilsidst er tilstrækkelig rummelig til at Le-
gemet fuldstændigt kan trækkes ind i samme. Skal-
lens Form er imidlertid temmelig uforandret, skjøndt
maaske noget mere oval end i 1ste Stadium, og der
er fremdeles ingen concentriske Linier at se paa
Valvlerne. Hovedet er nu ved en tydelig dorsal
Indbugtning sondret fra Nakkesegmentet, og den
umiddelbart foran Indbugtningen liggende Del af
dets dorsale Flade begynder at hæve sig i Veiret
for at danne det for det voxne Dyr saa characteri-
stiske Fastheftningsorgan, hvilket dog endnu længe
udgaar fra Hovedet med en forholdsvis bred Basis.
Pandedelen begynder lidt efter lidt at antage den
for det voxne Dyr characteristiske koniske Form,
og under den sees allerede en temmelig dyb Ind-
bugtning, hvorved den sondres fra det nu triangu-
lært fremspringende Rostrum. 1ste Par Følere be-
gynder at forlænge sig og antage en smalt kølle-
dannet Form, men er endnu hos det sidste af de
her omhandlede 2 Stadier (Fig. 5) simple, uden late-
rale Lappe. Aarerne, hvis basale Del nu altid er
fortilstrakt, forandrer sig ligeledes gradvis, an-
tagende mere og mere den for det voxne Dyr cha-
racteristiske Bygning, idet Grenene forlænger sig
og afsnøres i et større Antal Led. Antallet af de
paa dem fæstede Svømmeborster og Pigge er dog
endnu meget ringe sammenlignet med samme hos
det voxne Dyr. Kindbakkerne har tabt den sidste
Rest af Mandibularfødderne og er nu, saavel hvad
Form som Bevæbning angaar, fuldkommen overens-
stemmende med samme hos fuldt udviklede Individer.
Branchialfødderenes Tal tiltager gradvis, idet der
successivt bagtil danner sig nye Anlæg, efterat de
foranliggende er bleven functionsmæssigt udviklede.
Deres Tal er paa det Fig. 4 afbildede Stadium 9,

caudal laminæ. Above the caudal setæ moreover,
there have developed a single pair of the strong,
backward-pointing, dorsal spines occurring here in
the full-grown animal. The compound eyes have
increased in size, and their visual elements are now
fairly distinct. Immediately below them lies the
ocellus, which has maintained its appearance almost
unchanged. Of the 2 lobes into which each of the
cæcal expansions of the intestine was divided in
the last larval stage, the dorsal one already shows
signs of further cleavage. The young animal swims
about in the water in a manner very different to
that of the larva, the motion being no longer jerky,
but having more the character of an even dart,
brought about by the rapidly succeeding strokes of
the distal part of the oars, during which the ani-
mal turns now its dorsal, now its ventral side
uppermost, and often makes circular turns in the
water.

On Pl. XIV, 2 immediately following stages
(figs. 4 and 5) are illustrated from the left side. It
will be seen from these that the shell is rapidly
increasing in size, until at last it is sufficiently
capacious to allow of the body being completely
withdrawn into it. The form of the shell, however,
is almost unchanged, though perhaps somewhat
more oval than in the first stage, and there are
still no concentric lines to be seen on the valves.
The head is now divided from the cervical segment
by a distinct dorsal depression, and that part of
its dorsal surface immediately in front of the de-
pression, begins to be raised up in order to form
the organ of attachment so characteristic of the
adult animal, which still for some time issues from
the head with a comparatively broad base. The
frontal region begins little by little to assume the
conical form characteristic of the full-grown animal,
and beneath it may be already seen a rather deep
depression, by which it is divided from the now
triangularly projecting rostrum. The 1st pair of
antennæ begin to lengthen and assume a narrow
clavate shape, but are still, in the latter of the
2 stages now in question (fig. 5), simple and without
lateral lobes. The oars, whose basal part is now
always extended forwards, are also changing gra-
dually, and assuming more and more the structure
characteristic of the adult animal, the rami being
elongated and divided into a greater number of
joints. The number of natatory bristles and spines
attached to them is still very small compared with
that in the adult animal. The mandibles have lost
the last remnants of mandibular legs, and are now,
both as to form and equipment, exactly like those
of the fully-developed animal. The number of
branchial legs increases gradually, new rudiments
being successively formed behind, as soon as those
in front are developed sufficiently to perform their

paa det Fig. 5 fremstillede 14 Par ialt. Haledelen sondrer sig tydeligere fra Truncus og bliver mere omboiet. Haleklorne er nu bevægeligt articulerede paa Spidsen, og Halepladerne begynder at springe stærkere frem. I deres Bagkant viser sig nogle faa tandformige Fremspring, ligesom de ovenfor Halebørsterne udgaaende dorsale Torne begynder at tiltage i Antal. Hvad den indre Organisation angaar, skal her blot henledes Opmærksomheden paa den ganske gradvise Udvikling af det i Hovedet liggende leverngtige Organ, der allerede i det sidste af de 2 her omhandlede Stadier (Fig. 5) har opnaaet en temmelig compliceret Bygning. Længden af Skallen hos disse 2 Stadier er henholdsvis 1,10 mm. og 2,30 mm. Endnu foregaar der en lignende gradvis Udvikling af alle Dele af Legemet indtil Skallen har naaet en Længde af 6—7 mm. Da indtræder den 1ste Hudskiftning inden den postlarvale Tilstand, og meget kort Tid efter denne er allerede Individet kjonsmodent, skjont det endnu neppe har opnaaet synderlig mere end Halvparten af dets definitive Storrelse.

Fig. 6 paa samme Planche fremstiller et Individ nogen Tid efterat denne Hudskiftning er foregaaet. Som man ser, har Valvlerne nu faaet sin forste Vœxtstribe, der lober nogenlunde parallel med og i forholdsvis kort Afstand fra Valvlernes frie Rand. Dannelsen af denne Vœxtstribe er ikke vanskelig at forstaa. Ved Hudskiftningen bliver nemlig kun den indre Membran af Skallen afkastet, medens den ydre chitinøse Lamelle bliver siddende igjen og suppleres nu med en nydannet peripher Del. Denne 1ste Vœxtstribe er altsaa intet andet end Kanterne af de primære Valvler, der skarpt afgrændser sig fra den efter Hudskiftningen optrædende nydannede Del af Valvlerne. Skallen, der nu har en Længde af 8 mm. og en Høide af 6 mm., har den dorsale Kant jevnt bueformig boiet, dog langtfra saa stærkt som hos fuldt udvoxede Individer, og det forreste Hjorne er, i Modsætning til hvad Tilfældet er hos disse, fuldkommen ligesaa stærkt fremtrædende som det bagre. Det i Skallen indesluttede Dyr er i alle Henseender normalt udviklet, alene med den Forskjel, at Branchialfoddernes Antal er noget ringere end hos fuldvoxne Exemplarer, nemlig kun 20 tydeligt udviklede Par, hvoraf allerede 9de til 11te Par har den ovre Lap af Exopoditen traadformig forlænget. Til Siderne af Tarmen sees nu tydeligt Ovarierne med sine talrige Ægfollikler, og i deres indre har allerede afsat sig det opakt hvide Secret, der skal tjene til Dannelsen af Ægkapslerne. Efter nogen Tids Forlob har Individet faaet sin characteristiske Ægmasse under den dorsale Del af Skallen. Denne bæres i Regelen af Dyret til næste Hudskiftning, da den sammen med den afkastede Hud bliver udstodt af Skallen bagtil. Efter Hud-

functions. In the stage shown in fig. 4, their number is 9 pairs, in that in fig. 5, there are in all 14 pairs. The caudal part is more distinctly divided from the trunk, and becomes more bent downwards. The caudal claws are now movably articulated at the point, and the caudal lamellæ begin to project more. On their hind margin a few denticular prominences appear, while the dorsal spines issuing from above the caudal setæ, begin to augment in number. With regard to the internal organisation, attention is here only drawn to the very gradual development of the hepatic organ in the head, which, in the latter of the 2 stages here under discussion (fig. 5), has already attained a tolerably complicated structure. The length of the shell in these 2 stages is respectively 1.10 mm. and 2.30 mm. A gradual development of this kind still goes on of all the parts of the body, until the shell has attained a length of 6 or 7 mm. Then occurs the 1st exuviation in the post-larval condition, and very shortly after this, the animal is sexually mature, although it has scarcely attained more than half its eventual size.

Fig. 6 on the same plate, represents an animal some time after this exuviation has taken place. It will be seen that the valves have now acquired their first line of growth, which runs almost parallel with, and at a comparatively short distance from the free edge of the valves. The formation of this line of growth is not difficult to understand, for in the exuviation, only the inner membrane of the shell is cast, while the outer chitinous lamella remains, and receives the addition of a newly-formed peripheral part. This 1st line of growth is thus nothing more than the edges of the primary valves, which are sharply defined against the newly-formed portion of the valves appearing after the exuviation. The shell, which now has a length of 8 mm. and a height of 6 mm., has its dorsal edge evenly curved, though not nearly so much as in fully developed specimens; and the foremost corner, unlike that in adult animals, is fully as prominent as the hind one. The animal enclosed in the shell is in every respect normally developed, with the one exception that the branchial legs are rather fewer in number than in adult specimens, there being only 20 distinctly developed pairs, the 9th, 10th and 11th of which already have the filiform elongation of the exopodite. The ovaries with their numerous egg-follicles are now distinctly visible at the sides of the intestine, and the opaque white secretion to be employed in the formation of the egg-capsules has already been deposited inside them. After some time has elapsed, the animal has its characteristic mass of eggs under the dorsal part of the shell. This is generally carried by the animal until the next exuviation, when it is cast, together with the

skiftningen er Valvlerne forsynede med nok en Væxtstribe udenom den 1ste, en ny Ægmasse dannes og saaledes fremdeles. Antallet af paa hinanden følgende Hudskiftninger er derfor, iberegnet den, der er gaaet umiddelbart forud for 1ste postlarvale Stadium, noiagtig det samme som Antallet af Væxtstriber paa hver Valvel, og omtrent ligemange Gange har i Regelen Individet afsat en Ægmasse. Efterhvert som Skallen paa denne Maade ved nydannede periphere Lag tiltager i Størrelse, forandres lidt efter lidt dens Form, idet Rygkanten bliver mere og mere buet i sin forreste Del. Samtidigt bliver de primære Valvler ligesom skudt fortil og indtager tilsidst en forholdsvis liden Del af Skallen ved dennes øverste forreste Hjørne, hvilket sidste i samme Forhold bliver utydeligere og mere afstumpet (se Fig. 1). Hos meget gamle Individer antager Skallen tilsidst, seet fra Siden, en næsten triangulær Form, med den primære Area skudt helt fortil og næsten umboformigt fremragende, saaledes som antydet paa den af Prof. Lilljeborg givne Figur (Skallen i naturlig Størrelse).

Forekomst og Levevis.

Allerede Grube har opgivet, at der i Berliner-Museet findes opbevaret Exemplarer af denne Form, indsamlede af H. Rathke i Norge. Men da dette Fund ikke med et eneste Ord er omtalt i den sidstnævnte Forskers bekjendte Værk: «Beiträge zur Fauna Norwegens», og jeg selv under mine mangeaarige Undersøgelser af vor Ferskvandsfauna aldrig havde paatruffet den, fandt jeg Paalideligheden af denne Opgift af Grube meget tvivlsom og udtalte mig ogsaa derhen i en i Vid. Selsk. Forhandlinger meddelt foreløbig Meddelelse om Norges Phyllopoder. Først i Aaret 1885 lykkedes det mig med fuld Sikkerhed at faa constateret denne eiendommelige Phyllopodes Forekomst her i Landet. Under en Reise, jeg dette Aar foretog langs Sydkysten af Landet, tog jeg d. 22de Juli Station paa en ikke meget stor og temmelig flad Ø, «Mærdo», udenfor Arendal, og fandt her allerede den første Dag efter min Ankomst store Mængder af Limnadia-Larver i et grundt med Græshund forsynet Tjern, «Storekjær» kaldet, beliggende omtrent midt paa Øen. Paa denne Tid var kun meget faa Exemplarer naaet ud over Larvetilstanden, men i Løbet af de følgende Dage optraadte postlarvale Stadier i stor Mængde, og ved Slutten af Maaneden var ingen Larve længere at finde. Flere Exemplarer var da allerede ægbærende og havde Valvlerne forsynede med de første Væxtstriber. Ved min Afreise, d. 10de August, var Skallen hos de største Individer omtrent 10 mm. lang og havde 5 Par Væxtstriber. For om muligt at finde fuldvoxne Individer, besøgte jeg igjen Øen

skin, out of the shell behind. After the exuviation the valves acquire another line of growth outside the first, a new mass of eggs is formed, and so on. The number of successive exuviations, including that which immediately preceded the 1st post-larval stage, is therefore exactly the same as the number of lines of growth on each valve, and the animal has, as a rule, deposited a mass of eggs about the same number of times. While the shell in this manner increases in size by the addition of new peripheral layers, it gradually changes its shape, the dorsal edge becoming more and more curved in its front part. At the same time the original valves are as it were pressed forward, and at last occupy a comparatively small part of the shell at its upper front angle, which also, in the same proportion, becomes more indistinct and blunter (see fig. 1). In very old specimens the shell, seen from the side, at last assumes an almost triangular shape, with the original area pushed right to the front, and projecting almost umbonately, as indicated in the figure given by Prof. Lilljeborg (the shell in its natural size).

Occurrence and Habits.

Grube has already stated that in the Berlin Museum there are preserved specimens of this form, collected by A. Rathke in Norway. But as this discovery is not so much as named in the latter naturalist's well-known work «Beiträge zur Fauna Norwegens», and I myself, during my many years' investigations of our (Norwegian) fresh-water fauna, had never met with the form, I considered the trustworthiness of Grube's statement to be very doubtful, and expressed myself to that effect in a preliminary account of the Phyllopoda of Norway in the Viden. Selsk. Forhandlinger (Proceedings of the Scientific Society). Not until the year 1885 did I succeed in substantiating with certainty the occurrence of this peculiar Phyllopod in this country (Norway). During a journey I made that year along the south coast, I stopped, on the 22nd July, at a rather flat, and not very large island off Arendal, called «Mærdo», and there found, on the very day after my arrival, large numbers of Limnadia larvæ in a shallow lake called «Storekjær», situated in about the middle of the island, and with a grassy bottom. At that time only a very few specimens were advanced beyond the larval condition, but in the course of the few following days, post-larval stages made their appearance in great numbers, and by the end of the month there was not a larva to be found. Several specimens were then already carrying eggs, and had their valves furnished with the first lines of growth. At the time of my departure, the 10th August, the shells on the

i September samme Aar og opholdt mig her fra den 9de til den 15de. Limnadierne var nu meget sjeldne, men adskilligt større end de tidligere fundne, skjøndt ingen oversteg en Længde af 12 mm. Foruden i det omtalte Tjern fandt jeg den ogsaa paa nogle andre Steder af Øen, tildels i yderlig smaa Vand-ansamlinger, dog her af mindre Størrelse. Derimod fandtes den ikke paa en eneste af de mange omliggende Øer. Ogsaa det følgende Aar gjenfandt jeg denne Form i Begyndelsen af August paa de samme Steder, men ingen større end de tidligere indsamlede. Sommeren 1888 fandt Prof. Collett denne Phyllopode paa en ganske anden Lokalitet, nemlig i en liden Vandkulp i Nærheden af Hamar. For at undersøge denne nye Lokalitet nøiere, reiste jeg derop den følgende Sommer i August, og jeg havde ikke synderlig Vanskelighed ved, efter Prof. Colletts nærmere Angivelser, at finde den omhandlede Kulp. Den var imidlertid nu fuldstændig udtørret paa Grund af længere Tids forudgaaende tørt Veir, saa jeg alene kunde forsyne mig med noget af det indtørrede Mudder for senere kunstige Udklæknings-forsøg. To Gange senere har jeg besøgt den samme Lokalitet, nemlig i Begyndelsen af September 1894 og i Midten af Juli 1895. Begge Gange fandtes tilstrækkeligt Vand i Kulpen og store Mængder af forskjellige Entomostraceer, men af Limnadier var der intetsomhelst Spor at opdage, hverken Larver eller voxne, saa det næsten ser ud til, at den nu her er fuldstændig uddøet, for kanske efter en lang Aarrække paany at optræde ligesaa pludselig som den er forsvunden. Heller ikke af det Mudder, der paa disse 2 Udflugter medtoges fra Kulpen har jeg kunnet udklække en eneste Limnadia, medens mine mange Gange gjentagne Udklækningsforsøg med det i 1889 samlede Mudder aldrig har slaaet feil. Idethele synes, ogsaa efter andre Forskeres Beretninger, denne Phyllopodes Optræden at være yderst lunefuld. Et Aar kan den træffes i største Mængde paa et begrændset Omraade, for saa igjen sporløst at forsvinde, og først efter lange Aarrækker kan den saa optræde igjen enten paa samme Lokalitet eller paa Steder, hvor man tidligere aldrig har fundet den.

Angaaende denne Forms Levevis forøvrigt, saa synes overalt kun et enkelt Kuld Individer at udvikle sig for hver Sommer. Man har ialfald hidtil ingen sikre Data for, at flere Generationer har fulgt paa hinanden samme Aar. Individernes Livsperiode synes i Regelen kun at være indskrænket til et Par Maaneder, ofte kanske ikke engang saa længe. Men i Løbet af denne korte Tid vil ialfald en Del af Individerne naa til Kjønsmodenhed og kunne af-

largest specimens were about 10 mm. long, and had 5 pairs of lines of growth. In order to find, if possible, full-grown specimens, I again visited the island in September of the same year, and stayed there from the 9th to the 15th. The Limnadix were then very rare, but considerably larger than those previously found, although none exceeded a length of 12 mm. I also found it in other places on the island besides the above-mentioned lake, sometimes in exceedingly small accumulations of water, though then of a smaller size. On the other hand it was not to be found on a single one of the many surrounding islands. In the following year also, I found this form again in the beginning of August in the same places, but none larger than those previously taken. In the summer of 1888, Prof. Collett found this Phyllopod in quite another locality, namely in a little pool in the neighbourhood of Hamar. In order to examine this new locality more minutely, I went up there the following summer in August, and, from Prof. Collett's exact description, had not much difficulty in finding the pool in question, It was however completely dried up, owing to the preceding long period of dry weather, so that all I could do was to take away with me some of the dried mud, in order to attempt artificial hatching at a future time. Twice subsequently have I revisited the same locality, namely, in the beginning of September, 1894 and in the middle of July, 1895. Both times I found sufficient water in the pool, and large numbers of various Entomostraca, but no trace of Limnadia was to be discovered, whether larva or adult, so that it almost appears as if it were now completely extinct, perhaps to appear again after a number of years as suddenly as it has disappeared. Nor yet have I succeeded in hatching one single Limnadia out of the mud brought away from the pool on these two excursions, while my oft-repeated hatching attempts with the mud collected in 1889 have never failed. It seems, on the whole, as also from the accounts of other naturalists, that the appearance of this Phyllopod is extremely capricious. One year it may be met with in large numbers over a limited area, then vanish utterly, and only after many years may appear again, either in the same locality, or in places where it has never been found previously.

With regard to the habits of this form in other respects, it always appears that only a single brood of animals is developed each summer. We have not, at any rate up to the present, any certain data to prove that several generations have succeeded one another in the same year. The living-period of the individual animals seems as a rule to be limited to a couple of months, frequently perhaps even less. But in the course of this short time

sætte sine Æg, hvad der sikrer Artens fortsatte
Existens, om Forholdene et andet Aar skulde vise
sig gunstige for en ny Generations Udvikling. Som
Regel synes det dog at være et meget lidet Procent-
tal af de utallige Larver, som i Begyndelsen ud-
klækkes, der virkelig kommer til fuld Udvikling.
Larver og Unger finder man uden Forskjel overalt
i de Vandsamlinger, hvori de træffes, lige saa
hyppigt tæt inde ved Bredden som ude paa dybere
Vand. Anderledes er det med fuldvoxne Exempla-
rer. Disse holder i Regelen kun til paa de dybeste
Steder af Dammen og her gjerne nær Bunden. Da
Dyrene i Regelen er meget gjennemsigtige, er det
ikke saa godt at faa Øie paa dem fra Stranden af.
Dog vil ialmindelighed den opake gulbrune Æg-
masse forraade dem, navnlig naar Bunden, henover
hvilken de bevæger sig, bestaar af mørkt Mudder.
Bevægelsen er ikke synderlig hurtig og har Cha-
racteren af et forholdsvis sagte og noget ujevnt
Løb, hvorunder i Regelen Ryggen vender opad.
Holdte i Aquarier kan man nøiere studere deres
Bevægelser og øvrige Levevis. Der kan ikke være
nogen Tvivl om, at Dyrets hovedsageligste Be-
vægelsesorganer er Aarerne. Det er ved hurtigt
gjentagne Slag til Siderne af disse Lemmers ydre
Parti, at Legemet bliver drevet igjennem Vandet,
skjøndt ogsaa Branchialføddernes Svingninger tør
til en vis Grad understøtte Bevægelsen. Støder
Dyret under sine Bevægelser paa tætte Conferve-
masser, formaar det med stor Behændighed at ar-
beide sig igjennem dem, hvorved den meget bevæge-
lige Bagkrop spiller en vigtig Rolle. Idethele sees
Dyret meget ofte at foretage energiske Boininger
og Strækninger af denne Del af Legemet, dels for
at overvinde Hindringer for dets Passage gjennem
Vandet, dels for at befri det indre af Skallen for
fremmede indkomne Partikler. Meget ofte faar man
se, at Dyret med Forenden hefter sig fast til de i
Vandet værende Gjenstande, navnlig til Undersiden
af Blade eller Conferver i Overfladen af Aqvarierne,
og forbliver i denne Stilling sædvanligvis i længere
Tid. Fastheftningen synes hovedsagligst at tilveie-
bringes ved de stærke hageformige Piggo langs For-
siden af Aarernes Grene, tildels ogsaa ved det eien-
dommelige fra Hovedets Dorsalside udgaaende kolle-
formige Appendix, som man ved nøiere Undersøgelse
altid vil finde er i umiddelbar Contact med den
Gjenstand, hvortil Dyret er fastklamret. Dyret er
herunder ikke i absolut Ro, men der foregaar en
svag rhytmisk Svingning af hele Legemet frem og
tilbage, væbenbart foraarsaget ved de heftigt bevæ-
gede Branchialfødder. Disse Svingninger sker paa
fuldkommen samme Maade som hos Branchipodiderne,
idet de ikke er simultane men successive, hvad der
giver Indtrykket af en eiendommelig grazios Undu-
lation i Bevægelsen. Idethele er det meget sjelden
at denne svingende Bevægelse af Branchialfødderne

some, at any rate, of the animals attain to sexual
maturity, and are able to deposit their eggs, thereby
ensuring the continued existence of the species,
should conditions another year be favorable for the
development of a new generation. As a rule, it
appears to be a very small percentage of the innu-
merable larvæ at first hatched, that really become
fully developed. Larvæ and young ones are found
without distinction all over the pieces of water in
which they are met with, quite as frequently close
to the bank as out in deeper water. It is otherwise
with fullgrown animals. They generally keep to
the deeper parts of the pond and near the bottom.
As the animals are generally very transparent, it
is not very easy to see them from the shore. The
opaque, yellowish brown mass of eggs, however, will
generally betray them, especially if the bottom,
over which they move, consists of dark mud. The
motion is not remarkably quick, but has the cha-
racter of a comparatively slow and somewhat
uneven dart, during which the back is generally
uppermost. When kept in an aquarium, its move-
ments and other habits may be more carefully stu-
died. There can be no doubt that the animal's
most important organs of locomotion are the oars.
It is by quickly repeated side-strokes of the
distal part of these limbs that the body is driven
through the water, although the swinging of the
branchial legs may also, to a certain extent, assist
the movement. Should the animal, as it moves,
come in contact with thick masses of confervæ, it
manages with great dexterity to work its way
through them, the very mobile hind part of the
body playing an important part in that proceeding.
The animal may often be observed to make ener-
getic bends and extensions of this part of the body,
partly to overcome obstacles to its passage through
the water, partly to rid the shell of foreign par-
ticles that have entered. The animal may very
often be seen to attach itself by its anterior end
to objects in the water, especially to the under
surface of leaves or confervæ on the surface of the
aquarium, and generally remain in this position for
some time. The attachment appears principally to
be effected by means of the strong, hook-like spines
along the front of the rami of the oars, and partly
by the peculiar clavate appendage issuing from
the dorsal surface of the head, and which, on close
examination, will always be found in immediate
contact with the object to which the animal is
clinging. The animal meanwhile is not absolutely
at rest, for there is a slight rhythmical swinging
to and fro of the whole body, occasioned by the
violent agitation of the branchial legs. These pul-
sations take place in exactly the same manner as in
the Branchipodidæ, not being simultaneous but suc-
cessive, thus producing the impression of a peculiar,

ganske stopper op. Det sker kun, naar Dyret pludselig foruroliges, i hvilket Tilfælde alle Dele af Legemet hurtigt trækkes ind i Skallen, hvorpaa denne hermetisk lukker sig og Dyret synker til bunds. Meget snart aabner imidlertid Valvlerne sig igjen, den forreste Del af Hovedet tilligemed Aarerne strækker sig forsigtigt frem fortil, og Halen bagtil, hvorpaa igjen Branchialfødderne begynder sine rhythmiske svingende Bevægelser.

Dyret synes hovedsageligt at nære sig af opsmuldrede Plantedele, encellede Alger, maaske ogsaa Infusorier. Disse Dele bliver ved Branchialføddernes Bevægelser hvirvlet ind i Skallen og passerer derefter bagfra fortil mellem Fødderne imod Munden. Kindbakkerne sees at være i stadig Aktivitet med at bearbeide den af Munden optagne Næring, som derefter ved Hjælp af de talrige fra Overlæben til Spiserøret gaaende Musklers Virkning bliver svælgt og indført i Tarmens forreste Del. Her undergaar Føden en foreløbig Opløsningsproces ved det intenst gule Secret, der udsondres af Leveren. Fordøielsen synes idetheie at gaa meget hurtigt for sig, idet Tarmens Contenta hurtigt forandrer sin Farve, eftersom de passerer bagtil, fra lyst gult eller orange til et meget mørkt brunt eller næsten sort. Med visse Mellemrum bliver Excrementerne ved Endetarmens Contractioner udstødte, ofte i temmelig lange sammenhængende Masser. I Lighed med hvad Tilfældet er hos Branchipodiderne, observeres ofte i Tarmrorets Vægge energiske peristaltiske Bevægelser.

Som ovenfor anført, har alle hidtil observerede Individer af denne Form vist sig, ifølge sit hele Udseende, at være Hunner, og alle Exemplarer bliver ogsaa uden Undtagelse, naar de har opnaaet en vis Grad af Udvikling, forsynede med de characteristiske Æggakketter under Skallens dorsale Del. Da jeg har observeret denne Form gjennem en Række af Aar til forskjellige Tider af Sommeren, og tillige gjentagne Gange har opdrættet den i mine Aqvarier og havt den gaaende her maanedsvis, tror jeg med fuld Sikkerhed at kunne constatere, at Hanner overhovedet ikke existerer, og at altsaa nærværende Phyllopodes Forplantning er exclusiv parthenogenetisk. Dette er saameget mere mærkeligt som Forholdet er et helt andet med Arterne af den meget nærstaaende Slægt *Eulimadia*; hvor Forplantningen er udpræget bisexuel eller gamogenetisk, idet Hanner og Hunner til alle Tider synes at forekomme i omtrent lige Antal. En Tid har jeg rigtignok stanet i den Formening, at alle Individer af den her omhandlede Phyllopod maaske kunde være hermaphroditiske eller rettere protandriske, idet visse Forhold ved Kjønsorganernes Bygning syntes mig at pege i denne Retning; men Resultaterne af de af mig

gracious, undulatory motion. It is, on the whole, very seldom that this swinging motion of the branchial legs entirely ceases; for it happens only when the animal is suddenly alarmed, in which case all the parts of the body are withdrawn into the shell, which then closes hermetically, and the animal sinks to the bottom. The valves, however, very soon reopen, and the fore part of the head, together with the oars, is cautiously extended in front, and the tail behind, whereupon the branchial legs recommence their rhythmical swinging movements.

The animal appears to feed principally on broken portions of plants, unicellular algæ, and possibly infusoria. These are whirled into the shell by the movements of the branchial legs, and then pass from back to front between the legs towards the mouth. The mandibles are seen to be constantly occupied in manipulating the food taken in by the mouth, which then, by the aid of the numerous muscles running from the labrum to the œsophagus, is swallowed and introduced into the anterior part of the intestine. Here the food undergoes a preliminary process of dissolution by the intensely yellow secretion deposited by the liver. Digestion seems on the whole to take place very rapidly, the contents of the intestine quickly changing colour as they pass backwards, from light yellow or orange to a very dark brown or almost black. At certain intervals the excrements are ejected by the contractions of the rectum, often in rather long, connected masses. As in the Branchipodidæ, energetic peristaltic movements may often be observed in the walls of the intestinal tube.

As stated above, all the specimens of this form hitherto observed, have proved, from their whole appearance, to be females; and all specimens, without exception, when they have attained to a certain degree of development, are provided with the characteristic cluster of eggs beneath the dorsal part of the shell. Having observed this form at different periods of the summer through a series of years, and having also reared it repeatedly in my aquaria, where it has existed for months together, I think I may declare with perfect certainty that males in reality do not exist, and that the propagation of this Phyllopod is thus exclusively parthenogenetic. This is so much the more remarkable, as the circumstance is altogether different in the species of the very nearly-allied genus *Eulimadia*, where propagation is very markedly bi-sexual or gamogenetic, males and females seeming at all seasons to occur in about equal numbers. At one time indeed, I was under the impression that all the specimens of the Phyllopod in question might perhaps be hermaphroditic, or rather protandric, as certain circumstances in the structure of the sexual organs seemed to me to point in that direction;

senere i den Anledning anstillede noiere Under-søgelser har dog ikke forekommet mig overbevi-sende nok til at jeg tor fastholde denne Opfatning.

Hoist mærkværdig er Æggenes lange Leve-dygtighed, der endog synes at hamle op med den vel bekjendte seige Spireevne hos længe opbevarede Plantefro. Som ovenfor anført, forsynede jeg mig Sommeren 1889 med et storre Qvantum af torret Mudder fra den Anret iforveien af Prof. Collett undersøgte Kulp ved Hamar. Af dette Mudder, som jeg har staaende i en liden Kasse paa mit Laboratorium i den Tilstand, hvori det blev taget, har jeg senere hver Sommer udtaget Smaaportioner og dermed an-stillet Udklækningsforsøg i mine Aqvarier. Disse Ud-klækningsforsøg har endnu ikke nogen Gang slaaet feil. Altid har store Mængder af Larver inden meget kort Tid vist sig i Aqvarierne, og af disse Larver har i Regelen ialfald en Del gjennemgaaet sin hele Udvikling. De paa denne Maade kunstigt opdræt-tede Individer har jeg havt gaaende i mine Aqva-rier mere eller mindre langt ud over Sommeren. De har tilsyneladende trivets udmærket, har paa sæd-vanlig Vis produceret sine Ægpaketter og har ial-mindelighed naaet den samme Maximumsstørrelse som de af mig frit indsamlede Exemplarer. Ved de forste Forsøg udklækkedes sammen med Limnadierne ogsaa forskjellige andre Entomostraceer; men i de senere Aar er det alene Limnadier, der lader sig udklække af Mudret. Ganske nylig har jeg i .et opvarmet Rum gjort et nyt Forsøg med det samme Mudder, og ogsaa denne Gang, altsaa fulde 6 Aar efterat Mudret blev taget, ser jeg, at Larver ud-klækkes i temmelig betydeligt Antal, trods den uheldige Aarstid (vi skriver idag, da dette ned-skrives, den 18de Februar). Det er min Agt at fortsætte Experimenterne fremdeles med den tilovers-blevne Rest af Muddret, da det forekommer mig at have adskillig Interesse at faa paa denne Maade sikkert constateret Udstrækningen af Æggenes Leve-dygtighed. En ganske besynderlig Omstændighed maa jeg her nævne, og det er, at det endnu ikke har lykkets mig at faa de i mine Aqvarier afsatte Æg af denne Form udklækkede, skjondt Residuet er behandlet paa samme Maade som ved andre Ud-klækningsforsøg, idet jeg har ladet det ligge i ind-torret Tilstand Vinteren over. Det synes herefter næsten som om Æggene af Limnadia trænger, for at kunne udvikle sig, at ligge torre ikke blot et, men flere Aar itræk. At jeg paa Mærdo har paa-truffet denne Phyllopode i 2 paafølgende Aar paa de samme Lokaliteter, kan ikke egentlig siges at modbevise en saadan Hypothese, da det jo aldeles ikke er afgjort, at de paatrufne Individer netop er udklækkede af de den foregaaende Sommer af-satte Æg.

De eiendommelige vingeformige Udvidninger,

but the results of more careful observations made by me subsequently, have not appeared to me to be sufficiently convincing to permit of my main-taining that view.

The great vitality of the eggs is most remar-kable, and seems to be on a par with the well-known tenacious germinating power in long preserved plant seeds. As already stated, I provided myself, in the summer of 1889, with a considerable quantity of dried mud from the pool near Hamar, examined by Prof. Collett the year before. Of this mud, which stands in a little box in my laboratory, in the condition in which it was taken, I have since then, every sum-mer, taken out small quantities, and made hatching-experiments in my aquaria. These experiments have never yet been unsuccessful. Always, within a very short period of time, large numbers of larvæ have made their appearance in the aquaria, and, as a rule, a proportion, at any rate, of these larvæ have gone through their whole development. The specimens artificially reared in this way have lived in my aquaria more or less far on towards the end of the summer. They have apparently thriven well, have produced their egg-masses, and have generally attained the same maximum size as the naturally-reared specimens collected by me. At the first attempts, various other Entomostraca were hatched with the Limnadiæ; but in the later years, Limnadiæ only have been hatched from the mud. I have quite recently made a fresh trial with the same mud in a heated room; and this time too, fully six years after the mud was taken, I see that the larvæ are being hatched in considerable numbers, in spite of the disadvantageous time of year (it is the 18th February when I write this). It is my intention to continue the experiments with the remainder of the mud, as it appears of conside-rable interest to me to prove with certainty in this way the extent of the period of the eggs' vitality. One very peculiar circumstance I must mention here, namely, that I have not yet succeeded in hatching out any of the eggs deposited in my aquaria by this form, although the residuum has been treated in exactly the same way as in other hatching experiments, as I have left it in a dried-up condition throughout the winter. It seems from this as if the eggs of Limnadia, in order to be able to develope, require to lie dry, not one year only, but several years in succession. The fact that on Mærdo I have met with this Phyllopod in the same loca-lities 2 years in succession, cannot really be said to disprove such a hypothesis, as it is not at all cer-tain that the specimens found were hatched from eggs deposited the previous summer.

The peculiar wing-like expansions with which the

hvormed Æggenes Skal er forsynet, har rinneligvis sin Betydning for Æggenes Spredning. Naar Dammene torrer ud, vil nemlig Æggene derved sammen med det opsmuldrede Mudder let kunne hvirvles op af Vinden og føres afsted i storre Afstande. En saadan Spredning af Æggene ved Vindens Hjælp har jeg ogsaa troet at kunne constatere paa Mærdo. Foruden i «Storekjær», som synes at være det Sted, hvortil denne Form oprindelig har været indskrænket, paatraf jeg den paa flere andre Punkter af Øen, tildels i en meget betydelig Afstand fra det nævnte Tjern, og undertiden i saa smaa og grunde Regnpytter, at det var umuligt andet end antage, at Æg rent tilfældigvis med Vinden er overfort hertil fra «Storekjær». Det synes imidlertid som om der skal ganske særegne Betingelser til, for at denne Phyllopode skal kunne trives. Thi der var adskillige Smaadamme paa Øen, tildels lige i Nærheden af «Storekjær», hvor intetsomhelst Spor af den knude opdages, skjøndt disse Damme for andre Entomostraceers Trivsel syntes at være meget gunstige. Dette synes ogsaa for en Del at kunne forklare denne Phyllopodes mærkværdig sporadiske Forekomst.

Udbredning. — Arten blev forst opdaget af Herman i grunde Grofter ved Strassburg, hvor den ogsaa senere er fundet af v. Siebold. Brogniart fandt den i Smaatjern ved Fontaineblau, og Grube anforer den ogsaa fra Omegnen af Breslau og Berlin. Ligeledes er den af Dr. Spangenberg fundet ved Neustadt i Mecklenburg. I Sverige blev den Sommeren 1871 fundet af Prof. Lilljeborg ved Ronneby i Blekinge og, ifolge samme Forsker, opbevares i Stockholms Museum Exemplarer fra Stockholms Omegn og fra Hallands Väderö. Endelig har Dr. Hansson taget den i Bohuslän. Dens Udbredning strækker sig altsaa til folgende europæiske Lande: Norge, Sverige, Tyskland og Frankrig. Andetsteds er den, saavidt mig bekjendt, ikke paatruffet, medmindre, som jeg er tilboielig til at tro, den amerikanske Form, *Limnadia americana* Morse, skulde vise sig at være identisk med vor Art.

Distribution. — This species was first discovered by Herman in shallow ditches at Strassburg, where it has since been found again by v. Siebold. Brogniart found it in small lakes at Fontainebleau, and Grube reports it also from the neighbourhood of Breslau and Berlin. It has also been found by Dr. Spangenberg at Neustadt, in Mecklenburg. In Sweden, it was found in the summer of 1871, by Prof. Lilljeborg, at Ronneby in Blekinge, and, according to the same naturalist, there are in the Stockholm Museum specimens from the neighbourhood of Stockholm and from Halland's Väderö. Finally, Dr. Hansson has taken it in Bohuslän. Its distribution thus extends over the following European countries: Norway, Sweden, Germany and France. Elsewhere it has not, as far as I am aware, been met with, unless, as I am inclined to think, the American form, *Limnadia americana*, Morse, should prove to be identical with our species.

shell of the egg is provided have probably their significance in the distribution of the eggs. When the ponds dry up, the eggs, together with the pulverised mud, may be easily caught up by the wind, and carried away to some distance. Such a distribution of the eggs by the help of the wind, I think, too, may be demonstrated at Mærdo. Besides in «Storekjær», which seems to be the place to which this form has originally been confined, I met with it at several other points of the island, sometimes at a very considerable distance from the above-named little lake, and sometimes in such small and shallow rain-pools, that it was impossible to assume otherwise than that eggs have been quite accidentally carried thither from «Storekjær», by the wind. It appears, however, that very special conditions are requisite if this Phyllopod is to thrive; for there were numerous small ponds on the island, some in the immediate neighbourhood of «Storekjær» where no trace of it whatever could be discovered, although these same ponds seemed to be very favorable to the well-being of other Entomostraca. This also seems partly to account for the remarkably sporadic occurrence of this Phyllopod.

Fam. Limnetidæ.

Character. — Skallen stærkt buget, Valvlerne uden Væxtstriber og forbundne dorsalt med en ufuldkommen Laas. Hovedet af enorm Størrelse, gaaende ud i et nedadkrummet Rostrum af forskjellig Form hos de to Kjøn. Truncus forholdsvis kort og massiv; Halen rudimentær. 1ste Par Følere smaa og simple; 2det Par forholdsvis korte, men kraftige. Kindbakkernes Tyggedel stumpt tandet. 2det Par Kjæver rudimentære. Foddernes Antal ikke overstigende 12 Par; de ydre Enditer fingerformigt forlængede; kun 1ste Par hos Hannen prehensile. Forplantningen udpræget bisexuel. Udviklingen en compliceret Metamorphose, begyndende med et eiendommeligt Naupliusstadium.

Bemærkninger. — Denne Familie er kun baseret paa en enkelt Slægt, *Limnetis*, som dog synes mig i saa mange væsentlige Punkter at afvige fra de til foregaaende Familie henregnede Slægter, at den fortjener at udskilles fra samme. Af Packard er den ogsaa opstillet som Typen for den ene af de 2 Underfamilier, hvori hans Familie *Limnadiadæ* deles. Det fortjener dog her at nævnes, at den til foregaaende Familie hørende Slægt *Cyclestheria* i visse Forhold synes at vise en Tilnærmelse til nærværende Familie, uden at den dog kan henregnes til samme.

Gen. **Limnetis**, Lovén, 1846.

Syn. Hedessa Liévin.

Slægtscharacter. — Skallen mere eller mindre kugleformig, glat, uden tydelige Umboner. Hovedet kjølet efter Midten og forlænget til et hos Hunnen mere eller mindre tilspidset, hos Hannen tvært afkuttet Rostrum; til Siderne af Hovedet en vel udviklet bueformig Fornix. Haledelen meget liden, ikke omboiet og uden tandede Plader, men dækket nedenunder af en operkelformig Lamelle. Umiddelbart foran den hos Hunnen 2 fra den dorsale Flade af Truncus udgaaende bladformige Plader. De sammensatte Øie sammensmeltede i Midten. Det enkle Øie vel udviklet, beliggende nær de sammensatte Øine. Foran dem 2 tæt sammenstillede cilierede Feldter. 1ste Par Følere kolleformige; 2det Par med Grenene neppe længere end Skaftet og delte i talrige korte Led, hvert kun bærende en enkelt Svømmeborste i Bagkanten. Overlæben simpel, uden nogen tentakelformig Fortsats. 2det Par Kjæver

---

Fam. Limnetidæ.

Characters. — Shell very tumid; the valves without lines of growth, and connected dorsally by an imperfect hinge. Head of enormous size, ending in a downward-curved rostrum of a different form in the two sexes. Trunk comparatively short and massive; tail rudimentary. First pair of antennæ small and simple; 2nd pair comparatively short, but powerful. The masticatory part of the mandibles bluntly dentated. Second pair of maxillæ rudimentary. Number of legs not exceeding 12 pairs; the outer endites digitiformly produced; only the 1st pair in the male prehensile. Propagation markedly bi-sexual. Development a complicated metamorphosis, beginning with a peculiar nauplius stage.

Remarks. — This family is based upon only a single genus, *Limnetis*, which yet seems to me to differ in so many essential points from the genera belonging to the foregoing family, that it merits being separated from them. It has also been established by Packard as the type of one of the 2 sub-families, into which his family *Limnadiadæ* is divided. It is, however, deserving of mention here that the genus *Cyclestheria*, belonging to the foregoing family, seems, in certain points, to approach the present family, though it cannot be classed under it.

Gen. **Limnetis**, Lovén, 1846.

Syn. Hedessa Liévin.

Generic Characters. — Shell more or less spherical, smooth, and without distinct umbones. Head carinated medially, and produced in the female to a more or less pointed rostrum, in the male to one abruptly truncated; at the sides of the head a well-developed arcuate fornix. Caudal part very small, not bent downwards, and without dentated lamellæ, but covered beneath by an opercular lamella. Immediately in front of it in the female, there are two foliate lamellæ issuing from the dorsal surface of the trunk. The compound eyes merged together in the middle. Ocellus well-developed, situated near the compound eyes. In front of them two juxtaposed, ciliated fields. First pair of antennæ clavate; 2nd pair with the rami scarcely longer than the scape, the former composed of numerous short joints, each carrying only a single natatory bristle on the hind margin. Labrum simple, without

kun bestaaende af to simple Lameller, uden enhver Bevæbning. Fødderne hos Hunnen 12 Par, hos Hannen 10 Par; den dorsale Lap af Exopoditen paa de 7 forreste Par enormt udviklet, paa 9de og 10de Par hos Hunnen omformet til cylindriske omboiede Strenge. Æggene omgivne af en simpel Skal og sammenhobede under den bagre Del af Hunnens Skal til 2 kageformige Masser. Larven ved sin Udklækning forsynet med et stort, fladt Rygskjold.

Bemærkninger. — Denne Slægt er opstillet i Aaret 1846 af Lovén for en sydafrikansk Art, *L. Wahlbergi*. Den kort Tid efter af Lièvin opstillede Slægt *Hedessa* er identisk med Lovén's Slægt. Man kjender ialt 8 eller 9 forskjellige Arter, som dog ikke alle er tilstrækkeligt characteriserede. Slægten synes at have en meget vid geographisk Udbredning, idet Repræsentanter er fundne i samtlige Verdensdele. Hos os forekommer kun én Art.

any tentacular projection. Second pair of maxillæ consisting of only two simple lamellæ, quite unarmed. Twelve pairs of legs in the female, in the male 10; dorsal lobe of the exopodite in the 7 foremost pairs enormously developed, in the 9th and 10th pairs, in the female, transformed into cylindrical cords bent at the tip. Eggs surrounded by a simple shell, and accumulated beneath the hinder part of the female's shell, into 2 cake-like masses. The larva, when hatched, furnished with a large, flat carapace.

Remarks. — This genus was established in the year 1846, by Lovén, for a South African species, *L. Wahlbergi*. The genus *Hedessa*, established a short time after by Lièvin is identical with Lovén's genus. Eight or nine different species are already known, not all, however, sufficiently characterised. The genus seems to have a very wide geographical distribution, representatives being found in all quarters of the globe. Only one species occurs in this country (Norway).

Limnetis brachyurus, (Müll.)

(Pl. XVIII—XX).

Lynceus brachyurus, O. F. Müller, Entomostraca, p. 69, Tab. VIII, figs. 1—12.
Hedessa Sieboldi, Lièvin, Schriften des naturf. Gesellsch. in Danzig, Bd. IV, Heft II, p. 4, Tab. I, II.
Hedessa brachyura, Siebold, Preuss. Provincialbl. 1849, Bd. VII, Heft 3, p. 198.
Limnetis branchyurus, Grube, Archiv f. Naturgeschichte, Bd. XIX, p. 71, Tab. V—VII.

Artscharacter. — Skallen, seet fra Siden, rundagtig, næsten ligesaa hoi som lang, den største Hoide fortil, Rygkanten noget skraa og kun svagt buet, de frie Kanter af Valvlerne dannende en uafbrudt Bue, Forenden meget bredere en Bagenden: — seet ovenfra bredt ægformig, den største Bredde bag Midten. Langs Dorsalsiden en dyb Fure, i hvis Bund Valvlerne er forbundne med hinanden. Hovedet hos Hunnen næsten saa langt som Truncus, Dorsalkanten jevnt buet, Rostrum endende i en skarpt tilspidset Fortsats, ved Basis af hvilken der er to korte laterale Fremspring. Hovedet hos Hannen kortere, Rostrum tvært afknttet, uden nogen terminal Spids. Haledelens Endefligo hos Hannen betydelig mere forlængede end hos Hunnen. 1ste Par Fødder hos Hannen med Haanden næsten qvadratisk og bevæbnet langs Inderkanten med en Rad af 9 stærke, pladeformige Tænder, Kloen leformigt krummet og tilspidset i Enden, den subapicale Lap temmelig smal, kloformigt indadkrummet, og børstebesat alene i Spidsen. Farven mørk olivengrøn. Længden af Skallen indtil 4½ mm.

Limnetis brachyurus, (Müll.)

(Pl. XVIII—XX).

Lynceus brachyurus, O. F. Müller, Entomostraca, p. 69, Tab. VIII, figs. 1—12.
Hedessa Sieboldi, Lièvin, Schriften des naturf. Gesellsch. in Danzig, Bd. IV, Heft II, p. 4, Tab. I, II.
Hedessa brachyura, Siebold, Preuss. Provincialbl. 1849, Bd. VII, Heft 3, p. 198.
Limnetis branchyurus, Grube, Archiv f. Naturgeschichte, Bd. XIX, p. 71, Tab. V—VII.

Specific Characters. — Shell, seen from the side spheroidal, almost as high as it is long, the greatest height being in front; dorsal margin rather oblique and only slightly arched, the free edges of the valves forming an uninterrupted curve: the anterior end much broader than the posterior. Seen from above, the shell is broadly ovate, with the greatest breadth behind the middle. Along the dorsal surface, runs a deep furrow, at the bottom of which the valves are connected with each other. Head in the female almost as long as the trunk, dorsal margin evenly curved, rostrum ending in a sharply pointed projection, at the base of which there are two short lateral prominences. Head in the male shorter, rostrum abruptly truncated without any terminal point. Terminal lobes of the caudal part in the male considerably more produced than in the female. First pair of legs in the male with the hand almost square, and armed along the inner margin with a row of 9 strong, lamellar denticles; claw falciformly curved, and pointed at the extremity; sub-apical lobe rather narrow, bent inwards like a claw, and clothed with bristles only

Bemærkninger. — Nærværende Phyllopode er allerede i Aaret 1785 beskrevet af O. Fr. Müller som *Lynceus brachyurus.* At den senere som *Hedessa Sieboldi* af Lièvin opførte Form er identisk med Müller's Art, er først sikkert bleven constateret af Grube. Af de fra andre Verdensdele opførte Arter synes de 2 nordamerikanske, *L. Gouldii* Baird og *L. mucronata* Packard at komme vor Art meget nær. Derimod afviger de 2 australiske Arter, *L. macleayana* King og *L. Tatei* Brady, som jeg begge har havt Anledning til at undersøge noiere, meget bestemt i Henseende til Formen af Rostrum. Af den europæiske Art har Grube givet en meget udførlig og indgaaende Beskrivelse, ligesom han ogsaa først har givet nærmere Oplysninger om dens eiendommelige Larveudvikling.

Beskrivelse af Hunnen.

Skallen har hos de største af mig indsamlede Exemplarer en Længde af 4¹/₂ mm. og en Høide af 3,80 mm. Den bestaar, som hos *Limnadia*, af 2 tydeligt begrændsede Valvler, forbundne med hinanden langs Dorsalsiden. Forbindelsen er temmelig ulig den hos *Limnadia* og gjør mere Indtryk af at være en virkelig Laas, i Lighed med hvad man finder hos Ostracoderne. Medens nemlig hos den sidstnævnte Slægt de 2 Valvler støder sammen oventil under en spids Vinkel, danner de her, for de forbinder sig med hinanden, en pludselig Ombøining eller Fold, hvorved Forbindelsen mellem begge kommer til at ligge i Bunden af en dyb Fure, der strækker sig langs Rygsiden af Skallen (se Tab. XVIII, Fig. 7 og 8). Seet fra Siden (Fig. 6), har Skallen en noget uregelmæssig rundagtig Form, med den største Høide, der falder over den forreste Del, næsten ligesaa stor som Længden. Dorsalkanten er kun meget svagt buet og skraat heldende bagtil, forbindende sig med den bagre Kant uden nogen tydelig Vinkel. Fortil er der en noget fremspringende, men afrundet Forhøining, hvor Dorsalkanten forbinder sig med Forkanten. De frie Kanter af Valvlerne danner en fuldkommen jevn og uafbrudt Bue, som dog er noget fladere fortil, hvorfor ogsaa Skallen viser sig fortil ligesom stumpt afkuttet, medens den bagtil er mere jevnt afrundet. Seet ovenfra (Fig. 8), viser Skallen sig overordentlig stærkt buget, bredt ægformig, med den største Brede bag Midten, og noget mere afsmalnende fortil end bagtil, hvor den pludselig indsnævres til en kort stump Fremragning. Naar, som sædvanlig er Tilfældet, Valvlerne er halvt aabne (se Fig. 2), synes Skallen, ovenfra eller nedenfra seet, end bredere og næsten fuldstændig kugleformig. Dreies Skallen saaledes,

at the point. Colour, a dark olive-green. Length of the shell, up to 4¹/₂ mm.

Remarks. — This Phyllopod was described by O. Fr. Müller as early as the year 1785, under the name of *Lynceus brachyurus.* That the form subsequently described by Lièvin as *Hedessa Sieboldi* is identical with Müller's species, was first proved with certainty by Grube. Of the species described from other quarters of the globe, the 2 North American species, *L. Gouldii*, Baird, and *L. mucronata*, Packard, seem very much to resemble our species. On the other hand, the two Australian species, *L. macleayana*, King, and *L. Tatei*, Brady, both of which I have had the opportunity of examining minutely, differ very decidedly in regard to the form of the rostrum. Grube has given a very detailed description of the European species, and was also the first to give any exact information about its peculiar larval development.

Description of the Female.

In the largest of the specimens collected by me the shell has a length of 4¹/₂ mm. and a height of 3.80 mm. It consists, as in *Limnadia*, of 2 distinctly defined valves, connected with one another along the dorsal side. The connection is rather unlike that in *Limnadia*, and gives more the impression of an actual hinge, such as is found in the Ostracods; for while in the latter genus the 2 valves meet above in an acute angle, they here, before joining one another, form a sudden bend or fold, thereby causing the connection between them to lie at the bottom of a deep furrow, which extends along the dorsal side of the shell (see Pl. XVIII, figs. 7 and 8). Seen from the side (fig. 6), the shell has a somewhat irregular, rounded form, with the greatest height, which falls over the foremost part, almost equal to the length. The dorsal margin is only very slightly curved, and inclines obliquely backwards, uniting with the hind margin without any distinct angle. In front there is a very projecting but rounded prominence, where the dorsal margin unites with the anterior. The free edges of the valves form a perfectly even and uninterrupted curve, which, however, is rather flatter in front, thus causing the shell to appear anteriorly as if bluntly truncated, while at the back it is more evenly rounded. When seen from above (fig. 8), the shell appears to bulge very much, and is broadly ovate, with the greatest breadth behind the middle, and rather more tapering in front than behind, where it suddenly contracts into a short, blunt projection. When, as is usually the case, the valves are half open (see fig. 2), the shell, when seen from above or below, appears still broader and almost spherical. When the shell is turned in such a way

at man faar se den lige forfra (Fig. 7), viser den sig at have sin storste Brede nærmere Dorsalsiden, medens Valvlerne nedad stoder sammen under en temmelig spids Vinkel. Den dorsale Fure viser sig i denne Stilling af Skallen som en dyb Indbugtning oventil. I den forreste Del af hver Valvel sees mere eller mindre tydeligt den rundagtige Insertionsaren for Skallens Lukkemuskel og umiddelbart bag denne Skalkjærtelen. Denne sidste (se Tab. XIX, Fig. 16) viser i alt væsentlig samme Bygning som hos *Limnadia*, men er forholdsvis kortere og bredere.

Skallens Overflade er ganske glat, uden Spor af Vœxtstriber. Rigtignok sees under visse Belysninger, i nogen Afstand fra Valvlernes frie Kanter, ligesom en svag buet Linie (se Tab. XVIII, Fig. 6), men jeg har overbevist mig om, at dette ikke er nogen virkelig Vœxtstribe, men skriver sig fra den Omstændighed, at Valvlernes Randparti viser en noget anden Struktur end den ovrige Del, noget der ogsaa er bemærket af Grube. Skallen bestaar forovrigt, som hos *Limnadia*, af 2 Lameller, en ydre temmelig stærk, men meget elastisk chitinos Lamelle, og en sœrdeles delikat indre Membran, der danner en Fortsættelse af Legemets Integument. Ved meget stærk Forstorrelse viser Skallens ydre Lamelle regelmœssige rundagtige Masker eller Fordybninger. Kanterne af Valvlerne er noget fortykkede og fuldkommen glatte.

Selve Legemet er (se Tab. XIX, Fig. 1) fæstet til Skallen paa en fuldkommen lignende Maade som hos *Limnadia*, nemlig ved et smalt dorsalt Ligament, der udgaar indad fra Skallens mest fremspringende Del, og i nogen Afstand under dette ved Adductormuskelen. Legemet er paa denne Maade ophængt paa en lignende Maade som hos hin Slægt i Skallens Hule, saaledes at baade den forreste og bagerste Del er frit bevægelige. I Forhold til Skallen er imidlertid Legemet hos nærværende Form meget mere voluminost end hos *Limnadia*, hvorfor ogsaa i Regelen, saavel hos levende som Spiritus-Exemplarer, en storre Del af Hovedet rager frem af samme fortil (se ogsaa Tab. XVIII, Fig. 1 og 2). Ved en meget stærk Boining af Hovedet, hvorved dette lægges ind mod Bugfladen af Kroppen, kan dog dette, ligesom det ovrige Legeme, helt inddrages indenfor Valvlerne, som da slutter tæt sammen overalt. Som hos *Limnadia*, falder Legemet naturligt i 2 Hovedafsnit, et forreste og et bagerste, begrændsede fra hinanden ved det dorsale Ligament og Skallens Lukkemuskel; men Forholdet mellem disse 2 Afsnit er her et helt andet, idet det forreste er fuldkommen ligesaa stort som det bagerste. Begge Afsnit lader sig igjen dele i 2, det forreste i Hovedet og Nakkesegmentet, det bagerste i Truncus og Halen.

as to be seen from straight in front (fig. 7), its greatest breadth appears to be nearer the dorsal side, while the valves meet below in a rather sharp angle. The dorsal furrow, in this position of the shell, is like a deep hollow above. In the front part of each valve is seen, more or less distinctly, the round area of insertion of the adductor muscle of the shell, and immediately behind this, the shellgland. The latter (see Pl. XIX, fig. 16) exhibits, in all essential particulars, the same structure as in *Limnadia*, but is comparatively shorter and broader.

The surface of the shell is quite smooth, without a trace of lines of growth. It is true that in certain lights, what appears to be a faint, curved line is visible at some distance from the free edges of the valves (see Pl. XVIII, fig. 6); but I am convinced that this is no true line of growth, but is due to the circumstance that the marginal portion of the valves is of a somewhat different structure to the other part, a fact which has also been observed by Grube. In other respects the shell consists, as in *Limnadia*, of 2 lamellæ, an external, fairly strong, but very elastic, chitinous lamella, and an internal extremely delicate membrane, which forms a continuation of the integument of the body. Under a very high magnifying power, the external lamella of the shell exhibits regularly rounded meshes or hollows. The edges of the valves are somewhat thickened, and perfectly smooth.

The body itself (see Pl. XIX, fig. 1) is attached to the shell in exactly the same way as in *Limnadia*, namely, by a narrow dorsal ligament which runs inwards from the shell's most prominent part, and at some distance below this, by the adductor muscle. The body is thus suspended in the cavity of the shell in the same way as in *Limnadia*, so that both the fore and the hind parts can be moved freely. In proportion to the shell, however, the body in the present form is much more voluminous than in *Limnadia*, and consequently, as a rule, a large portion of the head, both in living and in spirit specimens, projects from the shell in front (see also Pl. XVIII, figs. 1 and 2). By a very great flexure of the head, however, whereby it is bent in against the ventral surface of the body, it can, like the rest of the body, be completely drawn into the shell, when the valves fit closely together all round. As in *Limnadia*, the body falls naturally into two principal sections, one anterior and one posterior, separated from one another by the dorsal ligament and the adductor muscle of the shell; but the proportion of these 2 sections is here quite different, the anterior one being fully as large as the posterior. Both sections admit of sub-division into 2, the anterior into head and cervical segment, the posterior into trunk and tail.

Hovedet (se Tab. XIX, Fig. 1 og 11) er af enorm Størrelse, og viser, seet fra Siden, en næsten halvmaanedannet Form. Det fortsætter sig nedad umiddelbart i et særdeles stort, leformigt krummet Rostrum, der er rettet skraat nedad og bagud. Dets dorsale Kant er kjolformigt tilskjærpet og danner en fuldkommen jevn og uafbrudt Bue lige til Spidsen af Rostrum. Til hver Side sees en anden meget tydelig og noget uregelmæssig bugtet Kjol, hvorved Hovedets Sideflader deles i en dorsal og en ventral Area. Denne Kjol, der aabenbart svarer til den saakaldte Fornix hos Cladocererne og navnlig viser en umiskjendelig Lighed med samme hos *Lynceiderne*, begynder ved Kindlakkernes Fæste og strækker sig herfra med en ganske svag Krumning skraat fortil, henimod Midten af Hovedets Længde, hvorpaa den gjør en meget stærk, næsten vinkelformig Boining og lober skraat bagtil langs Siderne af Rostrum, endende med et kort tandformigt Fremspring i nogen Afstand fra Spidsen. Sees Hovedet lige forfra (Tab. XVIII, Fig. 4), viser denne laterale Kjol sig stærkt fremspringende i sin proximale Del, idet den her som et Hvælv dækker over Basis af Aarerne. Længere nedad nærmer de 2 Kjole sig til hinanden og gjor derved Indtrykket af en tydelig Indknibning af Hovedet ved Basis af Rostrum. Dette sidste viser sig i denne Stilling af Hovedet ligesom tredelt i Enden, gaaende i Midten ud i en stærk dolkformigt tilspidset Fortsats, og til hver Side af denne i et betydelig kortere tandformigt Fremspring, der danner Enden af de laterale Kjole.

Nakkesegmentet (se Tab. XIX, Fig. 1 og 11) er ganske kort og begrændset fra Hovedet ved en vel mærkeret Tværsutur, ved hvis Ender Kindbakkernes ovre Del er fæstet. Det er ganske svagt hvælvet oventil og viser til hver Side en kort, skraat opadgaaende Ribbe, der paa en Maade er en Fortsættelse af Hovedets laterale Kjole.

Truncus er omtrent af Hovedets Længde og temmelig tyk fortil, men afsmalnes hurtigt og jevnt bagtil. Den er delt i 12 uniforme Segmenter, hvert bærende et Par Branchialfodder. Dorsalsiden af Segmenterne er ganske glat, uden Borster. Derimod udgaar fra Siderne af de 2 bagerste Segmenter et Par eiendommelige, lateralt udbredte Plader, hvortil intet tilsvarende findes hos andre Phyllopoder. Disse Plader (Fig. 9, l), som alene forefindes hos Hunnen, er af ikke ubetydelig Størrelse, bladformige, og gaar ud i 3 triangulært tilspidsede Flige, hvoraf den forreste er storst. Ifolge sin Stilliug synes de nærmest at være bestemte til at stotte de 2 kageformige Ægmasser, som bæres under Skallen.

The head (see Pl. XIX, figs. 1 and 11) is of enormous size, and when seen from the side, exhibits an almost semi-lunar shape. It is continued downwards into an exceedingly large, falciformly curved rostrum, which points obliquely downwards and backwards. Its dorsal margin is sharpened in the form of a keel, and forms a perfectly even and uninterrupted curve right to the point of the rostrum. On each side is visible another very distinct, and somewhat irregularly wavy keel, by which the lateral surfaces of the head are divided into a dorsal and a ventral area. This keel, which evidently answers to the so-called fornix in Cladocera, and notably exhibits an unmistakable resemblance to that in the *Lynceidæ*, commences at the place of attachment of the mandibles, and runs thence with a very gentle curve obliquely forwards to about the middle of the length of the head, where it makes a very sharp, almost angular bend, and runs backwards along the sides of the rostrum, ending in a short, dentate projection at some distance from the point. When the head is seen from the front (Pl. XVIII, fig. 4), this lateral keel appears very prominent in its proximal part, where it covers the base of the oars like an arch. Farther down, the 2 keels approach one another, thereby giving the impression of a distinct contraction of the head at the base of the rostrum. The latter appears, in this position of the head, as if tripartite at the extremity, being produced in the middle to a strong, mucronate projection, on each side of which is a considerably shorter, dentiform prominence, forming the end of the lateral keel.

The cervical segment (see Pl. XIX. figs. 1 and 11) is quite short and separated from the head by a well-marked transverse suture, to the ends of which the upper portion of the mandibles is attached. It is very slightly arched above, and shows, on each side, a short, obliquely-ascending bar, which in one way is a continuation of the lateral keel of the head.

The trunk is of about the same length as the head, and rather thick in front, but tapering rapidly and evenly behind. It is divided into 12 uniform segments, each carrying a pair of branchial legs. The dorsal surface of the segments is quite smooth, and without bristles. On the other hand, from the sides of the two hindmost segments, there issues a pair of peculiar, laterally-extended laminæ, to which there is nothing corresponding to be found in other Phyllopoda. These laminæ (fig. 9, 1) which are only found in the female, are of no inconsiderable size, are foliate and project into 3 triangularly-pointed lobes, of which the foremost is the largest. Judging from their position, they appear to be intended to support the 2 cake-like masses of eggs that are carried beneath the shell.

Halen (Fig. 7, 8) er meget liden og rudimentær, ikke ombøiet, og kan heller ikke i Regelen strækkes synderlig langt ud fra Skallen. Den ender i 2 skraat nedadrettede og jevnsides liggende Flige af triangulær Form og tæt cilierede i Kanterne, hver bærende i Spidsen en liden, som det synes, fuldstændig ubevægelig Torn, der aabenbart svarer til Haleklorne hos andre bivalve Phyllopoder. Dorsalt findes omtrent paa Midten af Halen et stumpt Fremspring, hvortil de 2 Haleborster er fæstede. Disse er vel udviklede, tydeligt 2leddede og tæt cilierede. Halens ventrale Side er delvis dækket af en eiendommelig, operkelformig Plade (op), der udgaar fra dens Basis, og hvortil intet tilsvarende kjendes hos andre Phyllopoder.

De sammensatte Øine (Fig. 11, o) er beliggende nær Forkanten af Hovedet, omtrent ved Enden af den 1ste Trediedel af dets Længde. De er forholdsvis smaa og støder umiddelbart sammen i Midten, saa at de egentlig tilsammen danner et enkelt Organ, paa hvilket dog de 2 oprindelige Halvdele let lader sig paavise, naar Organet sees forfra (Tab. XVIII, Fig. 4) eller nedenfra (Tab. XIX, Fig. 13, o). De er omgivne af en fælles Kapsel og viser et stort Antal af smaa Krystalkegler udstraalende til alle Sider fra det mørke Pigment. Som hos *Limnadia*, er de til en vis Grad bevægelige ved Hjælp af 3 fra Hovedets Integument til hver Halvdel udgaaende Muskler (se Fig. 11).

I ganske kort Afstand nedenfor de sammensatte Øine ligger det enkle Øie (Fig. 11, 13, 14, oc, Fig. 15). Det er af en noget uregelmæssig afrundet eller rettere kubisk Form og viser ved noiere Undersøgelse, ligesom hos *Limnadia*, 4 Flader indrammede af et mørkt Pigment. Fladerne er temmelig stærkt udbuede og viser under visse Belysninger en lignende iriserende Glands som hos hin Slægt. Det er holdt i Situs ved fine til Hovedets Integument gaaende Ligamenter, hvoraf et fæster sig til Forkanten af Hovedet ved Basis af Rostrum (Fig. 11, p).

Umiddelbart foran det enkle Øie bemærkes i Hovedets Integument 2 jevnsides stillede aflangt ovale Felter (Fig. 11, ol), der er meget skarpt conturerede og har til Underlag en blod Masse af tilsyneladende ganglios Natur. Ethvert af disse Felter (se Fig. 12) er dækket af en meget delicat Membran, hvorfra et Antal af fine Haar eller Cilier springer frem, hvert udgaaende fra en liden knopformig Fortykkelse i Membranen. Der kan neppe være nogen Tvivl om, at disse eiendommelige Dannelser, der ogsaa er omtalte af Grube, repræsenterer et Slags Sandseredskaber, men af hvilken Art er vanskeligt at sige. Endnu en eiendommelig Dannelse maa her omtales. Følger man Dorsalkanten

The tail (figs. 7 and 8) is very small and rudimentary, is not bent down, and cannot as a rule be extended very far from the shell. It ends in 2 obliquely-pointing, juxtaposed lobes of a triangular shape, and thickly ciliated at the edges, each carrying at the point a small, apparently quite immovable spine, which evidently answers to the caudal claws in other bi-valved Phyllopoda. At about the middle of the tail dorsally there is a blunt projection, to which the 2 caudal setæ are attached. The latter are well-developed, distinctly 2-jointed and thickly ciliated. The ventral surface of the tail is partly covered by a peculiar opercular lamella (op), issuing from its base, and to which there is nothing corresponding in other Phyllopoda

The compound eyes (fig. 11, o) are situated near the front margin of the head, at about the end of the first third of its length. They are comparatively small, and meet in the middle, thus forming in reality a single organ, in which, however, the 2 original halves may be easily distinguished, when the organ is seen from the front (Pl. XVIII, fig. 4) or from below (Pl. XIX, fig. 13, o). They are surrounded by a common capsule, and exhibit a large number of small crystalline cones radiating to all sides from the dark pigment. As in *Limnadia*, they are movable to a certain extent by the help of 3 muscles issuing from the integument of the head to each half (see fig. 11).

At a very short distance below the compound eyes, is the ocellus (figs. 11, 13, 14 oc, fig. 15). It is of a somewhat irregular, rounded or rather cubical shape, and presents, on a closer examination, just as in *Limnadia*, 4 surfaces encircled by a dark pigment. The surfaces are not a little convex, and in certain lights, like the above-mentioned genus, have an iridescent lustre. It is held in position by fine ligaments running to the integument of the head, one of which is fastened to the anterior margin of the head at the base of the rostrum (fig. 11, p).

Immediately in front of the ocellus, may be observed, in the integument of the head, 2 juxtaposed oblong oval fields (fig. 11, ol) very sharply outlined, and with a soft mass of an apparently ganglionic nature as sub-stratum. Each of these fields (see fig. 12) is covered by a very delicate membrane, from which spring a number of fine hairs or cilia, each issuing from a little nodiform thickening of the membrane. There can hardly be any doubt that these peculiar formations, which are also mentioned by Grube, represent a kind of sensory apparatus, but of what kind, it is difficult to say. Yet another peculiar formation must be mentioned here. In following

122

af Hovedet opover, vil man helt bagtil, i nogen Afstand fra den tværgaaende Sutur, der skiller Hovedet fra Nakkesegmentet, bemærke en liden grubeformig Fordybning (Fig. 11, x), der constant forekommer her hos alle Individer, baade Hanner og Hunner. Ifølge sin Plads maa denne Grube nærmest ansees for homolog med Fastheftningsorganet hos *Limnadia*, skjøndt det er lidet troligt, at denne ubetydelige Grube kan her fungere som et saadant Organ.

Forste Par Folere (Fig. 11, a ¹, Fig. 2), som er fæstede til hver Side af Hovedets ventrale Del, umiddelbart foran Basis af Overlæben, er meget smaa og af noget kolledannet Form. De bestaar hver af et kort Skaft og en noget buet, i sit ydre Parti fortykket Endedel, der fortil er tæt besat med delicate Lugtepapiller (Fig. 2 a), af et lignende Udseende som hos *Limnadia*. Disse Folere er til en vis Grad bevægelige ved Hjælp af en Del smaa Muskler, som passerer til dem fra Hovedets Integument.

Andet Par Folere, eller Aarerne (Fig. 3), udspringer, som hos *Limnadia*, med en bred Basis fra Hovedets Sider, umiddelbart under den bagre, mest fremspringende Del af Fornix. De bestaar af de samme Dele som hos *Limnadia*, nemlig et tykt, cylindriskt Skaft, og 2 Grene; men disse sidste er her paa langt nær ikke saa stærkt forlængede som hos hin Slægt. Skaftet, hvis basale Del synes at være fuldstændig ubevægelig, er derimod paa Midten meget bøieligt og her delt i flere korte, tildels ufuldstændigt søndrede Led, medens dets ydre Trediedel danner et enkelt Led for sig. Fra Basaldelen udgaar bagtil et Antal af omkring 5 stærke nedadrettede Fjærborster, og i Forkanten af det yderste af de mediane Led er der en Del grove Pigge, ordnede i en Tværrad. En lignende Tværrad af Pigge findes ogsaa ved Enden af Skaftet fortil. Grenene er neppe længere end Skaftet og omtrent af ens Storrelse, eller den bagre ubetydeligt længere end den forreste. De er begge delte i et stort Antal (fra 15 til 18) korte Led, der dog ved Basis af Grenene er meget utydeligt søndrede. Ethvert Led har i Bagkanten en enkelt lang Svømmeborste, og paa den forreste Gren har de fleste Led endnu hvert en enkelt stærk Pig i den modsatte Kant. Sidste Led har paa den bagre Gren 2 Svommeborster, paa den forreste desforuden en Pig. Naar Aarerne er i Hvile, lægges de almindeligvis langs ad Siderne af Hovedet, umiddelbart bag dettes laterale Kjøle. De fra Hovedets Integument til Aarerne gaaende Muskler er meget kraftige og fæster sig alle ved det midterste bøielige Parti af Skaftet. I dettes ydre Del sees andre Muskler, der virker paa enhver af Grenene.

the dorsal margin of the head upwards, there is observable, at the very back, at some distance from the transverse suture, which separates the head from the cervical segment, a small pit-like depression (fig. 11, x), which occurs invariably in all specimens, both males and females. From its place, this pit must probably be regarded as homologous to the organ of attachment in *Limnadia*, although it is almost incredible that this insignificant hollow can here act as such an organ.

The 1st pair of antennæ (fig. 11, a ¹, fig. 2) which are attached to the sides of the ventral portion of the head, immediately in front of the base of the labrum, are very small, and of a somewhat clavate form. They each consist of a short scape, and a somewhat curved terminal part, thickened in its outer portion, and thickly set in front with delicate olfactory papillæ (fig. 2 a), of an appearance similar to those in *Limnadia*. These antennæ are movable to a certain extent by the aid of several small muscles passing to them from the integument of the head.

The second pair of antennæ, or the oars (fig. 3) issue, as in *Limnadia*, with a broad base from the sides of the head, immediately below the hinder, most projecting part of the fornix. They consist of the same parts as in *Limnadia*, namely a thick, cylindrical scape, and 2 rami; but the latter are here not nearly so much elongated as in the beforementioned genus. The scape, of which the basal part appears to be quite immovable, is, on the other hand, very flexible in the middle, and is here divided into several short, to some extent imperfectly defined joints, while its distal third part forms a single joint by itself. From the basal part there issue at the back about 5 strong, downward-pointing plumose setæ, and on the anterior margin of the most distal of the median joints, there are a number of coarse spines arranged in a transverse row. A similar transverse row of spines is also found at the end of the scape in front. The rami are scarcely longer than the scape, and are of almost equal size, the hind one being very slightly longer than the front one. They are both divided into a great number (from 15 to 18) of short joints, which, however, are very indistinctly defined at the base. On the hind margin of each joint, there is a single long natatory bristle, and on the front ramus, most of the joints have yet another single, strong spine on the opposite margin. On the hind ramus there are 2 natatory bristles on the last joint, and on the front ramus, a spine as well. When the oars are at rest, they generally lie along the sides of the head, immediately behind its lateral keel. The muscles running from the integument of the head to the oars are very powerful, and are all attached to the middle, flexible part of

Overlæben (Fig. 11, *L*), som danner den umiddelbare Fortsættelse af Hovedets ventrale Flade, er af betydelig Størrelse og rækker ind mellem Basis af 1ste, tildels endogsaa 2det Fodpar. Den har Formen af en aflang, noget sammentrykt Lap, der i sit ydre Parti danner en noget nedadboiet, rundtom fint cilieret oval Lamelle, uden nogen saadan tentakelformig Fortsats som hos *Limnadia*. Overlæben kan løftes af fra Munddelene ved et Par tynde Muskler, der fra Hovedets Integument passerer til dens Basis. I dens Indre sees, som hos *Limnadia*, flere celleagtige Legemer og et Antal af tværgaaende Muskler, som virker paa dens øvre bløde og rendeformigt fordybede Flade.

Kindbakkerne (Fig. 4, Fig. 11, *M*) ligger, som hos *Limnadia*, i Form af 2 boileformige Legemer til hver Side paa Grændsen mellem Hovedet og Nakkesegmentet. Deres øvre tilspidsede Ende er articuleret til et fortykket Parti af Integumentet ved Enderne af den mellem begge de ovennævnte Dele gaaende Tværsutur, medens deres nedre, stærkt indboiede Ender mødes paa Undersiden ved Mundaabningen. Tyggedelen er stærkt, næsten oxeformigt udvidet, og viser en noget tilskjærpet Kant delt i en Række stumpe Tænder, hvoraf den yderste er størst. I sin Bevæbning skiller altsaa Kindbakkerne hos nærværende Form sig meget væsentligt fra samme hos de øvrige bivalve Phyllopoder og viser en Tilnærmelse til den for *Apodiderne* characteristiske Bygning.

Forste Par Kjæver (Fig. 4, 11, *m*[1], Fig. 5), bestaar, som hos *Limnadia*, af en tykkere Basaldel og en bevægelig Endeplade; men denne sidste er her betydelig smalere, leformigt indadkrummet, og kun forsynet med et begrændset Antal af stærke, nleddede Børster. Langs den indre Kant af Pladen tæller man 8 saadanne Børster, noget tiltagende i Længde udad og fint cilierede i den ene Kant (se Fig. 5 a). Ved Spidsen af Pladen er fæstet 3 betydelig kortere Børster, der er pigformige og grovt tandede i begge Kanter (se Fig. 5 b). I den ydre Kant har Pladen ved Basis en meget fin Ciliering.

Andet Par Kjæver (Fig. 4, 11, *m*[x], Fig. 6), der ikke er bemærkede af Grube, er meget rudimentære, kun forestillende et Par simple, noget hjerteformige Lameller af en delikat membranøs Beskaffenhed, i hvilken Henseende de nærmest synes at svare til den ydre Udvidning (Palpe) af disse Kjæver hos *Lepidurus*. Deres Beliggenhed, temmelig langt fjernede fra Midtlinien (se Fig. 4), taler ogsaa for en saadan Tydning, hvorved altsaa den egentlige Tyggedel maa antages at være ganske oblittereret. Lamel-

the scape. In the outer part of the latter, other muscles are visible, which act upon each of the rami.

The labrum (fig. 11, *L*), which forms an immediate continuation of the ventral surface of the head, is of considerable size, and extends between the bases of the 1st, and partly also of the 2nd pair of legs. It has the form of an oblong, rather compressed lobe, whose outer part forms a somewhat downward-curved, oval lamella, finely ciliated all round, and without any such tentacular projection as in *Limnadia*. The labrum can be raised from the oral parts by a pair of thin muscles passing to its base from the integument of the head. In its interior may be seen, as in *Limnadia*, several cellular bodies, and a number of transverse muscles, acting upon its upper soft and grooved surface.

The mandibles (fig. 4, fig. 11, *M*) lie, as in *Limnadia*, in the shape of 2 bow-shaped bodies, one on each side, at the boundary between the head and the cervical segment. Their upper pointed end is articulated to a thickened part of the integument, at the ends of the transverse suture which runs between the two parts just named; while their lower, much incurved ends meet on the under surface at the oral aperture. The masticatory part is strong, and almost securiformly expanded, and exhibits a somewhat sharpened edge, divided into a series of blunt teeth, the outermost of which is the largest. Thus, in the matter of equipment, the mandibles in this form are very essentially distinct from those in the other bi-valve Phyllopoda, and show an approach to the structure characteristic of the *Apodidæ*.

The 1st pair of maxillæ (figs. 4, 11, *m*[1], fig. 5) consist, as in *Limnadia*, of a thicker basal part and a movable terminal lamella; but the latter is here considerably narrower, is curved falciformly inwards, and furnished with only a limited number of strong, unarticulated bristles. Along the inner edge of the lamella, 8 such bristles may be counted, somewhat increasing in length ontwards, and finely ciliated on one edge (see fig. 5 a). To the point of the lamella are attached 3 considerably shorter bristles, which are spiniform and coarsely dentated on both edges (see fig. 5 b). At its base the lamella is very finely ciliated on the outer margin.

The second pair of maxillæ (figs. 4, 11, *m*[x], fig. 6), which have not been observed by Grube, are very rudimentary, representing only a pair of simple, somewhat cordate lamellæ of a delicate, membranous consistency, in which respect they seem almost to correspond to the outer expansion (palp) of these maxillæ in *Lepidurus*. Their position, at some distance from the median line (see fig. 4), also favours such an interpretation, whereby the true masticatory part must be assumed to be quite

lerne synes til en vis Grad at være bevægelige, idet 2 tynde Muskler passerer til hver af dem ovenfra.

Branchialføddernes Antal er, som ovenfor anført, 12 Par. Af disse er de 3 forreste Par omtrent af ens Længde, medens de øvrige hurtigt aftager i Størrelse bagtil. Tab. XX, Fig. 1 fremstiller en Fod af 3die Par seet fra den forreste Flade. Som det vil sees, er Formen temmelig afvigende fra samme hos *Limnadia*, skjøndt man kan adskille de samme Hoveddele. Endopoditen er idethele bredere og mere pladeformig, og af Enditerne har kun de 2 inderste et lignende Udseende som dem hos *Limnadia*, medens de 3 derpaa følgende er forlængede til fingerformig indadrettede Fortsatser besatte i den ene Kant med en dobbelt Rad af stærke Børster. Den yderste (5te) Endit er, som hos *Limnadia*, bevægeligt articuleret til Endopoditen og forestiller egentlig dennes Endeled. Coxallappen (mx) er vel udviklet og skraat indadrettet, visende adskillig Lighed i Form med Endepladen af 1ste Par Kjæver. Den er imidlertid (se Fig. 1 b) forsynet med et større Antal Børster i den indre Kant, tildels ordnede i 2 Rækker. Yderkanten har kun en enkelt indadrettet Børste nær Spidsen og er forøvrigt meget fint cilieret. Epipoditen (ep) er af middels Størrelse og viser en lignende Form og Structur som hos *Limnadia*. Derimod har Exopoditen et temmelig afvigende Udseende. Den er rigtignok ogsaa her delt i en ventral og en dorsal Lap; men den ventrale Lap (ex), som hos *Limnadia* er den største, er her kun tilstede som en forholdsvis ubetydelig, smalt tilspidset Fortsats, kantet med lange, cilierede Børster, medens den dorsale Lap (ex¹) er enormt udviklet, dannende en bred, halvmaaneformigt krummet Plade, der rager høit op over Kropsiderne (se Tab. XIX, Fig. 1). Denne Plade har langs Yderkanten en tæt Rad af forholdsvis korte, men tæt cilierede Børster og er ogsaa tildels børstebesat i Inderkanten. Fra dens stumpt afrundede Ende udgaar desuden en meget lang og tynd, ucilieret Børste.

Af væsentlig samme Udseende som det ovenfor beskrevne 3die Fodpar er ogsaa de 2 forreste og de 4 følgende Par, hvilke sidste dog gradvis aftager i Størrelse.

8de Fodpar (Fig. 2) skiller sig imidlertid, foruden ved ringere Størrelse, meget væsentligt ved den fuldstændige Mangel af Epipodit. Ligeledes er Enditerne mere sammentrængte og mindre ulige, idet de 2 bagerste er mere fremspringende, de 3 yderste kortere end paa de foregaaende Par. Exopoditens dorsale Lap er forsynet i Enden med flere lange, divergerende Børster af samme Beskaffenhed som den enkle apicale Børste paa 3die Par.

obliterated. The lamellæ appear. to a certain extent to be movable, as 2 thin muscles pass to each of them from above.

As stated above, the number of branchial legs is 12 pairs. The 3 foremost of these are of about uniform length, while the remainder rapidly diminish in size towards the back. Pl. XX, fig. 1, represents a leg of the 3rd pair seen from the front. As will be seen, the shape differs not a little from that in *Limnadia*, although the same principal parts are distinguishable. The endopodite is on the whole broader and more lamellar, and only the innermost endites have a similar appearance to those in *Limnadia*, while the next 3 are elongated into digitiform, inward-pointing projections, clothed on one edge with a double row of strong bristles. The outermost (5th) endite, as in *Limnadia*, is movably articulated, to the endopodite, really representing the latter's terminal joint. The coxal lobe (mx) is well developed, and directed obliquely inwards, and exhibits a considerable resemblance in form to the terminal lamella of the 1st pair of maxillæ. It is, however (see fig. 1 b), furnished with a larger number of bristles on the inner margin, arranged to some extent in 2 rows. The outer margin has only a single inward-directed bristle near the point, and, in addition, is very finely ciliated. The epipodite is of medium size, and exhibits a similarity in form and structure to that of *Limnadia*. The exopodite, on the other hand, is rather different in appearance. It is, indeed, here too, divided into a ventral and a dorsal lobe; but the ventral lobe (ex), which in *Limnadia* is the larger, here appears only as a comparatively insignificant, narrowly-pointed projection, edged with long ciliated bristles, while the dorsal lobe (ex¹) is enormously developed, forming a broad, crescent-shaped curved lamella, which extends far up over the sides of the body (see Pl. XIX, fig. 1). Along its outer margin this lamella has a close row of comparatively short, but thickly ciliated bristles, and is also setous to some extent on the inner margin. There also projects from its bluntly rounded end a very long, thin, unciliated bristle.

The 2 foremost pairs of legs, and the 4 succeeding pairs are essentially of the same appearance as the above-described 3rd pair, the 4 succeeding pairs, however, diminishing gradually in size.

The 8th pair of legs, however (fig. 2), besides being distinguished by their smaller size, differ very essentially in the total absence of an epipodite. The endites too are more crowded together and less dissimilar, the 2 hind ones being more projecting, and the 3 outer ones shorter than in the preceding pair. The dorsal lobe of the exopodite is furnished at the extremity with several long, divergent bristles of the same appearance as the single apical bristle on the 3rd pair.

De 2 følgende (9de og 10de) Par (se Fig. 3) mangler, ligesom det 8de, ganske Epipodit, og udmærker sig desuden ved det eiendommelige Udseende af Exopoditens dorsale Lap. Denne er nemlig paa begge disse Par omformet til en cylindrisk Streng, der er hageformigt ombøiet i Enden og her forsynet med en tæt Ciliering. Det er aabenbart, at disse 4 Appendices (se ogsaa Tab. XIX, Fig. 1, Fig. 9, *f b*) er bestemt til. i Forening med de ovenfor omtalte, fra Rygsiden af de 2 bagerste Truncus-Segmenter udgaaende, bladformige Plader (l), at støtte de 2 kageformige Ægmasser, der bæres under Skallens bagre Del.

De 2 sidste Fodpar (Tab. XX, Fig. 4, 5) er meget smaa, navnlig det bagerste (12te) Par, og mangler baade Epipodit og den dorsale Lap af Exopoditen. Forovrigt ligner de i Structur de 2 foregaaende Par, og har, som disse, alle Enditer, ligesom ogsaa Coxallappen, tydeligt udviklede, skjøndt meget tæt sammentrængte. Den ventrale Lap af Exopoditen er paa sidste Par (Fig. 5) reduceret til et fra den ydre Side af Endopoditen udgaaende meget lidet, med 5 Børster forsynet Appendix.

Beskrivelse af Hannen.

Hannerne er gjennemgaaende noget mindre end Hunnerne, idet Skallen neppe opnaar en Længde af 4 mm. Den er ogsaa (se Tab. XVIII, Fig. 3) noget mere uregelmæssig af Form, med Forenden mere tvært afkuttet, og de nedre Kanter dannende fortil en meget stærk, næsten vinkelformig Krumning. Forovrigt ligner Skallen samme hos Hunnen og er fuldkommen ligesaa stærkt buget som hos denne.

Det i Skallen indesluttede Dyr (se Tab. XX, Fig. 6) viser flere characteristiske Eiendommeligheder, hvorved det strax skiller sig fra samme hos Hunnen. Hovedet er saaledes betydelig kortere og Rostrum af en meget afvigende Form. Seet fra Siden (se Tab. XVIII, Fig. 3, Tab. XX, Fig. 6) er det næsten jevnt bredt og har Enden, ikke som hos Hunnen udtrukket til en skarp Spids, men stumpt afrundet. Forfra seet (Tab. XVIII, Fig. 5) viser det sig tvært afkuttet i Enden, idet den mediane Spids ganske mangler, medens de laterale Fortsatser, hvori Hovedets Sidekjøle gaar ud, er betydelig mere udstaaende end hos Hunnen og næsten retvinklede. Af de eiendommelige treiligede Blade, der hos Hunnen udgaar fra Rygsiden af Truncus bagtil, er der intetsomhelst Spor at opdage (se Tab. XX, Fig. 6).

Haledelen (Fig. 10) har ogsaa en noget forskjellig Form, idet de 2 Endeflige er betydelig stærkere forlængede end hos Hunnen og tættere cilierede.

The 2 succeeding (9th and 10th) pairs (see fig. 3) are, like the 8th, marked by a total absence of an epipodite, and are also distinguished by the peculiar appearance of the dorsal lobe of the exopodite. In both these pairs, this lobe is converted into a cylindrical cord, which is bent down at the end like a hook, and thickly ciliated. It is evident that these 4 appendages (see also Pl. XIX, fig. 1, fig. 9, *f b*) are intended, in conjunction with the above-mentioned leaf-like lamellæ (l) issuing from the dorsal side of the 2 hindmost segments of the trunk, to support the 2 cake-like masses of eggs, which are borne beneath the posterior part of the shell.

The last 2 pairs of legs (Pl. XX, figs. 4, 5) are very small, especially the hindmost (12th) pair, and are without both epipodite and dorsal lobe of the exopodite. In other respects they resemble the 2 preceding pairs in structure, and have, like them, all the endites, as well as the coxal lobe, distinctly developed, although very closely crowded together. The ventral lobe of the exopodite in the last pair (fig. 5) is reduced to a very small appendage projecting from the outer side of the endopodite, and furnished with 5 bristles.

Description of the Male.

The males, on an average, are rather smaller than the females, as the shell scarcely attains a length of 4 mm. It is also (see Pl. XVIII, fig. 3) rather more irregular in shape, with the anterior end more abruptly truncated, and the lower edges forming in front a very sharp, almost angular curve. In other respects the shell resembles that of the female, and is quite as much vaulted.

The animal enclosed in the shell (see Pl. XX, fig. 6) exhibits several characteristic peculiarities, thereby being immediately distinguished from the female. The head is considerably shorter, and the rostrum of a very different shape. Seen from the side (see Pl. XVIII, fig. 3; Pl. XX, fig. 6), it is of almost even breadth, the end not being drawn out, as in the female, to a sharp point, but being bluntly rounded. Seen from the front (Pl. XVIII, fig. 5), it appears abruptly truncated at the end, the median point being altogether absent, while the lateral projections into which the side keels of the head are produced are considerably more prominent than in the female, and almost rectangular. There is no trace whatever to be discovered of the peculiar trilobed lamellæ, which, in the female, issue from the dorsal surface of the trunk behind (see Pl. XX, fig. 6).

The caudal part (fig. 10) is also of a somewhat different shape, the 2 terminal lobes being considerably more elongated than in the female, and more thickly ciliated.

Hvad de forskjellige Lemmer augaar, saa viser de til det forreste Afsnit af Legemet horende neppe nogen væsentlig Forskjel fra samme hos Hunnen, skjøndt manske 1ste Par Folere er noget storre og rigeligere forsynede med Lugtepapiller. Derimod bemærkes flere characteristiske Eiendommeligheder ved de til det bagerste Afsnit horende Lemmer eller Branchialfødderne. For det forste er deres Tal her constant et ringere, nemlig kun 10 Par ialt, og dernæst er 1ste Par meget uligt samme hos Hunnen, idet det er omdannet til et Par særdeles kraftige Griberedskaber, hvormed Hannen under Parringen fastholder Hunnens Skal (se Tab. XX, Fig. 6). Fig. 7 fremstiller en Fod af dette Par, seet fra den forreste Flade, og Fig. 8 det ydre Parti af samme noget stærkere forstorret. Som det vil sees, er Exopoditen og Epipoditen, ligesom ogsaa Coxallappen, noget nær af samme Udseende som hos Hunnen. Derimod er det terminale Afsnit af Endopoditen meget stærkt modificeret og omdannet til en med den proximale Del bevægeligt forbunden Haand, ligesom de til dette Afsnit horende Enditer er eiendommeligt omformede. Selve Haanden er næsten qvadratisk af Form, med den indre Kant, eller Palmen, stærkt buet og bevæbnet med en Rad af 9 meget stærke, noget pladeformige Pigge, mellem hvilke rager frem stive Borster. Den yderste Endit er omformet til en kraftig, leformigt indadkrummet Klo, der udgaar med en noget udvidet Basis fra Enden af Haanden og kan ved Hjælp af en Del Muskler bøies ind mod de ovenomtalte Pigge. Ved Roden af denne Klo udgaar et andet Appendix, der sædvanligvis ogsaa er indadkrummet, men ender i en stump, med lange Borster besat Spids og som synes at forestille den næstsidste omformede Endit. Længere indad, mellem Kloen og de ovenomtalte Pigge er endelig fæstet nok et Appendix, der er lige nedadrettet og har Formen af et ovalt Blad, tæt besat med Borster. Dette Blad synes at repræsentere den 3die sidste Endit. Fra den proximale Del af Endopoditen udgaar indad en enkelt bred pladeformig Udvidning kantet med en dobbelt Rad af lange Borster, og rimeligvis fremkommen ved en Sammensmeltning af de 2 inderste Enditer.

2det Fodpar (Fig. 9) er fuldkommen normalt bygget, men skiller sig dog ved en noiere Undersøgelse fra samme hos Hunnen ved den næstsidste Endits Bevæbning (se Fig. 9 a). Foruden de sædvanlige Borster findes der nemlig langs den indre Kant af denne Endit en Række af eiendommelige, i Enden tvedelte Torne, der successivt tiltager i Længde mod Spidsen. Den yderste af disse Torne (Fig. 9, b) har foruden de 2 Endespidser i den indre Kant 4 korte Smaatænder.

De følgende 6 Par stemmer i alt væsentligt

The limbs belonging to the anterior section of the body exhibit scarcely any essential difference to those in the female, although the first pair of antennæ are perhaps rather larger and more abundantly provided with olfactory papillæ. On the other hand, several characteristic peculiarities may be noticed in the limbs belonging to the posterior section, or the branchial legs. In the first place their number is invariably smaller, namely, only 10 pairs in all; and in the second place, the 1st pair is very unlike that in the female, being converted into a pair of exceedingly powerful prehensile organs, by means of which the male, during copulation, grasps the shell of the female (see Pl. XX, fig. 6). Fig. 7 represents one leg of this pair seen from the front, and fig. 8, the outer part of the same, magnified rather more highly. As will be seen, the exopodite, the epipodite, and the coxal lobes are nearly of the same appearance as in the female. The terminal section of the endopodite, on the other hand, is very greatly modified and converted into a hand, movably connected with the proximal part, the endites belonging to this section also being peculiarly transformed. The hand itself is almost quadratic in shape, with the inner edge, or palm, much arched and armed with a row of 9 very strong, somewhat lamellar spines, between which project stiff bristles. The outermost endite is transformed into a powerful, falciform, inward-curving claw, which issues with a somewhat expanded base from the end of the hand, and can, by the aid of certain muscles, be bent in towards the abovementioned spines. At the root of this claw, issues another appendage, which is also usually bent inwards, but ends in a blunt point clothed with long bristles, and seems to represent the penultimate transformed endite. Farther in between the claw and the above-mentioned spines, there is attached yet another appendage, which points straight downwards, and is in the shape of an oval lamina, closely set with bristles. This lamina seems to represent the antepenultimate endite. From the proximal part of the endopodite there runs inwards a single, broad, lamellar expansion edged with a double row of long bristles, and probably produced by a coalescence of the two innermost endites.

The 2nd pair of legs (fig. 9) is quite normal in structure, but on a closer examination, is distinguished from that of the female by the equipment of the penultimate endite (see fig. 9 a). In addition to the usual bristles, there is also, along the inner edge of this endite, a row of peculiar bifid spines, which successively increase in length towards the point. The outermost of these spines (fig. 9, b) has, in addition to the two terminal points, 4 short denticles on the inner margin.

The succeeding 6 pairs agree in all essential

overens med samme hos Hunnen. 9de og 10de Par mangler derimod ganske den paa disse Par hos Hunnen forekommende strengformige dorsale Lap af Exopoditen, hvorimod de ganske synes at stemme overens i Bygning med 11te og 12te Par hos Hunnen.

Farven er hos begge Kjon i levende Tilstand meget mork, olivengron. Dette skyldes imidlertid væsentligt det i Skallen indesluttede Dyr. Skallen selv er derimod temmelig gjennemsigtig og af lys horngul Couleur, med kun et svagt gronligt Skjær.

points with the corresponding legs in the female. The 9th and 10th pairs, on the other hand, are altogether without the cord-like dorsal lobe of the exopodite found in those pairs in the female, while they appear to agree in structure with the 11th and 12th pairs in the female.

The colour in both sexes in the living condition, is a very dark olive-green. This, however, is principally due to the animal enclosed in the shell. The shell itself is fairly transparent, and of a light, horny yellow colour, with only a faint greenish tinge.

Indre Organer.

Den indre Organisation stemmer i sine væsentligste Træk overens med samme hos *Limnadia*. Dog vil man ved en noiere Sammenligning finde visse characteristiske Eiendommeligheder.

Tarmen (se Tab. XIX, Fig. 1, Tab. XX, Fig. 6) strækker sig som et temmelig jevnt tykt Ror igjennem Axen af Legemet og ender bagtil med en kort, muskulos Endetarm, der udmunder mellem Halens Endeflige. Fortil er Tarmen noget nedadkrummet i Overensstemmelse med Legemets Boining paa dette Sted og forbinder sig ventralt med det temmelig korte, fortil fra Mundaabningen lobende Spiseror. Dette sidste viser ved sin Forbindelse med Tarmen en lignende klapformig Indretning som hos *Limnadia* (se Tab. XIX, Fig. 4, *oes*). I Forbindelse med Tarmens forreste Del staar, som hos *Limnadia*, et af 2 symetriske Halvdele bestaaende compliceret leveragtigt Organ (Fig. 11, *lv*); men dette Organ er her kun indskrænket til den ventrale Del af Hovedet og udfylder Storsteparten af Rostrums Hule. Hver Halvdel bestaar af talrige bugtede Blindsække, der samler sig oventil til en enkel forholdsvis meget rummelig Udforselsgang (*co*), udmundende i Tarmen med en vid Aabning (se ogsaa Tab. XVIII, Fig. 4 og 5).

Hjertet (Tab. XIX, Fig. 1, *h*, Fig. 10) har en lignende Beliggenhed som hos *Limnadia* og viser ogsaa en lignende Structur. Det er imidlertid forholdsvis kortere, idet det kun strækker sig lidt ind i 3die fodbærende Segment, og har kun 3 Par laterale Spaltaabninger, medens 4 saadanne er tilstede hos *Limnadia*.

Nervesystemet. — Hjerneganglict (see Tab. XIX, Fig. 11, 13, 14) ligger delvis skjult mellem Leverens Udforselsgange, og viser idethele en lignende Bygning som hos *Limnadia*. Dog er Synsnerverne (opt) her betydelig kortere og deres kolbeformigt opsvulmede Ender er adskilte ved et tydeligt Mellemrum (se Fig. 13). De Fortsatser, hvorfra Nerverne for 1ste Par Folere udgaar (a¹) er stærkt forlængede

Internal Organs.

The internal organisation agrees in its essential features with that in *Limnadia*, although certain characteristic peculiarities are to be found on closer comparison.

The **intestine** (see Pl. XIX, fig. 1; Pl. XX, fig. 6) extends, in the shape of a tolerably even, thick tube, through the axis of the body, ending posteriorly in a short, muscular rectum, which opens out between the terminal lobes of the tail. Anteriorly, the intestine is somewhat downward-curved in accordance with the curve of the body at that place, and is connected ventrally with the rather short œsophagus running forwards from the oral aperture. The œsophagus, in its connection with the intestine, exhibits a valve-like contrivance similar to that in *Limnadia* (se Pl. XIX, fig. 4, oes). Communicating with the foremost part of the intestine, as in *Limnadia*, there is a complicated, liver-like organ, consisting of 2 symmetrical halves (fig. 11, *lv*); but this organ is here confined to the ventral part of the head, and occupies the greater part of the cavity of the rostrum. Each half consists of numerous curved cæca, which meet above in a single, comparatively very capacious excretory duct (co), opening by a wide mouth into the intestine (see also Pl. XVIII, figs. 4 and 5).

The **heart** (Pl. XIX, fig. 1, *h*, fig. 10) has a situation similar to that in *Limnadia*, and also exhibits a similar structure. It is however comparatively shorter, as it only extends a little way into the 3rd pedigerous segment, and has only 3 pairs of lateral ostia, whereas in *Limnadia* there are 4.

The **Nervous System.** — The cerebral ganglion (see Pl. XIX, figs. 11, 13, 14) lies partly hidden between the excretory ducts of the liver, and exhibits on the whole a similar structure to that in *Limnadia*. The optic nerves (opt), however, are considerably shorter here, and their club-like swollen ends are separated by a distinct space (see fig. 13). The projections from which issue the nerves for the

og skraat bagudrettede. Nerverne for Aarerne (a [2]) udspringer ogsaa her fra de fra Hjernegangliet bagud gaaende Commissurer. Buggangliekjæden (Tab. XX, Fig. 19) ligner samme hos *Limnadia*, dog med den Forskjel, at Nervestammerne er forholdsvis stærkere og ligger noget nærmere sammen. Antallet af gangliøse Opsvulmninger er selvfølgelig, i Overensstemmelse med det langt ringere Antal Fodpar, mindre end hos *Limnadia*.

Ovarierne (se Tab. XIX, Fig. 1) er af betydelig Størrelse, strækkende sig til hver Side af Tarmen gjennem hele Truncus. De viser et stærkt lappet Udseende, idet Ægfolliklerne grupperer sig drueklaseformigt omkring Ovarialrørene (se Tab. XX, Fig. 13). Æglederen udgaar fra den bagerste Del af hvert Ovarium og synes at udmunde umiddelbart under de ovenomtalte trefligede dorsale Blade. Paa dette Sted ser man nemlig ofte større Masser af modne Æg samlede. Som hos *Limnadia*, indeholder hver Ægfollikel 4 Celler, hvoraf alene den terminale bliver til det egentlige Æg, medens de 3 øvrige forestiller Næringsceller og derfor tilsidst ganske absorberes (se Fig. 14—17). De af Ovarierne udkomne Æg grupperer sig sammen til 2 rundagtige kageformige Masser, der bæres under Skallen helt bagtil (se Tab. XVIII, Fig. 1 og 2). Hver Ægmasse indeholder et stort Antal af Æg, der ved et klæbrigt Stof er heftede sammen. Æggene er omgivne af en simpel, ikke meget fast Kapsel, uden nogen iøinefaldende Skulptur.

Testes (se Tab. XX, Fig. 6) har samme Beliggenhed som Ovarierne og ligner disse ganske hvad Anordningen af Folliklerne angaar (se Fig. 12). Disse sidste er imidlertid her alle af nogenlunde ens Størrelse og af noget uregelmæssig Form, samt indeholder hver en med den centrale Kanal i Forbindelse staaende Hule, i hvis Vægge de meget smaa celleagtige Sædelementer udvikle sig. Mundingen for vasa deferentia synes at ligge omtrent paa samme Sted som Mundingen for Æglederne hos Hunnen.

Udvikling. — Jeg har desværre ikke selv havt Anledning til at studere denne Phyllopodes Udvikling. Men ifølge Grubes Undersøgelser synes den i flere væsentlige Punkter at skille sig fra den hos andre Phyllopoder. Larven har et meget eiendommeligt Udseende, som noget minder om samme hos Cirripedierne. Selv i det tidligste af Grube observerede Stadium, som ifølge Lemmernes Beskaffenhed ubetinget er et Nauplius-Stadium, er nemlig Legemet dækket oventil af et meget stort fladt Rygskjold, og har nedentil et lignende men mindre Skjold, der forestiller Overlæben. Hovedet har en meget eiendommelig Form, idet det gaar ud i 3 korsformigt

1st pair of antennæ (a [1]), are very much elongated, and directed obliquely backwards. The nerves for the oars (a [2]) also originate here, starting from the commissures which run backwards from the cerebral ganglion. The ventral ganglion chain (Pl. XX, fig. 19) resembles that in *Limnadia*, though with the difference that the nerve stems are comparatively stronger, and lie rather nearer together. The number of ganglionic dilatations is, of course, in accordance with the far smaller number of legs, less than in *Limnadia*.

The **ovaries** (see Pl. XIX, fig. 1) are of considerable size, extending through the whole trunk on each side of the intestine. They present a very much lobed appearance, from the fact that the egg-follicles are grouped botryoidally about the ovarial tubes (see Pl. XX, fig. 13). The oviduct issues from the hind part of each ovary, and seems to open immediately below the before-mentioned tri-lobed dorsal lamella; for at that place large masses of mature eggs are often seen accumulated. As in *Limnadia*, each egg-follicle contains 4 cells, of which the terminal one only becomes the true egg, the other 3 representing alimentary cells, and being therefore at last quite absorbed (see figs. 14—17). The eggs that have issued from the ovaries congregate into 2 round, cakelike masses, which are borne beneath the shell at the very back (see Pl. XVIII, figs. 1 and 2). Each eggmass contains a large number of eggs, which are fastened together by a glutinous substance. The eggs are surrounded by a simple, not very firm capsule, without any conspicuous sculpturing.

The **testes** (see Pl. XX, fig. 6) have the same position as the ovaries, and resemble them exactly as regards the arrangement of the follicles (see fig. 12). Here, however, the latter are all of about the same size, and of a somewhat irregular shape; each contains a cavity communicating with the central channel, and in whose walls the very small, cellular seminal elements are developed. The opening of the vasa deferentia appears to lie at about the same place as the mouth of the oviducts in the female.

Development. — I have unfortunately not had an opportunity, personally, of studying the development of this Phyllopod; but, according to Grube's investigations, it seems, in several essential points, to differ from that of other Phyllopoda. The larva has a very peculiar appearance, somewhat resembling that of Cirripedia. Even in the earliest stage observed by Grube, which, from the condition of the limbs, is unquestionably a nauplius stage, the body is covered above by a very large flat carapace, and has a similar, but smaller shield below, which represents the labrum. The head has a very peculiar shape, for it projects in 3 cruciformly-placed

stillede Fortsatser, hvoraf den midterste forestiller Rostrum.

Forekomst og Levevis.

Det eneste Sted her i Landet, hvor denne Phyllopode hidtil er observeret, er i Østfinmarken ved Matsjok, en Biflod til Tana, hvor Prof. Collett fandt den i Sommeren 1885. Da jeg nogle Aar senere, i 1888, bereiste Finmarken, undlod jeg ikke at besøge denne Lokalitet, og var ogsaa saa heldig at finde den her i Slutningen af August meget almindeligt i en grund, med talrige Vandplanter bevoxet Grøft. Alle Exemplarer var da fuldt udviklede og syntes at have opnaaet sit Maximum af Størrelse. Skjøndt jeg noie undersøgte alle Damme og Grøfter i Omegnen, var det mig dog ikke at finde noget Spor af den andetsteds end netop i den omtalte Grøft, der saaledes maa have frembudt særlig gunstige Forhold til dette Dyrs Trivsel. I Løbet af nogle faa Dage indsamledes her et betydeligt Antal Exemplarer, ligesom Observationer anstilledes over det levende Dyr i mine Excursionsglasse. Dyrets Bevægelser er temmelig klodsede og lidet udholdende, bestaaende i et noget ujevnt og ligesom rullende Løb gjennem Vandet, hvorunder snart Ryg, snart Bug vendes opad. Under Bevægelsen er Hovedet helt fremstrakt af Skallen, saa at Aarerne fuldt kan virke, og Valvlerne er herunder vidt aabne nedentil. Jeg kunde ikke observere, at Dyret nogensinde, som Tilfældet er med *Limnadia*, fæstede sig til de i Vandet værende Gjenstande. Naar Bevægelsen ophørte, sank Dyret hurtigt til Bunden, og laa her ofte i længere Tid ubevægeligt paa Siden, for saa igjen at foretage en kort Udflugt i Vandet. Hanner og Hunner forekom næsten i samme Antal og saaes ofte i Copulation, hvorunder Hannen med sine Gribefødder med stor Kraft omfatter Kanterne af Hunnens Valvler nedentil. Selve Parringsakten fik jeg dog ikke observere. At dømme efter Kindbakkernes Bevæbning, synes Dyrets Næring at være mere animalsk end Tilfældet er med de øvrige bivalve Phyllopoder, og bestaar rimeligvis for en stor Del af mindre Entomostraceer.

Udbredning. — Denne Phyllopode blev først opdaget af O. F. Müller i Damme nær Kjøbenhavn, og er ogsaa senere her gjenfunden. Foruden i Danmark er den observeret ved Danzig af Liévin, ved Dorpat af Grube, i Lillerusland ved Charkow og i Ungarn ved Pest, endelig ogsaa i Sibirien. I sin Udbredning synes den saaledes idethele, i Modsætning til *Limnadia*, at være en østlig Form, og det er aabenbart ad den Vei, nordenom den botniske Bugt, at den har udbredt sig til vort Land.

processes, the middle one of which represents the rostrum.

Occurrence and Habits.

The only place in this country (Norway) where this Phyllopod has hitherto been observed is in East Finmark, near the Matsjok, a tributary of the Tana, where Prof. Collett found it in the summer of 1885. When some years later, in 1888, I travelled through Finmark, I did not fail to visit this locality, and had also the good fortune to find it there at the end of August, very plentiful, in a shallow ditch where numerous aquatic plants grew. All the specimens were then fully developed, and seemed to have attained their maximum size. Although I carefully examined all the ponds and ditches in the neighbourhood, I did not succeed in discovering any trace of it anywhere except in the said ditch, which must thus have offered conditions especially favorable to this animal's well-being. In the course of a few days, a considerable number of specimens were collected here, and observations made of the living animal by watching them in my collecting-jars. The animal's movements are rather awkward, and not very persevering, consisting in a somewhat uneven and, as it were, rolling course through the water, sometimes with the dorsal, sometimes with the ventral side uppermost. During the movement the head is stretched right out of the shell, so that the oars can have their full effect, the valves meanwhile being wide open below. I never observed the animal attaching itself to objects in the water, as is the case with *Limnadia*. When the motion ceased, it sank quickly to the bottom, and often lay there a long time on its side, motionless, then again making a short excursion through the water. Males and females are found in almost equal numbers; and are often seen in copulation, during which the male, with its prehensile legs, embraces with great power the lower edges of the female's valves. The act of copulation itself, however, I have not witnessed. Judging from the armature of the mandibles, the animal's food appears to be more animal than is the case with the other bi-valve Phyllopoda, and probably consists to a great extent of smaller Entomostraca.

Distribution. — This Phyllopod was first discovered by O. F. Müller, in ponds near Copenhagen, and has also been found there again subsequently. Besides in Denmark, it has been observed by Liévin at Danzig, by Grube at Dorpat, at Charkow in Little Russia, at Pesth in Hungary, and lastly in Siberia. It therefore appears, in opposition to *Limnadia*, to be, in its distribution, an eastern form, and it is evidently by way of the north of the Gulf of Bothnia, that it has spread to our land (Norway).

FORKLARING AF PLANCHERNE.

Tab. I.

Nebalia bipes (Fabr.)

Fig. 1. Ægbærende Han, seet fra venstre Side.
» 2. Samme seet ovenfra.
» 3. Slægtsmoden Han, seet fra høire Side.

Nebalia typhlops, G. O. Sars.

Fig. 4. Ægbærende Han, seet fra høire Side.

Tab. II.

Nebalia bipes (Fabr.)

Fig. 1. Størsteparten af Legemet af en ung, endnu ikke slægtsmoden Han, seet fra venstre Side. Venstre Halvdel af Rygskjoldet er borttaget, for at vise de underliggende Dele. — *ms* Insertionen for Skallens Lukkemuskel; *r* Pandepladen; *O* Øinene; *a*¹ 1ste Par Følere; *a*² 2det Par Følere; *M* Kindbakkerne; *Mp* Mandibularpalpe; *m*¹ 1ste Par Kjæver; *m*² 2det Par Kjæver.

» 2. Pandepladen seet ovenfra, stærkere forstørret.
» 3. Øinene med det tilhørende Segment, seet ovenfra.
» 4. Venstre Øie seet fra Siden.
» 5. En af 1ste Par Følere hos Hunnen.
» 6. En af 2det Par Følere do.
» 7. Forenden af Legemet med Mundregionen, seet nedenfra. Af Følerne er blot Basaldelen tegnet. — *r* Pandepladen; *O* Øinene; *a*¹ 1ste Par Følere; *a*² 2det Par Følere; *Mp* Mandibularpalper; *L* Overlæben; *l* Underlæben; *m*¹ 1ste Par Kjæver; *m*² 2det Par Kjæver.

» 8. Overlæben stærkere forstørret.
» 9. Underlæben.
» 10. Kindbakkerne med sine Palper, seede forfra.
» 11. Tyggedelen af en Kindbakke.
» 12. Endeleddet af en Mandibularpalpe.

Tab. III.

Nebalia bipes (Fabr.) ♀

Fig. 1. En Kjæve af 1ste Par; *p* Palpe.
» 1a. En af Tornene paa Tyggelappen, stærkt forstørret.

» 2. En Kjæve af 2det Par; *p* Endognath; *ex* Exognath.

EXPLANATION OF THE PLATES.

Plate I.

Nebalia bipes (Fabr.)

Fig. 1. Ovigerous female, seen from the left side.
» 2. Same, seen from above.
» 3. Sexually mature male, seen from the right.

Nebalia typhlops, G. O. Sars.

Fig. 4. Ovigerous female, seen from the right.

Plate II.

Nebalia bipes (Fabr.)

Fig. 1. Greater part of the body of a young, not yet sexually mature male, seen from the left. The left half of the carapace is removed to show the parts beneath. — *ms*, insertion of the adductor muscle of the shell; *r*, frontal lamina; *O*, eyes; *a*¹, first pair of antennæ; *a*², second pair of antennæ; *M*, mandibles; *Mp*, mandibular palpi; *m*¹, 1st pair of maxillæ; *m*², 2nd pair of maxillæ.

Fig. 2. Frontal lamina, seen from above, more highly magnified.

» 3. Eyes, with the segment appertaining to them.
» 4. Left eye, seen from the side.
» 5. One of the 1st pair of antennæ in the female.
» 6. One of the 2nd —»— —»—
» 7. Anterior end of the body with the oral region, seen from below. Only the basal part of the antennæ is drawn. — *r*, frontal lamina; *O*, eyes; *a*¹, first pair of antennæ; *a*², 2nd pair of antennæ; *Mp*, mandibular palpi; *L*, labrum; *l*, posterior lip; *m*¹, 1st pair of maxillæ; *m*², 2nd pair of maxillæ.

» 8. Labrum, more highly magnified.
» 9. Posterior lip.
» 10. Mandibles with their palpi, seen from the front.
» 11. Masticatory part of a mandible.
» 12. Terminal joint of a mandibular palp.

Plate III.

Nebalia bipes (Fabr.) ♀

Fig. 1. A maxilla of the 1st pair; *p*, palp.
» 1a. One of the spines on the masticatory lobe, highly magnified.

» 2. A maxilla of the 2nd pair; *p*, endognath; *ex*, exognath.

Fig. 3. En Branchialfod af 1ste Par.
  » 4. En Branchialfod af 5te Par; *p* Endopodit; *ex* Exopodit; *ep* Epipodit,
  » 5. En Branchialfod af 7de Par.
  » 6. En Branchialfod af 8de (sidste) Par.
  » 7. En Svømmefod af 1ste Par.
  » 8. Den ved Enden af Basaldelen indad udgaaende Fortsats, stærkere forstorret.
  » 8 a. En af de terminale Hager paa samme, meget stærkt forstorret.
  » 9. En Svømmefod af 4de Par; *x* den indre Fortsats.

  » 10. Det forreste Par rudimentære Halefødder.
  » 11. Det bageste Par Halelemmer.
  » 12. Sidste Halesegment, med venstre Halegren, seet nedenfra.

Fig. 3. A branchial leg of the 1st pair.
  » 4. A branchial leg of the 5th pair; *p*, endopodite; *ex*, exopodite; *ep*, epipodite.
  » 5. A branchial leg of the 7th pair.
  » 6. A branchial leg of the 8th (last) pair.
  » 7. A natatory leg of the 1st pair.
  » 8. The inward-pointing projection at the end of the basal part, more highly magnified.
  » 8 a. One of the terminal hooks on the same, very highly magnified.
  » 9. A natatory leg of the 4th pair; *x*, the inner projection.
  » 10. The foremost pair of rudimentary caudal legs.
  » 11. The hindmost pair of caudal limbs.
  » 12. Last caudal segment, with the left caudal ramus, seen from below.

Tab. IV.
Nebalia bipes (Fabr.) ♂

Fig. 1. En Føler af 1ste Par.
  » 2. En Føler af 2det Par (kun den basale Del af Svøben tegnet).
  » 3. En Kjæve af 1ste Par.
  » 4. En Kjæve af 2det Par.
  » 5. En Branchialfod af 5te Par.
  » 6. En Halefod af 1ste Par.
  » 7. En Halefod af 2det Par.
  » 8. Enden af sidste Halesegment med venstre Halegren, seet nedenfra.

Plate IV.
Nebalia bipes (Fabr.) ♂

Fig. 1. An antenna of the 1st pair.
  » 2. An antenna of the 2nd pair (only the basal part of the flagellum drawn).
  » 3. A maxilla of the 1st pair.
  » 4. A maxilla of the 2nd pair.
  » 5. A branchial leg of the 5th pair.
  » 6. A caudal leg of the 1st pair.
  » 7. A caudal leg of the 2nd pair.
  » 8. End of the last caudal segment with the left caudal ramus, seen from below.

Nebalia typhlops, G. O. Sars. ♀

Fig. 9. Den forreste Del af Legemet seet fra høire Side; (høire Halvpart af Rygskjoldet borttaget).
  » 10. Pandepladen, seet ovenfra.
  » 11. Øinene med det tilhørende Segment, ovenfra seet.

  » 12. Venstre Kindbakke med Palpe.
  » 13. En Kjæve af 1ste Par.
  » 14. En Kjæve af 2det Par.
  » 15. En Branchialfod af 1ste Par.
  » 16. En Branchialfod af sidste Par.
  » 17. En Svømmefod af 1ste Par.
  » 18. En af de forreste rudimentære Halefødder.
  » 19. En af de bageste Halefødder.

Nebalia typhlops, G. O. Sars. ♀

Fig. 9. The foremost part of the body seen from the right (right half of the carapace removed).
  » 10. Frontal lamina, seen from above.
  » 11. Eyes, with the segment belonging to them, seen from above.
  » 12. Left mandible with palp.
  » 13. A maxilla of the 1st pair.
  » 14. A maxilla of the 2nd pair.
  » 15. A branchial leg of the 1st pair.
  » 16. A branchial leg of the last pair.
  » 17. A natatory leg of the 1st pair.
  » 18. One of the foremost rudimentary caudal legs.
  » 19. One of the hindmost caudal legs.

Tab. V.
Nebalia bipes (Fabr.)

Fig. 1. Skematisk Figur af en Hun, seet fra høire Side, med de vigtigste indre Organer indtegnede i samme og angivne med særskilte Farver.
  » 2. Tversnit af Dyret over Midtkroppen. De indre Organer angivne med samme Farver som paa Fig. 1. *C* Rygskjoldet; *i* Tarmen; *Cø, Cd* Tarmens Blindsække (Leversække); *g* Bugganglion; *c* Hjerte; *Mv* ventrale Kropsmuskler; *Md* dorsale Kropsmuskler; *ov* Ovarier; *bpr* Branchialfødder.

  » 3. Tarmens Chitinskelet, seet fra venstre Side.
  » 4. Samme nedenfra.
  » 5. Et Stykke af Buggangliekjæden.
  » 6. Et Æg, paa hvilket netop Blastodermen er dannet, indtagende den nedre Halvdel.
  » 7. Et Æg med indesluttet Embryo, seet fra venstre Side.

Plate V.
Nebalia bipes (Fabr.)

Fig. 1. Diagrammatic drawing of a female, seen from the right, with the most important organs shown in different colours.
  » 2. Transverse section of the animal through the mesosome. The internal organs represented in the same colours as in fig. 1. *C*, carapace; *i*, intestine; *Cø, Cd*, intestinal cæca (biliary cæca); *g*, ventral ganglion; *c*, heart; *Mv*, ventral muscles of the body; *Md*, dorsal muscles of the body; *or*, ovaries; *bpr*, branchial legs.
  » 3. Chitine skeleton of the intestine, seen from the left.
  » 4. The same, from below.
  » 5. A piece of the ventral ganglion chain.
  » 6. An egg, in which the blastoderm is just formed, and occupies the lower half.
  » 7. An egg, with enclosed embryo, seen from the left,

O Anlægget til Øinene; L Overlæben; a¹, a² Følerne; Mp Mandibularpalpe; u Haleenden.

Fig. 8. Samme Æg seet nedenfra. Bogstaverne som paa foregaaende Figur.

» 9. Et Embryo, nogen Tid efterat Æghuden er afkastet, seet ovenfra. O Øinene; a¹ 1ste Par Følere; a² 2det Par Følere; brp Anlæg til Branchialfødder; pl Anlæg til Svømmefødder; u Haleenden.

» 10. Samme Embryo seet fra venstre Side. R Pandepladen; L Overlæben; Mp Mandibularpalpe; m¹, m² de 2 Par Kjæver. De øvrige Bogstaver som paa foregaaende Figur.

» 11. Et videre udviklet Embryo, seet fra høire Side. Bogstaverne som paa foregaaende Figur.

» 12. Unge færdig til at slippe ud af Moderens Klækkehule, seet fra høire Side. Ms Insertionsarcaen for Skallens Lukkemuskel; plx sidste Par, endnu ikke udviklede Svømmefødder; c¹, c² de 2 rudimentære Halefødder. De øvrige Bogstaver som paa de 2 foregaaende Figurer.

O, eyes in process of formation; L, labrum; a¹, a², antennæ; Mp, mandibular palpi; u, end of the tail.

Fig. 8. Same egg, seen from below. Lettering as in fig. 7.

» 9. An embryo, some time after the egg-skin is cast, seen from above. O, eyes; a¹, 1st pair of antennæ; a², 2nd pair of antennæ; brp, rudiments of branchial legs; pl, rudiments of natatory legs; u, end of tail.

» 10. Same embryo, seen from the left. R, frontal lamina; L, labrum; Mp, mandibular palpi; m¹, m², the 2 pairs of maxillæ. The rest of the lettering as in fig. 9.

» 11. A more developed embryo, seen from the right. Lettering as in fig. 9.

» 12. Young one ready to emerge from the mother's incubatory cavity, seen from the right. Ms, area of insertion of the adductor muscle of the shell; plx, last pair of the not yet developed natatory legs; c¹, c², the 2 rudimentary caudal legs. The rest of the lettering as in the 2 preceding figures.

Tab. VI.

Branchinecta paludosa (Müller.)

Fig. 1. Fuldt udviklet Han, seet nedenfra.
» 2. Samme fra venstre Side.
» 3. Ægbærende Hun, seet fra høire Side.
» 4. Samme ovenfra seet.
» 5. Larve i sidste Stadium, seet fra venstre Side.
» 6. Samme ovenfra seet.
» 7. Hovedet af en Unge i 1ste postlarvale Stadium, seet nedenfra. O de sammensatte Øine; o det enkle Øie; a¹ 1ste Par Følere; a² 2det Par Følere; L Overlæben; M Kindbakkerne.
» 8. En af 2det Par Følere af samme, stærkere forstørret.
» 9. Hovedet af en fuldt udviklet Hun, seet nedenfra. m¹, m² de 2 Par Kjæver. De øvrige Bogstaver som paa Fig. 7.
» 10. Enden af Halen med Halepladerne, seet ovenfra.
» 11. Genitalsegmenterne med den tilstødende Del af Forkroppen og Halen af en fuldt udviklet Han, seet fra venstre Side. c Hjerte; t Testes; p ydre Kjønsvedhæng.
» 12. Sperma-Celler ved meget stærk Forstørrelse.

Plate VI.

Branchinecta paludosa, (Müller.)

Fig. 1. Fully developed male, seen from below.
» 2. Same, from the left.
» 3. Ovigerous female, seen from the right.
» 4. Same, seen from above.
» 5. Larva in the last stage, seen from the left.
» 6. Same, seen from above.
» 7. Head of a young one in the 1st post-larval stage, seen from below. O, compound eyes; o, ocellus; a¹, 1st pair of antennæ; a², 2nd pair of antennæ; L, labrum; M, mandibles.
» 8. One of the 2nd pair of antennæ of the same, more highly magnified.
» 9. Head of a fully-developed female, seen from below. m¹, m², the 2 pairs of maxillæ. The rest of the lettering as in fig. 7.
» 10. End of the tail, with the caudal lamellæ, seen from above.
» 11. Genital segments with the adjacent part of the anterior part of the body and the tail of a fully-developed male, seen from the left. c, heart; t, testes; p, external sexual appendage.
» 12. Sperm cells, very highly magnified.

Tab. VII.

Branchinecta paludosa (Müller.)

Fig. 1. Forenden af en fuldt udviklet Hun, med Overlæben løftet op fra Kindbakkerne, seet nedenfra. O de sammensatte Øine; o det enkle Øie; a¹ 1ste Par Følere; a² 2det Par Følere; L Overlæben; M Kindbakkerne; m¹ 1ste Par Kjæver; m² 2det Par Kjæver; p¹ 1ste Par Branchialfødder.
» 2. Hovedet af en fuldvoxen Han, seet forfra. Bogstaverne som paa foregaaende Figur.
» 3. Overlæben (L', med den bagenfor liggende Chitinhud. M Stedet hvor Kindbakkernes Tyggedel har ligget; m¹ Stedet, hvor 1ste Par Kjæver har været fæstede.
» 4. En Kindbakke seet forfra.
» 5. Sammes Tyggeflade stærkt forstørret.
» 6. En Kjæve af 1ste Par.

Plate VII.

Branchinecta paludosa (Müller.)

Fig 1. Anterior end of a fully-developed female, with the labrum raised from the mandibles, seen from below. O, compound eyes; o, ocellus; a¹, 1st pair of antennæ; L, labrum; M, mandibles; m¹, 1st pair of maxillæ; m², 2nd pair of maxillæ; p¹, 1st pair of branchial legs.
» 2. Head of a full-grown male, seen from the front. Lettering as in fig. 1.
» 3. Labrum (L), with the chitinous skin lying behind it. M, place where the masticatory part of the mandibles has been; m¹, place where the 1st pair of maxillæ have been attached.
» 4. A mandible, seen from the front.
» 5. Masticatory surface of the same, highly magnified.
» 6. A maxilla of the 1st pair.

Fig. 7. En af de paa samme fæstede Børster, stærkt forstørret.
» 8. En Kjæve af 2det Par.
» 9. En Branchialfod af 1ste Par hos Hunnen; *end* Endopodit; *ex* Exopodit; *ep* Epipodit: *b* Basalplade.

» 10. Et Stykke af Kanterne af den inderste Endit med de tilhørende leformigt krummede Børster, stærkere forstørret.
» 11. En Branchialfod af 5te Par. Bogstaverne som paa Fig. 9.
» 12. En Branchialfod af sidste Par.
» 13. En Branchialfod af 5te Par hos Hannen. Bogstaverne som paa Fig. 9, 11 og 12.

Fig. 7. One of the bristles attached to the same, highly magnified.
» 8. A maxilla of the 2nd pair.
» 9. A branchial leg of the 1st pair in the female; *end.* endopodite; *ex,* exopodite; *ep,* epipodite; *b,* basal lamella.
» 10. A piece of the edge of the innermost endite with its falciformly curved bristles, more highly magnified.
» 11. A branchial leg of the 5th pair. Lettering as in fig 9.
» 12. A branchial leg of the last pair.
» 13. A branchial leg of the 5th pair in the male. Lettering as in figs. 9, 11 and 12.

Tab. VIII.
Branchinecta paludosa (Müller).

Fig. 1. Legemet af en Hun, med indtegnet Nervesystem, seet fra Bugsiden.
» 2. Enden af en Føler af 1ste Par, stærkt forstørret.
» 3. En Lugtepapille fra samme, endnu stærkere forstørret.
4. Hjerneganglict med de fra samme udspringende Nerver, seet ovenfra. *o* det enkle Øie; *aa* Sandsegruber i Hovedets Integument; *a¹* Basis af 1ste Par Følere med den tilsvarende Nervo; *O* Synsnerverne; *a²* Nerverne for 2det Par Følere.
» 5. Et Stykke af Buggangliekjæden.
» 6. Den ydre Del af et af de sammensatte Øine i Længdesnit.
» 7. 2 Synselementer isolerede. *d* Nervefibrer fra Synsnerven; *c* Synsstav; *b* Krystalkegle; *a* lindseformigt fortykket Del af samme.
» 8. Sidedelen af et Halesegment, med 2 Hudnerver.
9. Hudpapiller med Føleborster, stærkt forstørret.
» 10. Den forreste Del af Tarmen med sine 2 Blindsække, seet ovenfra.
» 11. Genitalsegmentet af en Hun med Ægbeholderen og Ovarierne (*ov*), seet nedenfra.
» 12. Et Stykke af Kitkjærtelen.
» 13. Et Æg med begyndende Kløvning.
» 14. Et andet Æg uden Kløvning.
» 15. En Larve i et af de tidligere Stadier, seet fra Bugsiden.
» 16. En Larve i et senere Stadium, seet fra Bugsiden.
» 17. Forenden af Legemet hos et lidt senere Larvestadium, seet nedenfra. *O* de sammensatte Øine; *o* det enkle Øie; *a¹* 1ste Par Følere; *a²* 2det Par Følere; *L* Overleben; *M* Kindbakkerne; *p* Mandibularfødderne; *m¹*, *m²* Kjæverne.

Fig. 1. Body of a female with the nervous system drawn in, seen from the ventral side.
» 2. Extremity of one of the 1st pair of antennæ, highly magnified.
» 3. An olfactory papilla on the same, still more highly magnified.
4 Cerebral ganglion with the nerves issuing from it, seen from above. *o*, ocellus; *aa*, sensory pits in the integument of the head; *a¹*, base of the first pair of antennæ, with the corresponding nerves; *O*, optic nerves; *a²*, nerves for the 2nd pair of antennæ.
» 5. A piece of the ventral ganglion chain.
» 6. The outer part of one of the compound eyes in longitudinal section.
» 7. Two visual elements isolated. *d*, nerve fibres from the optic nerve; *c*, optic rod; *b*, crystalline cone; *a*, lenticularly thickened part of the same.
» 8. Lateral part of a tail-segment, with 2 cuticular nerves.
» 9. Cutaneous papillæ, with sensory bristles, highly magnified.
» 10. The anterior part of the intestine with its 2 cæca, seen from above.
» 11 The genital segment of a female with marsupium and ovaries (*ov*), seen from below.
» 12. A piece of the glutinous gland.
» 13. An egg with cleavage commenced.
» 14. An egg without cleavage.
» 15. A larva in one of the earlier stages, seen from the ventral side.
» 16. A larva in a later stage, seen from the ventral side.
» 17. Anterior end of the body in a rather more advanced larval stage, seen from below. *O*, compound eyes; *o*, ocellus; *a¹*, 1st pair of antennæ; *a²*, 2nd pair of antennæ; *L*, labrum; *M*, mandibles; *p*, mandibular legs; *m¹*, *m²*, maxillæ.

Tab. IX.
Polyartemia forcipata, Fischer.

Fig. 1. Fuldvoxen, ægbærende Hun, seet fra høire Side.
» 2. Samme, seet ovenfra.
» 3. Fuldvoxen Han, seet nedenfra.
» 4. Samme fra venstre Side.
» 5. Spidsen af en af Gribeantennernes Grene, stærkere forstørret.
» 6. Enden af Halen med Halepladerne, seet ovenfra.
» 7. En Larve i et af de tidligere Stadier, seet nedenfra.

Plate IX.
Polyartemia forcipata Fischer.

Fig. 1. Full-grown, ovigerous female, seen from the right.
» 2. Same, seen from above.
» 3. Full-grown male, seen from below.
» 4. Same, from the left.
» 5. Point of one of the rami of the prehensile antennæ, more highly magnified.
» 6. End of tail, with the caudal lamellæ, seen from above.
» 7. A larva in one of the earlier stages, seen from below.

Tab. X.

Polyartemia forcipata, Fischer.

Fig. 1. Hovedet af en Hun seet nedenfra. *O* de sammen-
satte Øjne; *o* det enkle Øje; *a*¹ 1ste Par Følere;
*a*² 2det Par Følere; *L* Overlæben; *M* Kindbakkerne;
*m*¹, *m*² Kjæverne.

» 2. Hovedet af en Han, seet forfra.
» 3. En Føler af 1ste Par.
» 4. Overlæben med Spiserøret (*o*), seet fra venstre Side.
» 5. De samme Dele, seet ovenfra.
» 6. En Kindbakke, seet forfra.
» 7. En Kjæve af 1ste Par.
» 8. En Kjæve af 2det Par.
» 9. En Branchialfod af 1ste Par.
» 10. En Branchialfod af 11te Par.
» 11. En Branchialfod af sidste Par.
» 12. Den bagre Del af Legemet af en fuldvoxen Hun,
med Ægbeholderen og de gjennemskinnende Ovarier,
seet fra høire Side.
» 13. Ovarierne med Kitkjærtelen, seet ovenfra. *ov* Ova-
rialtuberne; *ovd* Æglederne; *gl* Kitkjærtelen.
» 14. Et af Ovarierne med den tilsvarende Ægleder, isole-
ret og seet fra Siden.
» 15. Et modent Æg, stærkt forstørret.
» 16. Den bagre Del af Legemet, uden Halepladerne, af
en fuldvoxen Han, seet fra venstre Side. *t* Testes;
vd vas deferens; *p* ydre Kjønsvedhæng.

Tab. XI.

Lepidurus glacialis (Krøyer).

Fig. 1. Fuldvoxen Hun, ovenfra seet.
» 1 a. Samme i naturlig Størrelse.
» 2. Samme seet nedenfra, i samme Forstørrelse som
Fig. 1.
» 3. Samme seet fra venstre Side, med Kroppen stærkt
foroverbøiet.
» 4. En Larve, seet ovenfra.
» 5. En anden Larve i et noget senere Stadium, seet
ovenfra.
» 6. Fuldvoxen Han, ovenfra seet.
» 6 a. Samme i naturlig Størrelse.

Tab. XII.

Lepidurus glacialis (Krøyer.)

Fig. 1. Forenden af Legemet, seet nedenfra. *a*¹ 1ste Par
Følere; *a*² 2det Par Følere; *L* Overlæben (opløftet);
M Kindbakkerne; *l* Underlæben; *m*¹ 1ste Par Kjæ-
ver; *m*² 2det Par Kjæver; *p*¹ 1ste Fodpar.

» 2. En Føler af 1ste Par.
» 3. Et Stykke af Endedelens nedre Kant med de paa-
siddende Lugtepapiller, stærkere forstørret.
» 4. En Lugtepapille, meget stærkt forstørret.
» 5. En Føler af 2det Par.
» 6, 7. Samme Føler af 2 andre Exemplarer, for at vise Va-
riationerne i Form og Størrelse.
» 8. En Kindbakke, seet forfra.
» 9. Den inderste Tand af samme, stærkt forstørret.

» 10. Underlæben (*l*, og 1ste Par Kjæver (*m*¹) i sin natur-
lige Forbindelse med hinanden, tilligemed Spiserøret
(*oe*, seet bagfra.

Plate X.

Polyartemia forcipata, Fischer.

Fig. 1. Head of a female, seen from below. *O*, compound
eyes; *o*, ocellus; *a*¹, 1st pair of antennæ; *a*², 2nd pair
of antennæ; *L*, labrum; *M*, mandibles; *m*¹, *m*²,
maxillæ.

» 2. Head of a male, seen from the front.
» 3. One of the 1st pair of antennæ.
» 4. Labrum, with œsophagus (*o*), seen from the left.
» 5. Same parts, seen from above.
» 6. A mandible, seen from the front.
» 7. One of the 1st pair of maxillæ.
» 8. One of the 2nd pair of maxillæ.
» 9. One of the 1st pair of branchial legs.
» 10. One of the 11th pair of branchial legs.
» 11. One of the last pair of branchial legs.
» 12. Posterior part of body of a full-grown female, with
marsupium, and the ovaries shining through, seen
from the right.
» 13. Ovaries with the glutinous gland, seen from above.
ov, ovarial tubes; *ovd*, oviduct; *gl*, glutinous gland.
» 14. One of the ovaries with its corresponding oviduct,
isolated, and seen from the side.
» 15. A mature ovum, highly magnified.
» 16. Posterior part of the body, without caudal lamellæ,
of a full-grown male, seen from the left. *t*, testes;
vd, vas deferens; *p*, external sexual appendage.

Plate XI.

Lepidurus glacialis (Krøyer.)

Fig. 1. Full-grown female, seen from above.
» 1 a. Same, natural size.
» 2. Same, seen from below, magnified with the same
power as fig. 1.
» 3. Same, seen from the left, with the body bent very
much forwards.
» 4. A larva, seen from above.
» 5. A larva in a rather more advanced stage, seen from
above.
» 6. Full-grown male, seen from above.
» 6 a. Same, natural size.

Plate XII.

Lepidurus glacialis (Krøyer.)

Fig. 1. Anterior end of body, seen from below. *a*¹, 1st pair
of antennæ; *a*², 2nd pair of antennæ; *L*, labrum
(raised); *M*, mandibles; *l*, posterior lip; *m*¹, 1st pair
of maxillæ; *m*², 2nd pair of maxillæ; *p*¹, 1st pair
of legs.
» 2. An antenna of the 1st pair.
» 3. A piece of the lower edge of the terminal part, with
its olfactory papillæ, more highly magnified.
» 4. An olfactory papilla, very much magnified.
» 5. An antenna of the second pair.
» 6, 7. Same antenna in 2 other specimens, to show the
variation in form and size.
» 8. A mandible seen from the front.
» 9. The innermost denticle of the same, highly mag-
nified.
» 10. Posterior lip, and 1st pair of maxillæ (*m*¹) in their
natural connection with one another, and œsophagus
(*oe*), seen from behind.

Fig. 11. Underlæben med Spiserøret, seet forfra.
» 12. En Kjæve af 1ste Par.
» 13. En Kjæve af 2det Par; p Palpe.
» 14. En Fod af 1ste Par. m Coxallappen; 1—5 Enditerne; ex Exopodit.
» 15. En Fod af 2det Par. Bogstaverne som paa foregaaende Figur.
» 16. En Fod af 10de Par.
» 17. En Fod af 11te Par. ov Ægkapselen med et indesluttet Æg.
» 18. En Fod af 12te Par.
» 19. En Fod af et af de bagerste Par ved samme Forstørrelse.
» 20. Samme Fod betydelig stærkere forstørret.
» 21. En Fod af sidste Par; samme Forstørrelse som Fig. 19.
» 22. Samme Fod stærkt forstørret. Bogstaverne som paa de foregaaende Figurer.
» 23. Den bagre Del af Legemet med Halepladen og Basis af Haletraadene, seet ovenfra.
» 24. Samme Del seet nedenfra.
» 25. Sidste Segment, med Halepladen, af et usædmindelig stort Exemplar, seet ovenfra.
» 26. Samme Del af 2 andre Exemplarer, for at vise Variationerne i Halepladens Form.

Fig. 11. Posterior lip and œsophagus seen from the front.
» 12. A maxilla of the 1st pair.
» 13. A maxilla of the 2nd pair. p, palp.
» 14. A leg of the 1st pair. m, coxal lobe; 1—5, endites; ex, exopodite; ep, epipodite.
» 15. A leg of the 2nd pair. Lettering as in fig. 14.
» 16. A leg of the 10th pair.
» 17. A leg of the 11th pair. ov, egg-capsule, containing an egg.
» 18. A leg of the 12th pair.
» 19. A leg of one of the hindmost pairs, magnified with the same power.
» 20. Same leg, under a much higher magnification.
» 21. A leg of the last pair; magnified with the same power as fig. 19.
» 22. Same leg, highly magnified. Lettering as in the preceding figures.
» 23. Posterior part of body with caudal lamella and base of caudal filaments, seen from above.
» 24. Same part, seen from below.
» 25. Last segment, with caudal lamella of an unusually large specimen, seen from above.
» 26. Same part of 2 other specimens, to show variations in the shape of the caudal lamella.

Tab. XIII.

Lepidurus glacialis, (Krøyer.)

Fig. 1. Dorsalt Vue af en Hun, paa hvilket Rygskjoldets frie Del er borttaget, for at vise de underliggende Dele, seet ovenfra. Ved længere Tids Indlægning i Glycerin, er Legemet gjort halvt gjennemsigtigt, saa at de indre Organer delvis skinner igjennem. O de sammensatte Øine; oc det enkle Øie; x Postocularknuden; M Kindbakkerne; p^1 1ste Fodpar; p^{11} 11te Fodpar med Ægkapselen; I Tarmrøret; l Leveren; c Hjertet; ov Ovarierne.
» 2. Lateralt Vue af et andet Exemplar, paa hvilket venstre Halvpart af Rygskjoldet er borttaget. a^1 1ste Par Følere; a^2 2det Par Følere; L Overlæben. De øvrige Bogstaver som paa Fig. 1.
» 3. Endeliger at Leveren, stærkt forstørret.
» 4. Skalkjærtelen.
» 5. De sammensatte Øine, med det enkle Øie (oc) og Hjerneganglict (g), ovenfra seet.
» 6. En Krystalkegle seet fra den ydre Ende.
» 7. Et enkelt Synselement, med Forgreninger af Synsnerven ved Basis.
» 8. Postocularknuden.
» 9. Et Stykke af Bugganglickjædens forreste Del.
» 10. Et andet Stykke længere bagtil, samme Forstørrelse.
» 11. Den bagre Ende af Buggangliekjæden, samme Forstørrelse.
» 12. Et Stykke af et Ovarium med paasiddende Ægfollikler.
» 13. To af de mindste Ægfollikler isolerede.
» 14. To videre udviklede Ægfollikler.
» 15. En endnu mere udviklet Ægfollikel.
» 16. Et modent Æg udtaget af Ægkapselen.
» 16[1]. Et Stykke af Ægskallen, stærkt forstørret.
» 17. Et Stykke af en Sædstok.
» 18. Nogle Sædfollikler, stærkere forstørret.
» 19. Sædelementer, meget stærkt forstørret.
» 20. En Fod af 11te Par hos Hannen.

Plate XIII.

Lepidurus glacialis, (Krøyer.)

Fig. 1. Dorsal view of a female, seen from above, the free part of the carapace being removed to show the parts beneath. By being kept for some time in glycerine, the body has been rendered semi-transparent, so that the internal organs are partly visible through. O, compound eyes; oc, ocellus; x, post-ocular tubercle; M, mandibles; p^1, 1st pair of legs; p^{11}, 11th pair of legs, with egg capsule; I, intestinal tube; l, liver; c, heart; ov, ovaries.
» 2. Lateral view of another specimen from which the left half of the carapace is removed. a^1, 1st pair of antennæ; a^2, 2nd pair of antennæ; L, labrum; the rest of the lettering as in fig. 1.
» 3. Terminal lobes of the liver, highly magnified.
» 4. Shell-gland.
» 5. Compound eyes, with the ocellus (oc) and cerebral ganglion (g), seen from above.
» 6. A crystalline cone seen from the outer end.
» 7. A single visual element, with ramifications of the optic nerve at the base.
» 8. Post-ocular tubercle.
» 9. Piece of the foremost part of the ventral ganglion chain.
» 10. Another piece, farther back, same magnification.
» 11. The posterior end of the ventral ganglion chain, same magnification.
» 12. A portion of the ovary with its egg-follicles.
» 13. Two of the smallest egg-follicles isolated.
» 14. Two more developed egg-follicles.
» 15. A still more developed egg-follicle.
» 16. A mature egg removed from the egg-capsule.
» 16[1]. A piece of egg-shell, highly magnified.
» 17. A piece of the testes.
» 18. Some sperm-follicles, more highly magnified.
» 19. Sperm elements, very much magnified.
» 20. A leg of the 11th pair in the male.

Fig. 21. Forenden af en Larve, seet nedenfra. *O* de sammensatte Øine; *oc* det enkle Øie; *a¹* 1ste Par Folere; *a²* 2det Par Folere; *L* Overlæben; *M* Kindbakkerne; *l* Leversække.
» 22. En Fod af 1ste Par af samme Larve
» 23. En Fod af 2det Par.
» 24. En Fod af 11te Par.
» 25. En af de bagenfor liggende Fødder.
» 26. En af de allerbagerste Fødder.
» 27. Den bagre Del af Legemet af samme Larve, seet ovenfra.
» 28. Bagenden, med Basis af Haletraadene, af en ældre Larve, ovenfra seet.

Fig. 21. Anterior end of a larva, seen from below. *O*, compound eyes; *oc*, ocellus; *a¹*, 1st pair of antennæ; *a²*, 2nd pair of antennæ; *L*, labrum; *M*, mandibles; *l*, biliary cæca.
» 22. A leg of the 1st pair of the same larva.
» 23. A leg of the 2nd pair.
» 24. A leg of the 11th pair.
» 25. One of the legs farther back.
» 26. One of the hindmost legs.
» 27. Posterior part of the same larva, seen from above.
» 28. Posterior end of an older larva, with the base of the caudal filaments, seen from above.

Tab. XIV.

Limnadia lenticularis, (Lin.)

Fig. 1. Fuldvoxent, ægbærende Exemplar, seet fra høire Side.
» 2. Samme ovenfra.
» 3. Samme nedenfra.
» 4. En kun lidt over 1 mm. lang Unge, seet fra venstre Side.
» 5. En anden noget større Unge, fra samme Side.
» 6. Et Exemplar, paa hvilket den første Viextstribe har dannet sig, seet fra venstre Side.

Plate XIV.

Limnadia lenticularis, (Lin.)

Fig. 1. Full-grown, ovigerous specimen, seen from the right
» 2. Same, from above.
» 3. Same, from below.
» 4. A young one, only a little over 1 mm. in length, seen from the left.
» 5. A somewhat larger young one, from the left.
» 6. A specimen in which the first line of growth has been formed, seen from the left.

Tab. XV.

Limnadia lenticularis, (Lin.)

Fig. 1. Dyret liggende i sin naturlige Situs i høire Valvel. Venstre Valvel borttaget.
» 2. Det forreste Afsnit af Legemet seet fra venstre Side, stærkere forstørret. Aarerne er borttagne. *r* Rostrum; *af* Fastheftningsorgan; *O* de sammensatte Øine; *oc* det enkle Øie; *a¹* 1ste Par Folere; *L* Overlæben; *M* Kindbakkerne; *m¹* 1ste Par Kjæver; *m²* 2det Par Kjæver; *i* Tarmen; *l* Leveren; *ms* Insertionsarcaen for Skallens Lukkemuskel; *c* Forenden af Hjertet.
» 3. Samme Del, med Basis af Aarerne, seet ovenfra. Bogstaverne som paa foregaaende Figur.
» 4. Samme Del, uden Aarerne, seet nedenfra. Bogstaverne som paa de 2 foregaaende Figurer.
» 5. En Foler af 1ste Par.
» 6. En af de paa samme fæstede Lugtepapiller, stærkt forstørret.
» 7. Overlæben seet fra venstre Side.
» 8. En Kindbakke, seet forfra.
» 9. En Del af den ventrale Flade, umiddelbart bag Mundaabningen. *M* Stedet, hvor Kindbakkernes Tyggedele har ligget; *m¹* 1ste Par Kjæver; *m²* 2det Par Kjæver; *oes* Spiserøret.
» 10. En Kjæve af 1ste Par.
» 11. To af de paa samme fæstede pigformige Børster, stærkt forstørret.
» 12. En Kjæve af 2det Par.
» 13. Samme Kjæve stærkere forstørret.

Plate XV.

Limnadia lenticularis, (Lin.)

Fig. 1. The animal, lying in its natural position in the right valve; left valve removed.
» 2. The anterior part of the body, seen from the left, more highly magnified. The oars are removed. *r*, rostrum; *af*, affixing organ; *O*, compound eyes; *oc*, ocellus; *a¹*, 1st pair of antennæ; *L*, labrum; *M*, mandibles; *m¹*, 1st pair of maxillæ; *m²*, 2nd pair of maxillæ; *i*, intestine; *l*, liver; *ms*, area of insertion of the shell's adductor muscle; *c*, anterior end of the heart.
» 3. Same part, with the base of the oars, seen from above. Lettering as in fig. 2.
» 4. Same part, without the oars, seen from below. Lettering as in figs. 2 and 3.
» 5. An antenna of the 1st pair.
» 6. One of the olfactory papillæ on the same, highly magnified.
» 7. Labrum seen from the left.
» 8. A mandible, seen from the front.
» 9. Part of the ventral surface, immediately behind the oral aperture. *M*, place where the masticatory part of the mandibles has been; *m¹*, 1st pair of maxillæ; *m²*, 2nd pair of maxillæ; *oes*, œsophagus.
» 10. A maxilla of the 1st pair.
» 11. Two of the spiniform bristles on the same, highly magnified.
» 12. A maxilla of the 2nd pair.
» 13. Same maxilla more highly magnified.

Tab. XVI.

Limnadia lenticularis, (Lin.)

Fig. 1. En Aare (Foler af 2det Par).
» 2. Tre af de til Forsiden af den ydre Gren fæstede Pigge, stærkere forstørret.

Plate XVI.

Limnadia lenticularis, (Lin.)

Fig. 1. An oar (antenna of 2nd pair).
» 2. Three of the spines affixed to the front of the outer ramus, more highly magnified.

Fig. 3. En Fod af 1ste Par; *1—5* Endopoditen med sine En-
diter; *ex* Exopoditen; *ex¹* dens dorsale Lap; *ep* Epi-
poditen; *mx* Coxallappen.

» 4. En Coxallap isoleret og stærkere forstørret, seet fra
Indsiden.

» 5. En Fod af sidste (23de) Par, ved samme Forstørrelse
som Fig. 3.

» 6. Samme Fod, stærkere forstørret.

» 7. Bagenden af Legemet, seet fra venstre Side.

» 8. Halen seet bagfra.

» 9. Hjerneganglict med de fra samme udgaaende Nerver
og det enkle Øie, seet fra venstre Side. *c* selve Hjerne-
ganglict; *opt* Synsnerven; *a¹* Nerver for 1ste Par Fø-
lere; *a²* Nerver for Aarerne; *oc* det enkle Øie; *x* det-
tes forreste Ligament.

» 10. Hjerneganglict tilligemed de sammensatte Øine (*O*),
seet ovenfra. *m* Øiemuskler. De øvrige Bogstaver
som paa foregaaende Figur.

» 11. Det enkle Øie seet forfra.

» 12. Samme bagfra.

» 13. Samme nedenfra.

» 14. En Del af Bugganglickjeden, seet nedenfra.

» 15. Et Ovarium af et ganske ungt Individ. *·*

» 16. Et Ovarium af et ældre Individ, kort efter at Æg-
gene fra Folliklerne er indkommen i Ovarialrøret.
x Ægleideron.

» 17. Et Stykke af et andet Ovarium, med Ægfollikler i
forskjellig Udvikling.

» 18. Forskjellige Ægfollikler, isolerede.

» 19. Et Æg udtaget af Ovarialrørene. Skallen har netop
begyndt at danne sig.

» 20—22. Et fuldfærdigt Æg med sin Kapsel, seet i 3 for-
skjellige Stillinger.

» 23. Et Stykke af den ene vingeformige Udvidning af
Ægkapselen, stærkt forstørret.

Fig. 3. A leg of the 1st pair; *1—5*, endopodite with its en-
dites; *ex*, exopodite; *ex¹*, dorsal lobe of the latter;
ep, epipodite; *mx*, coxal lobe.

» 4. A coxal lobe isolated and more highly magnified,
seen from inside.

» 5. A leg of the last (23rd) pair, under the same mag-
nifying power as fig. 3.

» 6. Same leg, more highly magnified.

» 7. Posterior end of body, seen from the left.

» 8. Tail, seen from behind.

» 9. Cerebral ganglion, with the nerves issuing from it,
and the ocellus, seen from the left. *c*, cerebral gan-
glion; *opt*, optic nerve; *a¹*, nerves for the 1st pair of
antennæ; *a²*, nerves for the oars; *oc*, ocellus; *x*, the
front ligament of the ocellus.

» 10. Cerebral ganglion and compound eyes (*O*), seen from
above. *m*, eye-muscles. The rest of the lettering as
in fig. 9.

» 11. Ocellus, seen from the front.

» 12. Same, from behind.

» 13. Same, from below.

» 14. Part of the ventral ganglion chain, seen from below.

» 15. An ovary from a very young animal.

» 16. An ovary from an older animal, soon after the eggs
from the follicles have entered the ovarial tube. *x*,
oviduct.

» 17. Piece of an ovary, with egg-follicles in different
stages of development.

» 18. Various egg-follicles, isolated.

» 19. An egg taken out of the ovarial tube. The shell
has just begun to form.

» 20—22. A complete egg with its capsule, seen in 3 diffe-
rent positions.

» 23. Piece of one wing-like expansion of the egg-capsule,
highly magnified.

Tab. XVII.

Limnadia lenticularis, (Lin.)

(Udvikling).

Fig. 1. En netop udklækket Larve, seet nedenfra. *oc* det
enkle Øie; *a¹* 1ste Par Følere; *a²* 2det Par Følere
(Aarerne); *Mp* Mandibularfødderne; *L* Overlæben;
f Halcindsnittet.

» 2. En Larve efter 1ste Hudskiftning, ovenfra seet.

» 3. Ældre Larve, seet nedenfra.

» 4. Et senere Stadium, paa hvilket det første Anlæg til
de sammensatte Øine, Rygskjoldet og Fødderne kan
adskilles, seet ovenfra.

» 5. Ældre Larve, seet nedenfra.

» 5a. En Føler af 1ste Par, stærkt forstørret.

» 6. Et noget ældre Stadium, seet fra venstre Side. Ven-
stre Aare er udeladt.

» 7. Sidste Larvestadium, ovenfra seet.

» 8. Unge i 1ste postlarvale Stadium, seet ovenfra.

» 9. Samme seet fra venstre Side.

Plate XVII.

Limnadia lenticularis, (Lin.)

(Development).

Fig. 1. A newly-hatched larva, seen from below. *oc*, ocellus;
a¹, 1st pair of antennæ; *a²*, 2nd pair of antennæ
(oars); *Mp*, mandibular legs; *L*, labrum; *f*, caudal
emargination.

» 2. A larva after the 1st exuviation, seen from above.

» 3. An older larva, seen from below.

» 4. A later stage, in which the earliest rudiments of the
compound eyes, the carapace and the legs are dis-
tinguishable; seen from above.

» 5. Older larva, seen from below.

» 5a. An antenna of the 1st pair, highly magnified.

» 6. A somewhat later stage, seen from the left. Left
oar omitted.

» 7. Last larval stage, seen from above.

» 8. Young one in the last post-larval stage, seen from
above.

» 9. Same, seen from the left.

Tab. XVIII.

Limnetis brachyurus, (Müll.)

Fig. 1. Fuldvoxen, ægbærende Hun, seet fra venstre Side.

» 2. Samme nedenfra.

» 3. Fuldvoxen Han, seet fra høire Side.

» 4. Hovedet af en Hun, seet forfra.

Plate XVIII.

Limnetis brachyurus, (Müll.)

Fig. 1. Full-grown, ovigerous female, seen from the left.

» 2. Same, from below.

» 3. Full-grown male, seen from the right.

» 4. Head of a female, seen from the front.

Fig. 5. Hovedet af en Han i samme Stilling.	Fig. 6. Head of a male, in the same position.
» 6. Skallen af en Hun, med Valverne tiet lukkede, seet fra venstre Side.	» 6. Shell of a female, with the valves closely shut, seen from the left.
» 7. Samme ovenfra.	» 7. Same, from above.

Tab. XIX.	**Plate XIX.**
Limnetis brachyurus, (Müll.)	*Limnetis brachyurus*, (Müll.)
Fig. 1. Legemet af en Hun liggende i sin naturlige Situs i høire Valvel; venstre Valvel borttaget. *h* Hjertet; *ovs* en af de kageformige Ægmasser.	Fig. 1. Body of a female, lying in its natural position in the right shell; left valve removed. *h*, heart; *ovs*, one of the cake-like egg-masses.
» 2. En Føler af 1ste Par.	» 2. An antenna of the 1st pair.
» 2 a. En af de paa samme fæstede Lugtepapiller, stærkt forstørret.	» 2 a. One of the olfactory papillæ on the same, highly magnified.
» 3. En Føler af 2det Par (Aare).	» 3. An antenna of the 2nd pair (oars).
» 4. Mundregionen seet nedenfra; Overlæben borttaget. *M* Kindbakkerne; *m¹* 1ste Par Kjæver; *m²* 2det Par Kjæver; *oes* Spiserøret.	» 4. Oral region, seen from below: labrum removed. *M*, mandibles; *m¹*, 1st pair of maxillæ; *m²*, 2nd pair of maxillæ; *oes*, œsophagus.
» 5. En Kjæve af 1ste Par.	» 5. A maxilla of the 1st pair.
» 5 b. En af de paa Spidsen af samme fæstede Pigge, stærkt forstørret.	» 5 b. One of the spines at the end of the same, highly magnified.
» 6. En Kjæve af 2det Par.	» 6. A maxilla of the 2nd pair.
» 7. Halediclen seet fra venstre Side.	» 7. Caudal part, seen from the left.
» 8. Samme nedenfra.	» 8. The same, from below.
» 9. Den bagre Del af Legemet seet ovenfra, *fl* de omformede dorsale Lapper af Exopoditerne paa 9de og 10de Fodpar; *l* de bladformige dorsalePlader; *u* Halefligene.	» 9. Posterior part of the body, seen from above. *fl*, the transformed dorsal lobes of the exopodites in the 9th and 10th pairs of legs; *l*, the leaf-like dorsal lamellæ; *u*, caudal lobes.
» 10. Hjertet seet ovenfra.	» 10. Heart, seen from above.
» 11. Det forreste Afsnit af Legemet af en Hun, seet fra venstre Side (Aarerne udeladte). *O* de sammensatte Øine; *oc* det enkle Øie; *p* dettes forreste Ligament; *ol* Sandsegruber; *x* Fastheftningsorgan(?); *a¹* 1ste Par Følere; *L* Overlæben; *M* Kindbakkerne; *m¹* 1ste Par Kjæver; *m²* 2det Par Kjæver; *ms* Insertionsaren for Skallens Lukkemuskel; *I* Tarmen; *lv* Leveren.	» 11. Anterior part of the body of a female, seen from the left. (Oars omitted). *O*, compound eyes; *oc*, ocellus; *p*, its front ligament; *ol*, sensory pits; *x*, affixing organ(?); *a¹*, 1st pair of antennæ; *L*, labrum; *M*, mandibles; *m¹*, 1st pair of maxillæ; *m²*, 2nd pair of maxillæ; *ms*, area of insertion of the adductor muscle of the shell; *I*, intestine; *lv*, liver.
» 12. En Sandsegrube seet ovenfra.	» 12. A sensory pit, seen from above.
» 13. Hjerneganglict med de fra samme udgaaende Nerver, tilligemed de sammensatte Øine (*O*) og det enkle Øie (*oc*), seet nedenfra; *opt* Synsnerven; *a¹* Nerver for 1ste Par Følere; *a²* Nerver for Aarerne.	» 13. Cerebral ganglion with the nerves issuing from it, and the compound eyes (*O*) and ocellus (*oc*), seen from below. *opt*, optic nerve; *a¹*, nerves for the 1st pair of antennæ; *a²*, nerves for the oars.
» 14. Samme Del (uden de sammensatte Øine), seet fra venstre Side. Bogstaverne som paa foregaaende Figur.	» 14. Same part (without the compound eyes), seen from the left. Lettering as in fig. 13.
» 15. Det enkle Øie seet forfra.	» 15. Ocellus, seen from the front.
» 16. Skalkjærtelen med Musklearcaen.	» 16. Shell-gland with muscular area.

Tab. XX.	**Plate XX.**
Limnetis brachyurus, (Müll.)	*Limnetis brachyurus*, (Müll.)
Fig. 1. En Fod af 3die Par hos Hunnen. *1—5* Endopoditen med sine Enditer; *mx* Coxallappen; *ex* Exopoditens ventrale Lap; *ex¹* dens dorsale Lap; *ep* Epipoditen.	Fig. 1. A leg of the 3rd pair in the female. *1—5*, endopodite, with its endites; *mx*, coxal lobe; *ex*, ventral lobe of exopodite; *ex¹*, its dorsal lobe; *ep*, epipodite.
» 1 a. En af de til næstsidste Endit fæstede Torne, stærkt forstørret.	» 1 a. One of the spines on the penultimate endite, highly magnified.
» 1 b. Coxallappen isoleret, og seet fra den indre Side.	» 1 b. Coxal lobe isolated, and seen from the inside.
» 2. En Fod af 8de Par.	» 2. A leg of the 8th pair.
» 3. En Fod af 9de Par.	» 3. A leg of the 9th pair.
» 3 a. Enden af Exopoditens dorsale Lap, stærkt forstørret.	» 3 a. End of dorsal lobe of exopodite, highly magnified.
» 4. En Fod af 11te Par.	» 4. A leg of the 11th pair.
» 5. En Fod af 12te (sidste) Par.	» 5. A leg of the 12th (last) pair.
» 6. Legemet af en Han liggende i sin naturlige Situs i venstre Valvel (høire Valvel borttaget).	» 6. Body of a male lying in its natural position in the left valve (right valve removed).
» 7. En Fod af 1ste Par hos Hannen.	» 7. A leg of the 1st pair in the male.

140

Fig. 8. Det ydre Parti af samme (Haanden), stærkere for-
storret.

»   9. En Fod af 2det Par hos Hannen.

»   9 a. Næstsidste Endit, stærkere forstørret.

»   9 b. En af de til samme fæstede eiendommelige Pigge,
endnu stærkere forstørret.

»   10. Haledelen af en Han, seet fra høire Side.

»   11. Nogle Sædfollikler, stærkt forstørrede.

»   12. Et Stykke af en af Sædstokkene.

»   13. Det forreste Parti af et Ovarium.

» 14—17. Ægfollikler i forskjellig Udvikling.

»   18. En Gruppe af Æg tagne fra en af de kageformige
Ægmasser.

»   19. Et Stykke af Bugganglickjæden, seet nedenfra.

Fig. 8. Outer part of the same (hand), highly magnified.

»   9. A leg of the 2nd pair in the male.

»   9 a. Last endite but one, highly magnified.

»   9 b. One of the peculiar spines on the same, still more
highly magnified.

»   10. Caudal part of a male, seen from the right.

»   11. Some sperm-follicles, highly magnified.

»   12. Piece of one of the testes.

»   13. Anterior part of an ovary.

» 14—17. Egg-follicles in different stages of development.

»   18. A group of eggs taken from one of the cake-like
egg-masses.

»   19. A piece of the ventral ganglion chain, seen from
below.

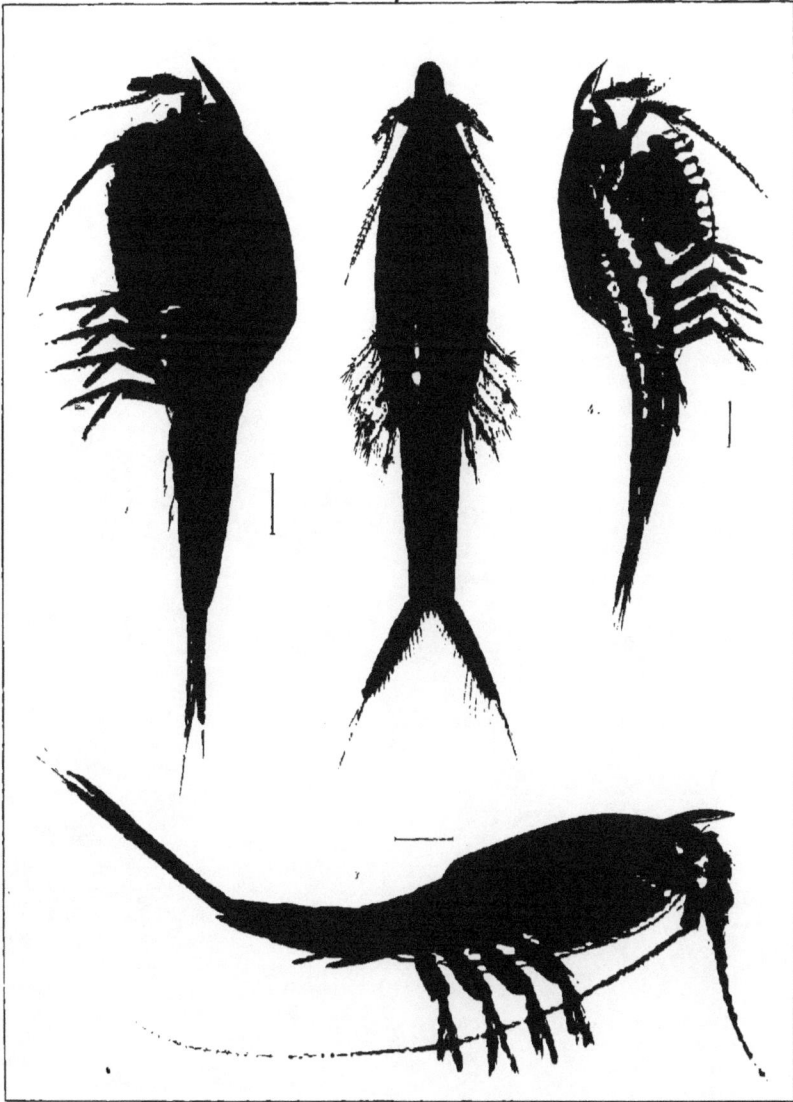

Fig 1 3 Nebalia bipes, Fabr ♂ & ♀
4   typhlops, G.O.Sars ♂.

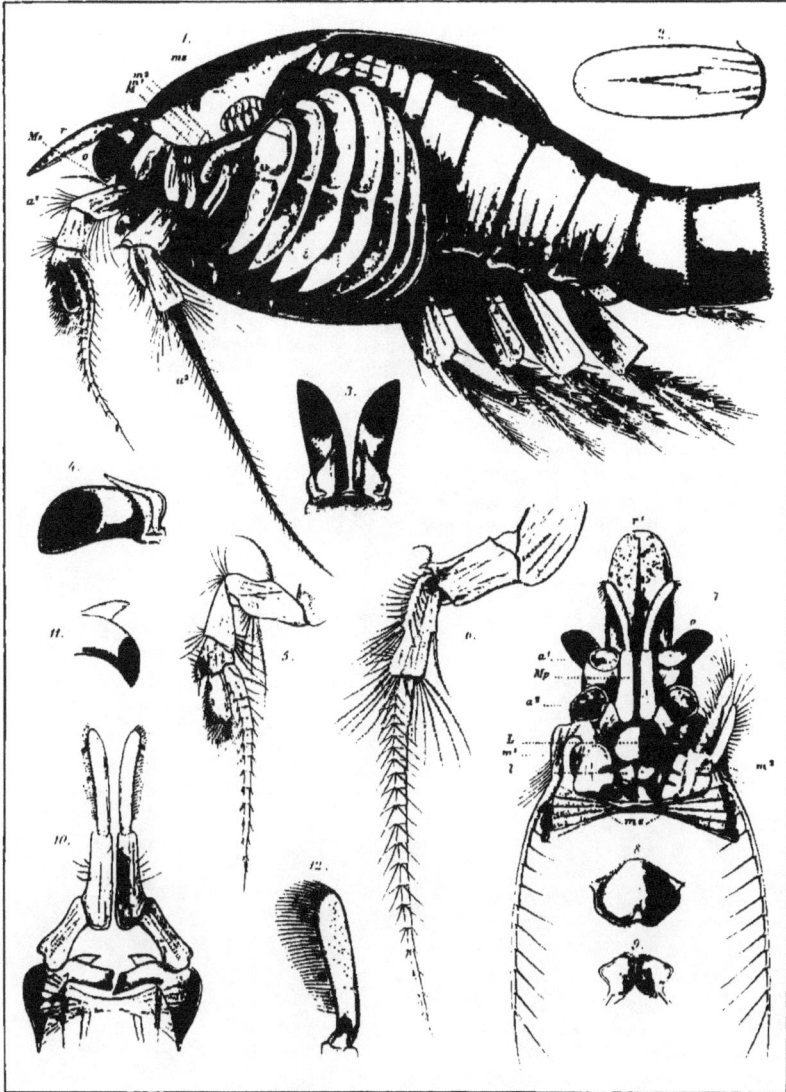

Nebalia bipes (Fabr.)

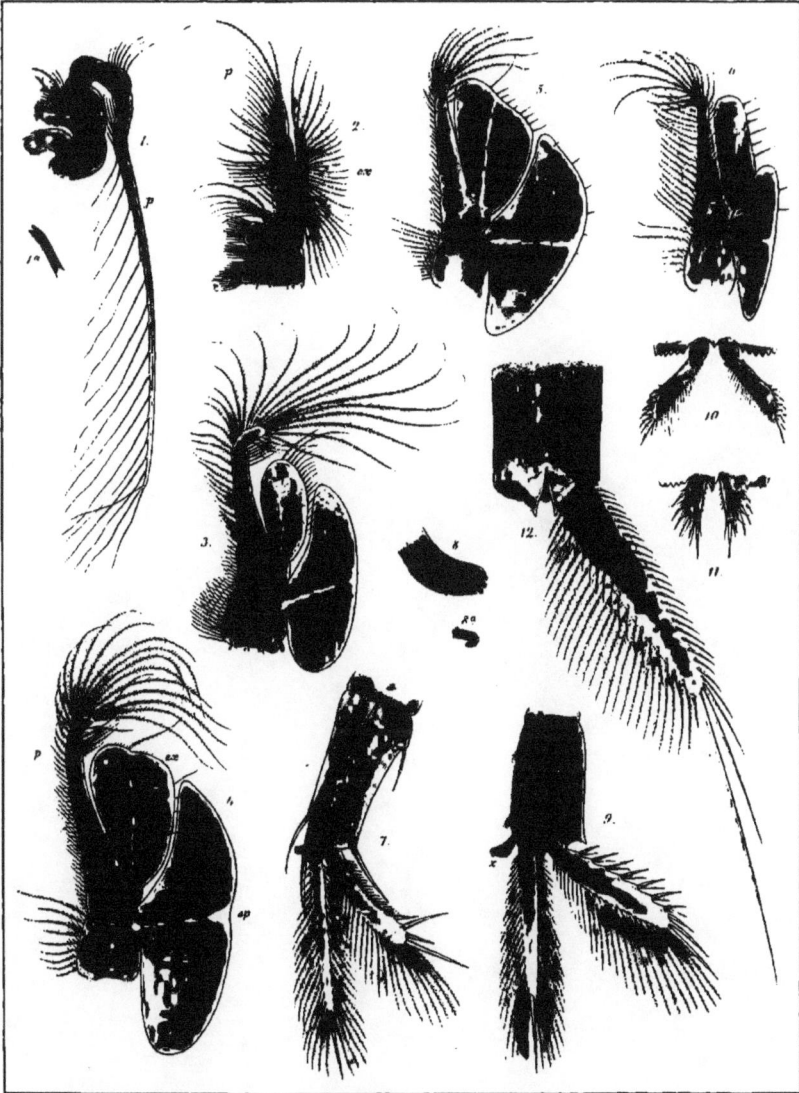

Nebalia bipes (Fabr.)

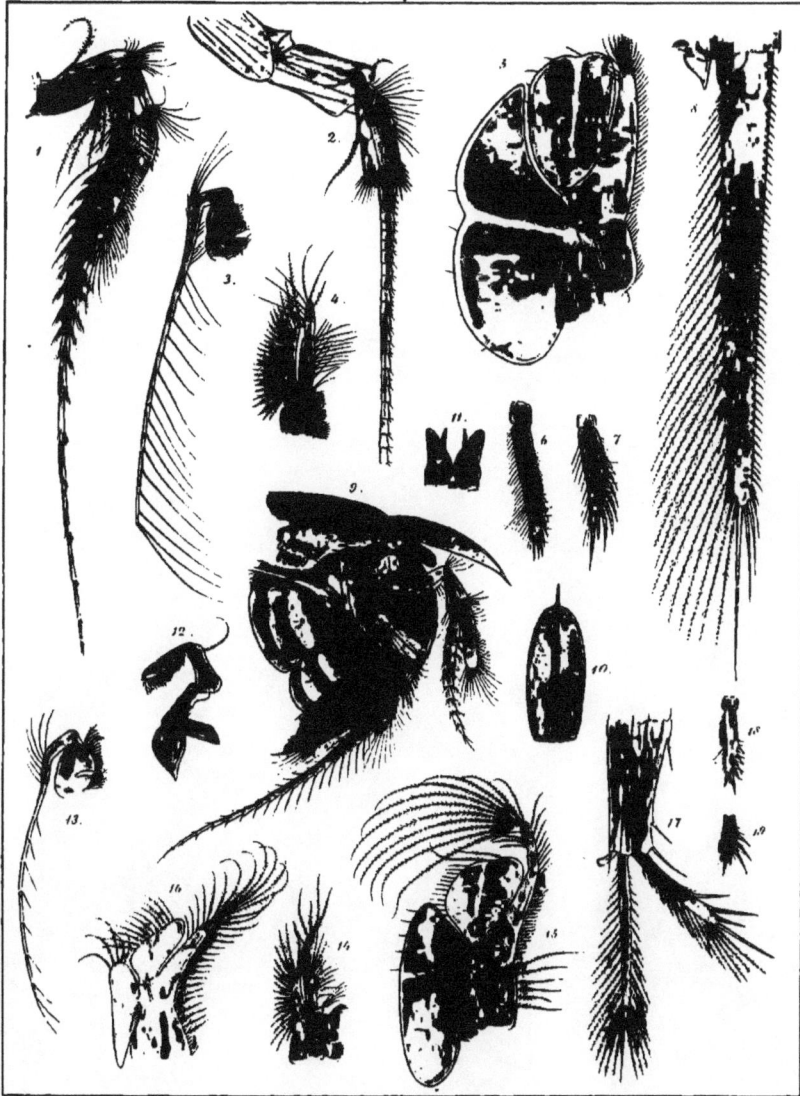

Fig 1 8 *Nebalia bipes.(Fabr) ♂.*

Fig. 9 19   *typhlops. G.O.Sars ♀.*

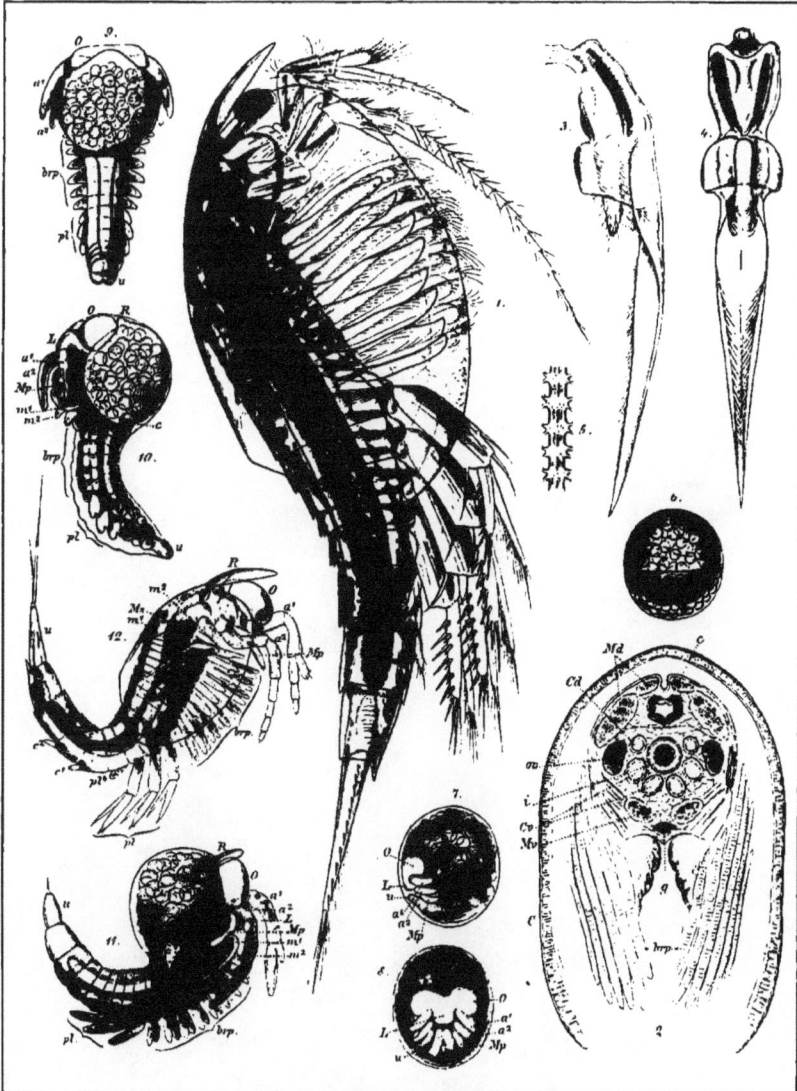

Nebalia bipes, (Fabr.) ♀

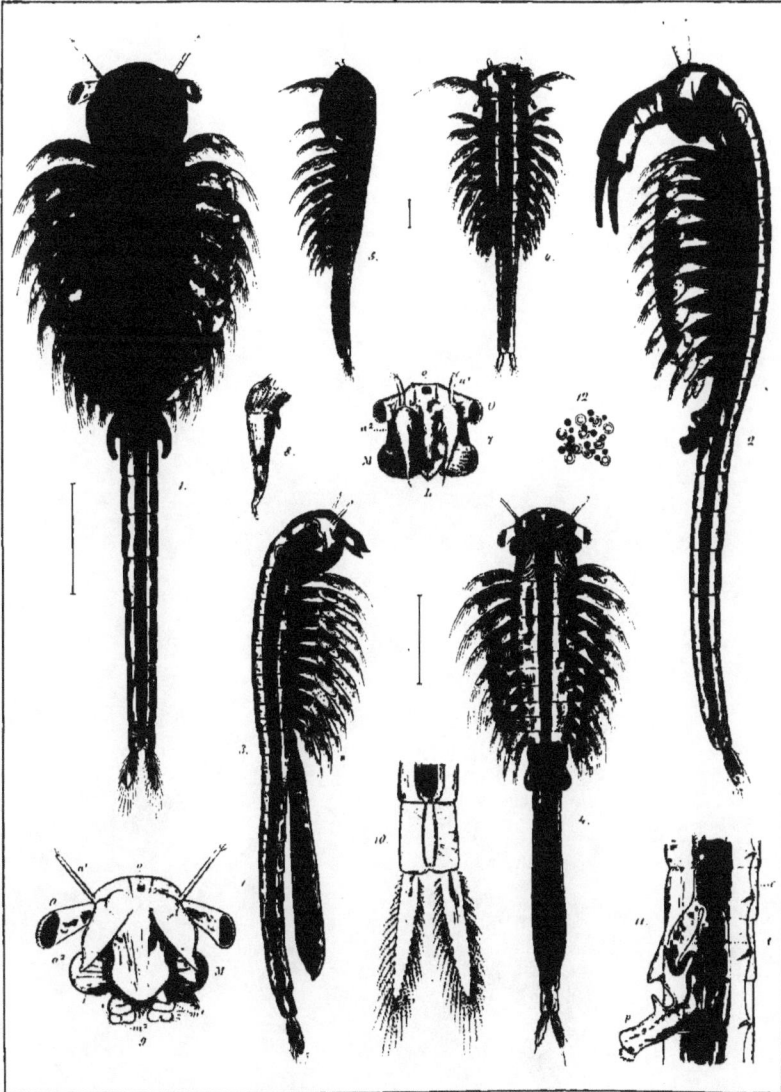

Branchinecta paludosa, (Muller).

Phyllopoda

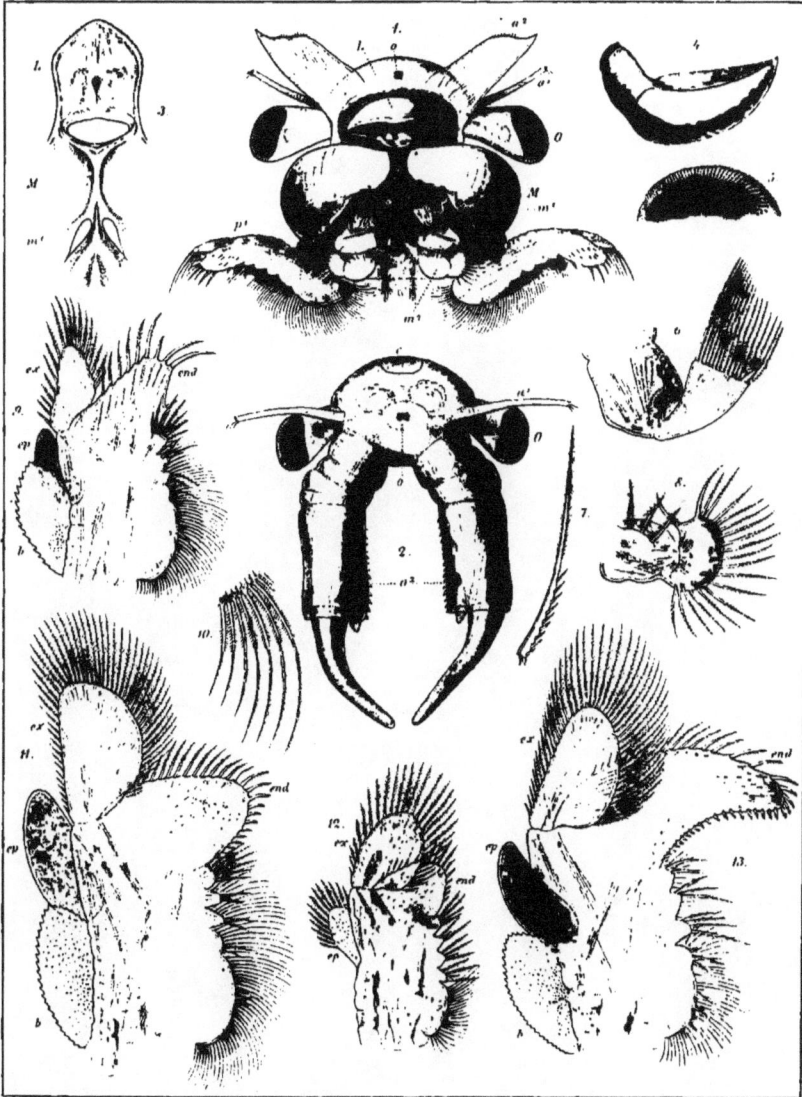

Branchinecta paludosa, (Müller).

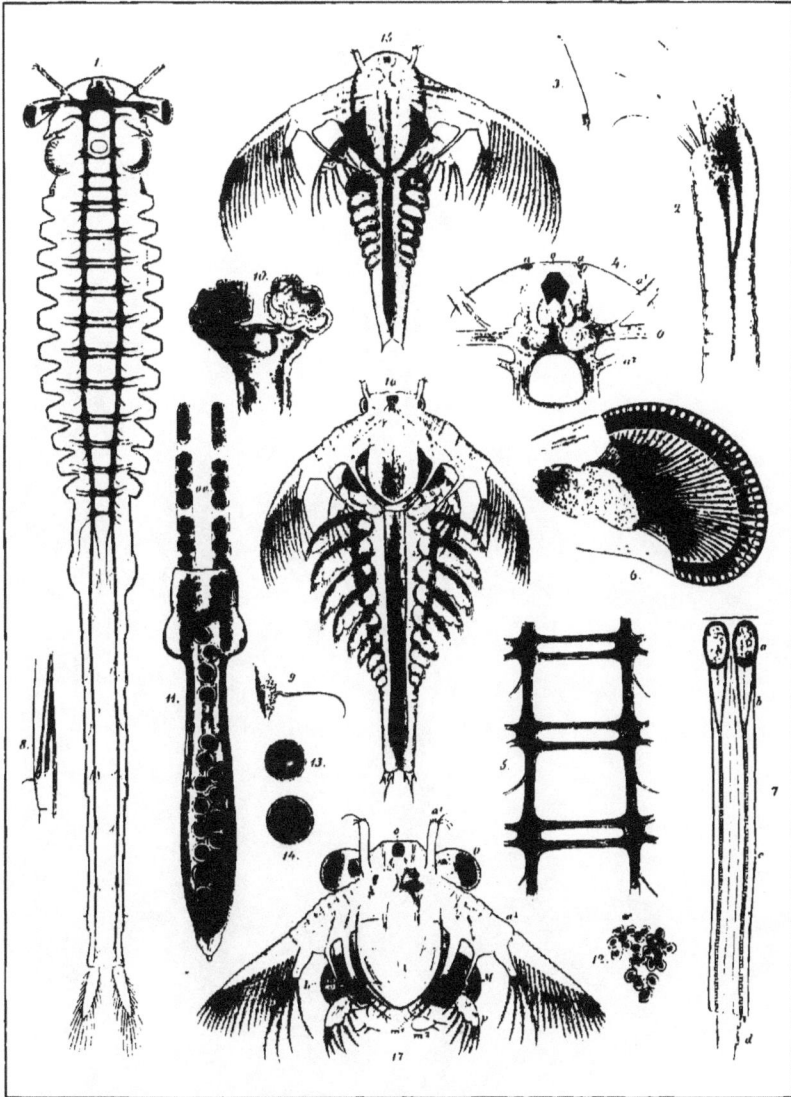

Branchinecta paludosa, (Müller).

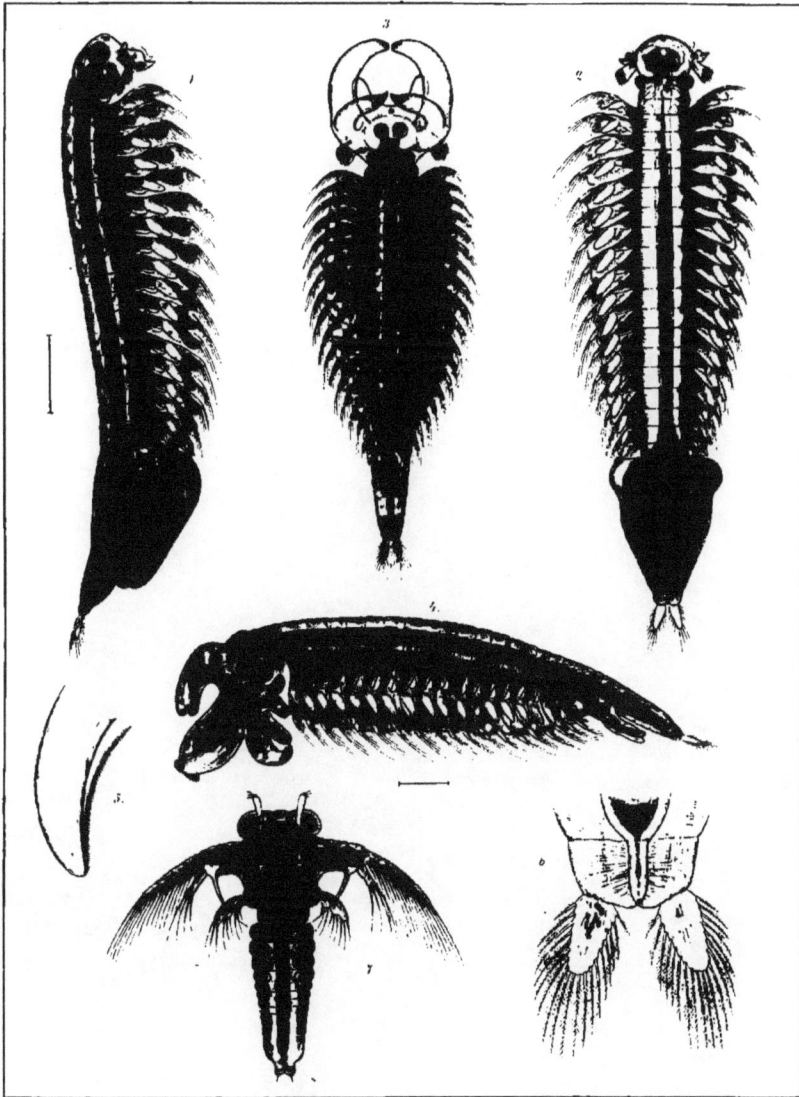

Polyartemia forcipata, (Fischer).

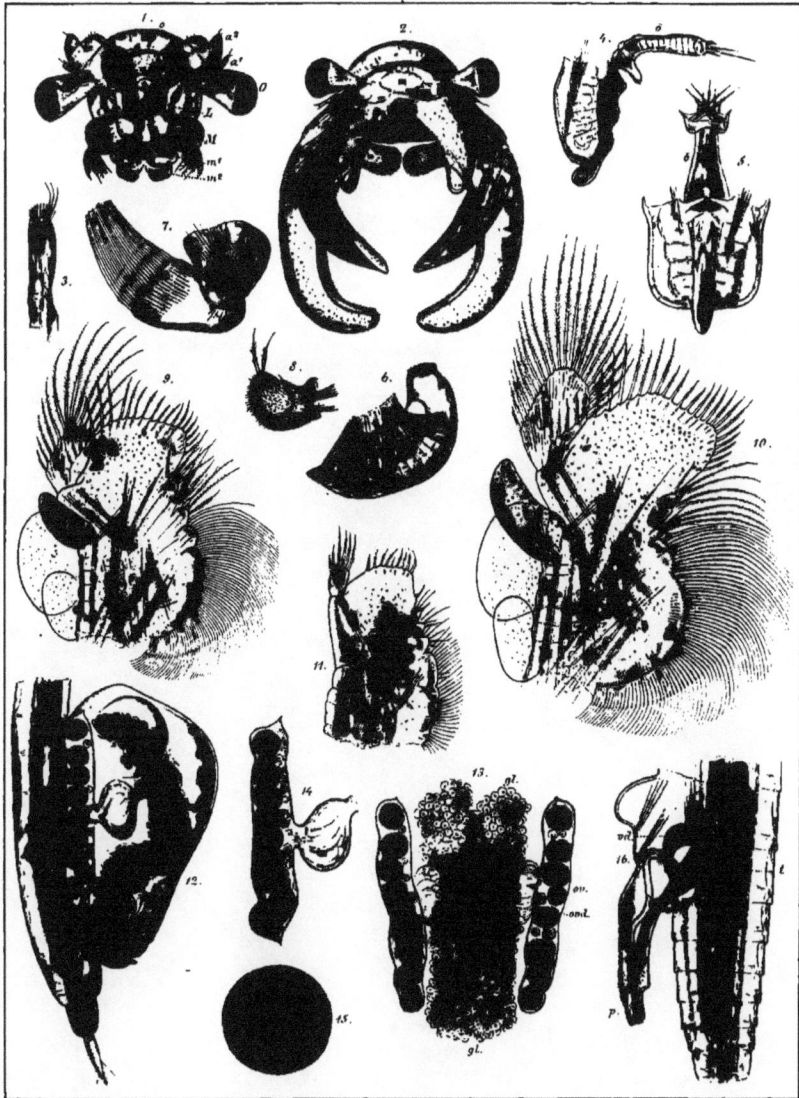

G. Sars del.   M. Lyng. lith Anst. Christiania.

Polyartemia forcipata, (Fischer).

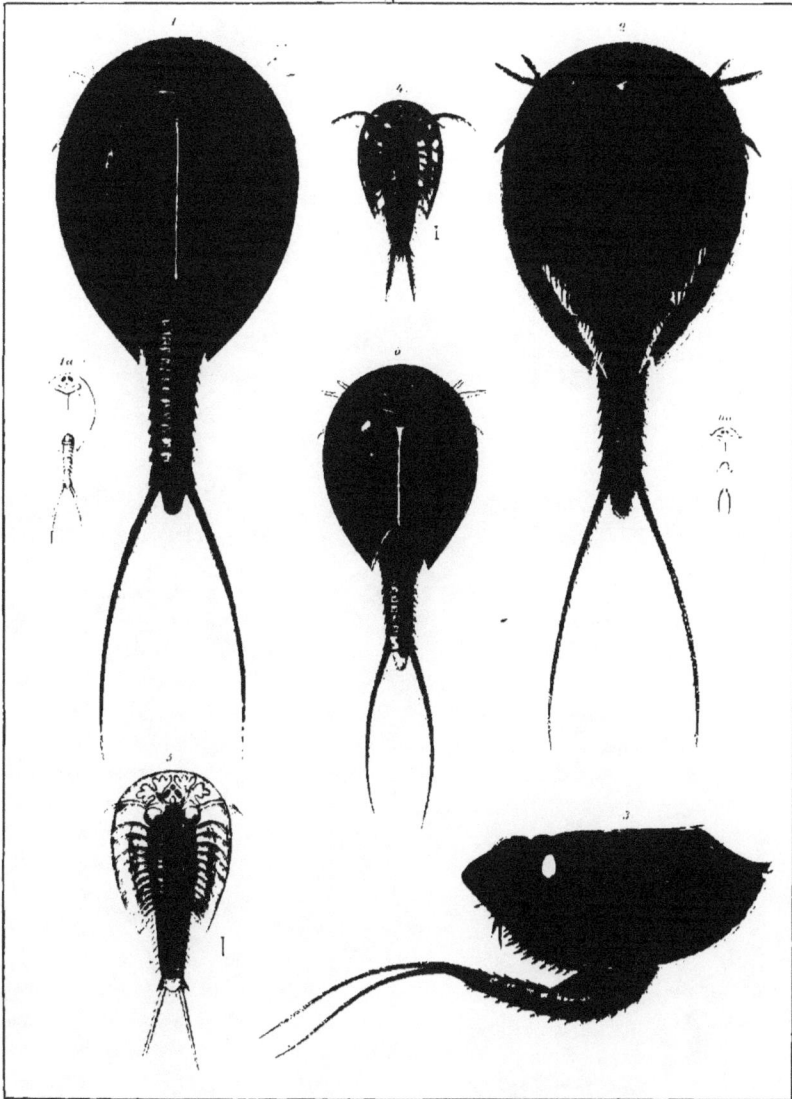

Lepidurus glacialis, (Kröyer).

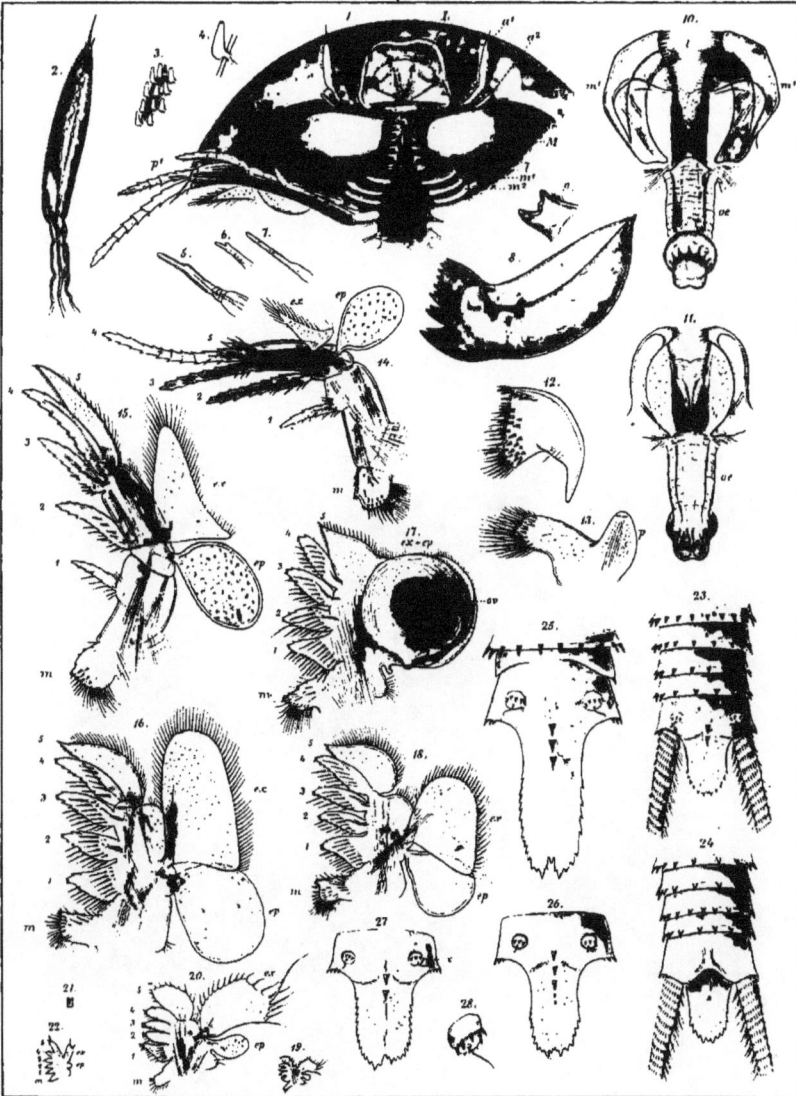

G.O Sars del.   M. Lunds Inst Anst Christiania

Lepidurus glacialis, (Kröyer).

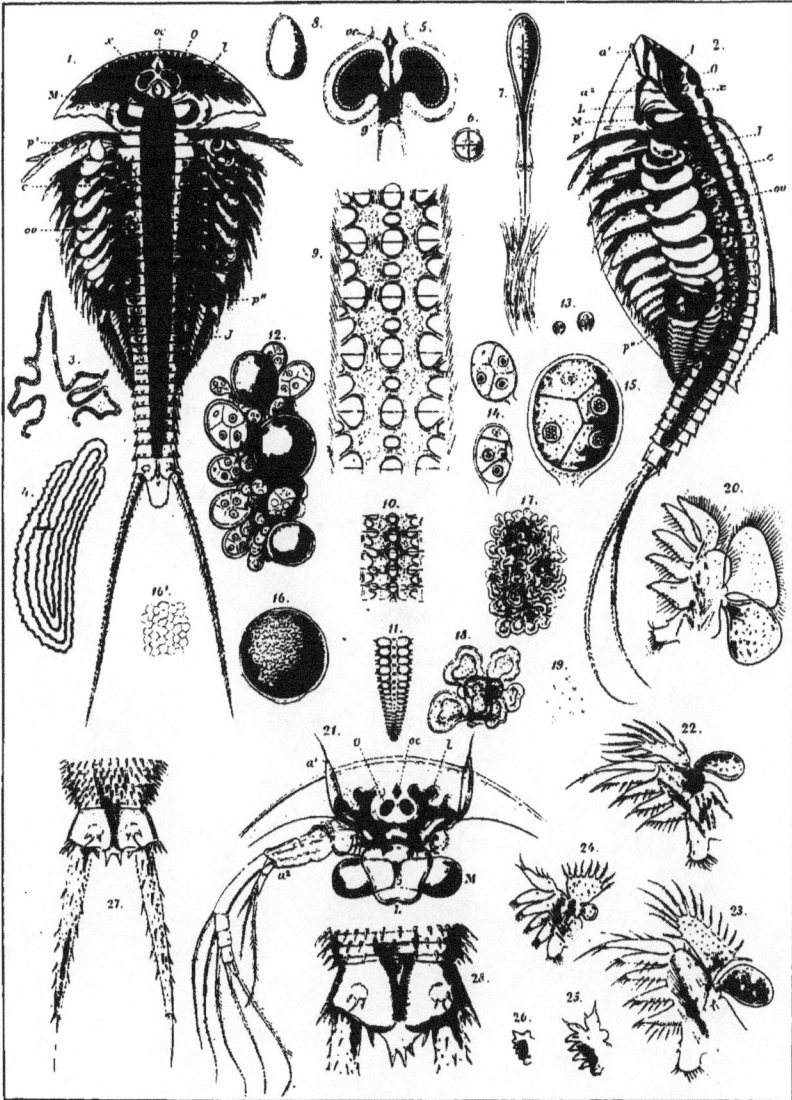

Lepidurus glacialis, (Kröyer).

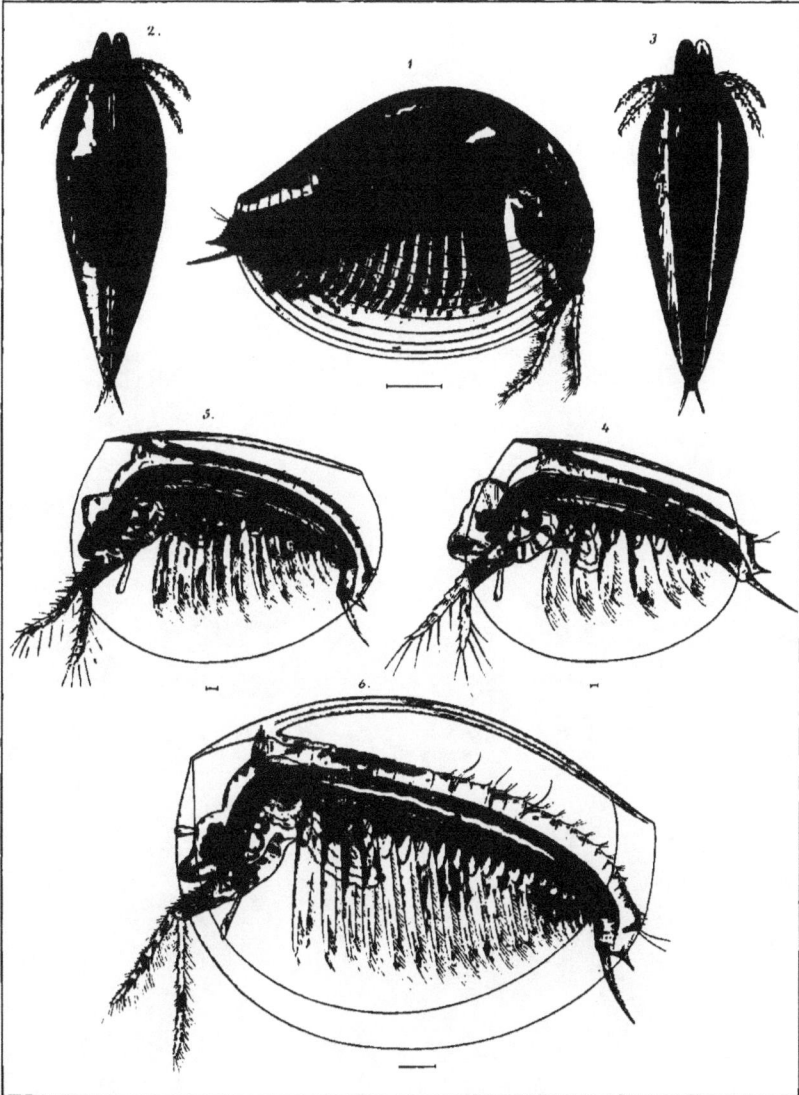

G. O. Sars del.

M. Lyng: lith Anst Christiania

Limnadia lenticularis (Lin.).

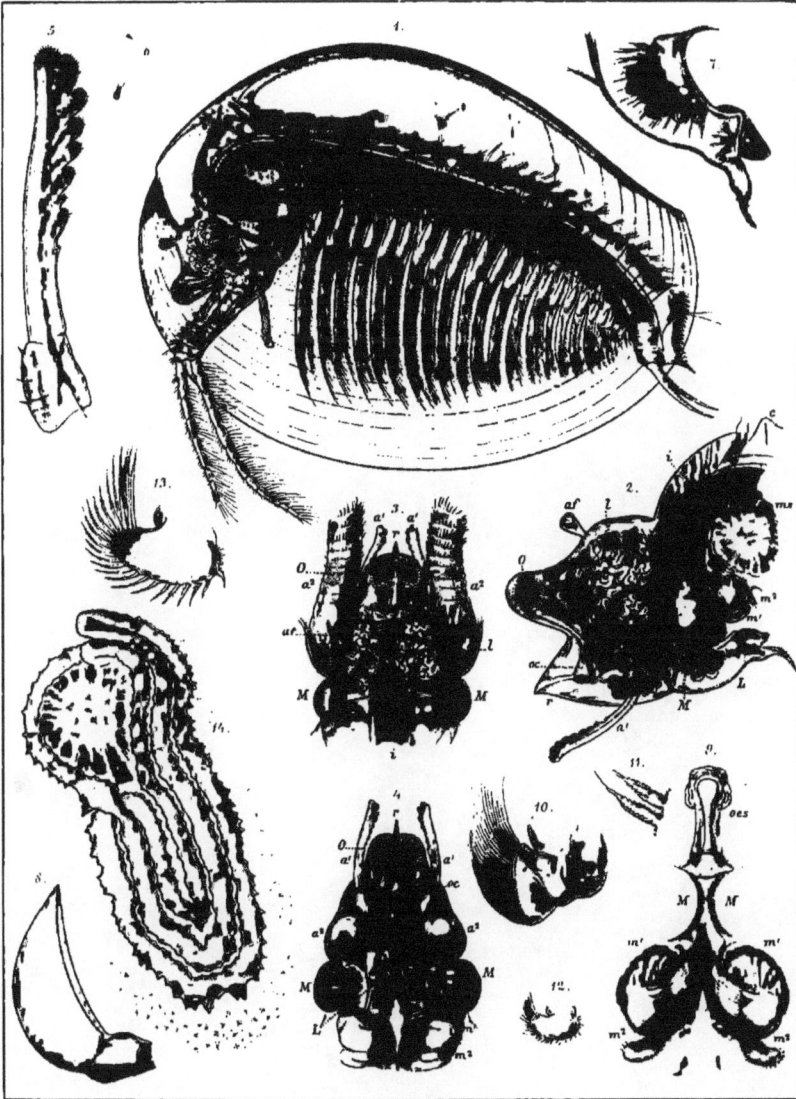

Limnadia lenticularis (Lin.)

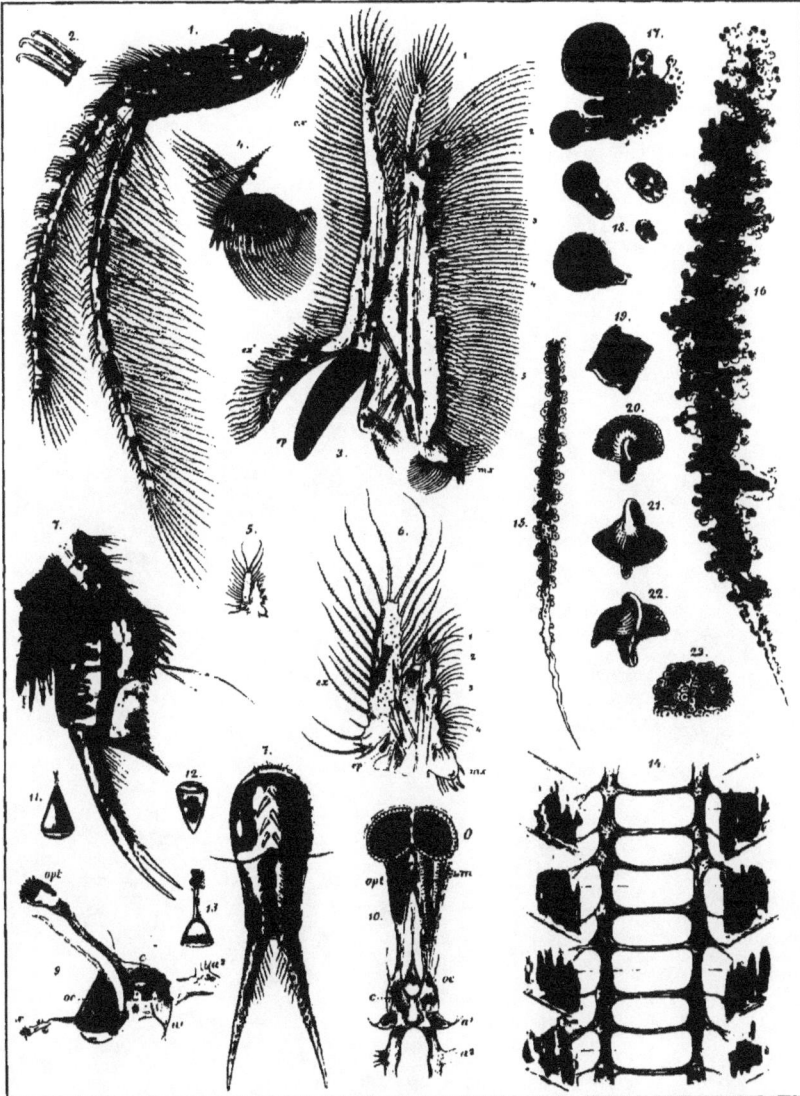

Limnadia lenticularis (Lin.)

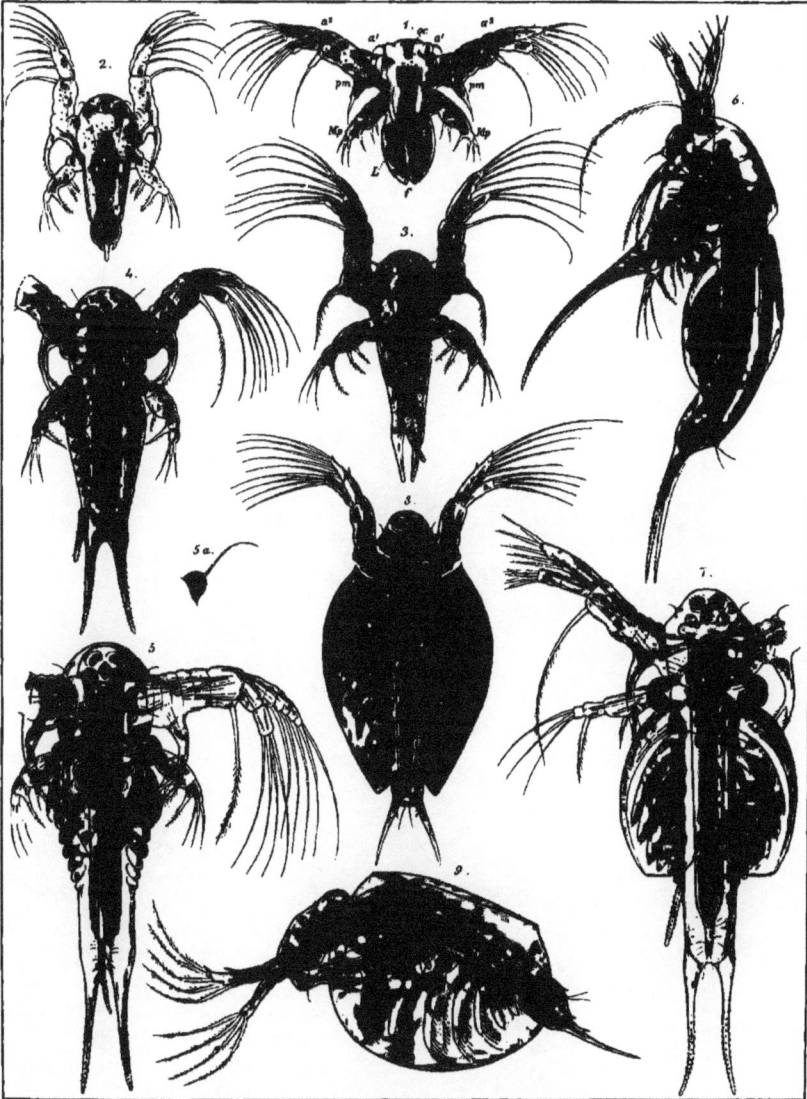

G. O. Sars   M.Lyng. lith Anst Christiania.

Limnadia lenticularis (Lin.).

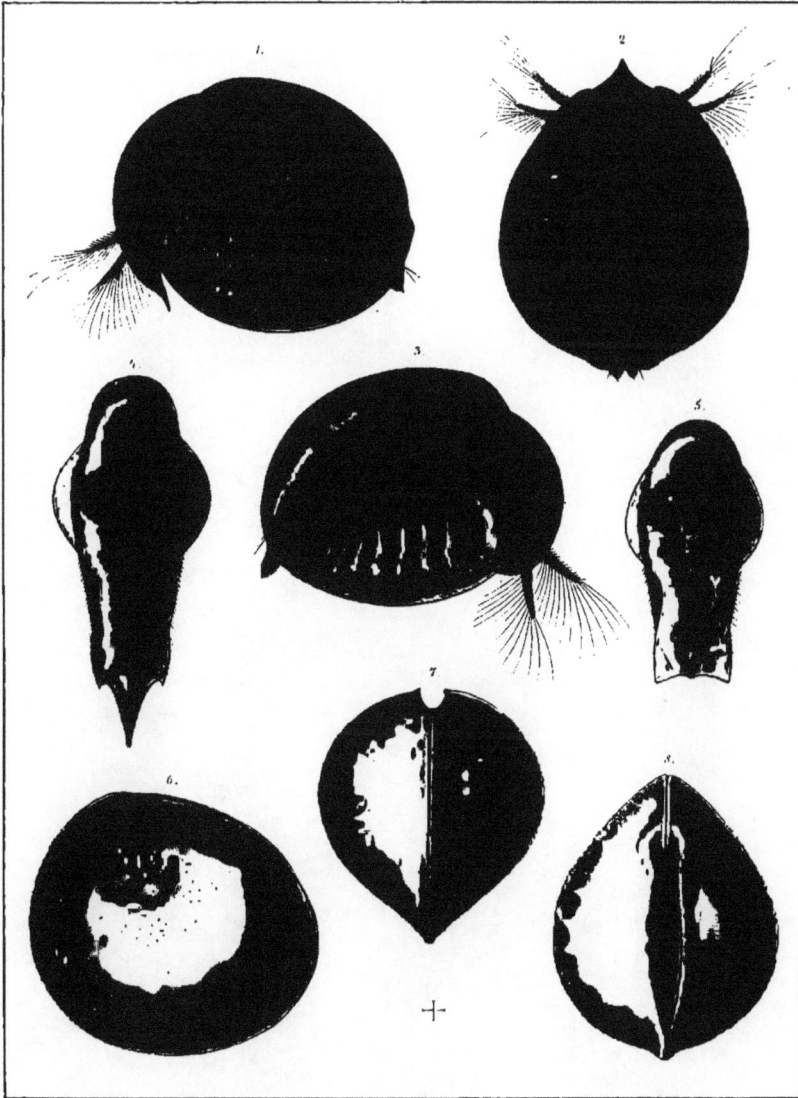

Limnetis brachyura, (Müller).

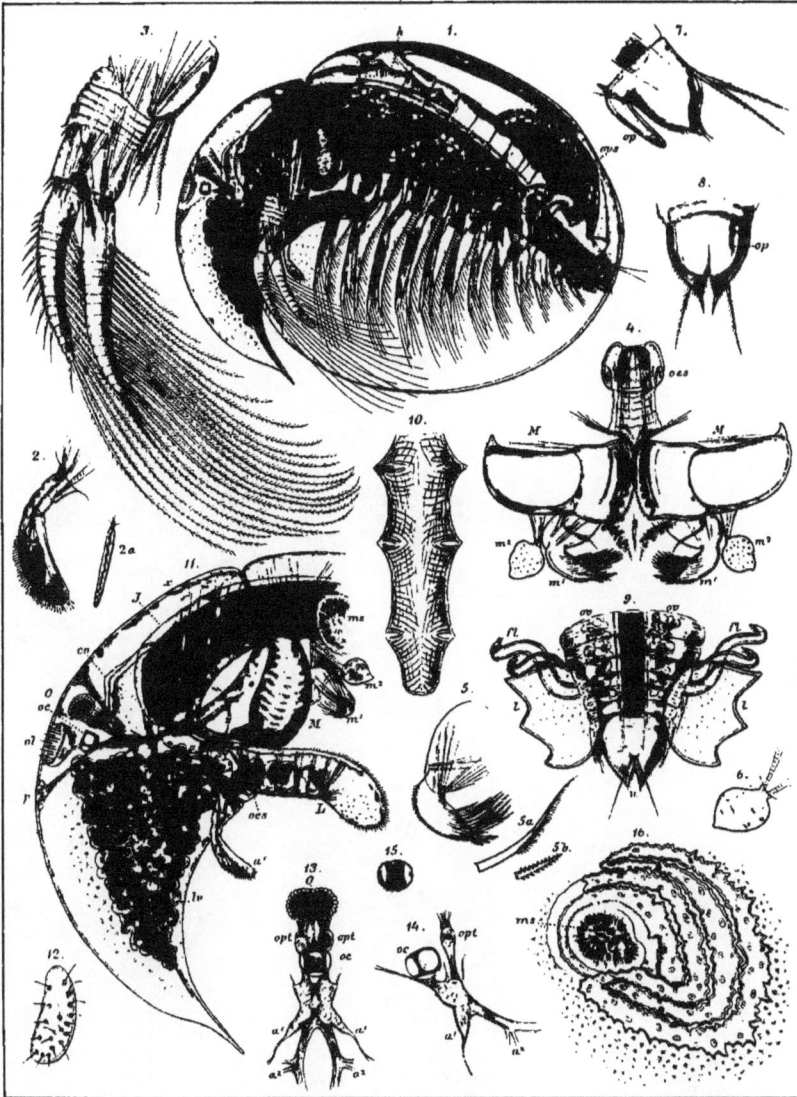

G. O. Sars del.   M. Lyng's lith. Anst. Christiania.

Limnetis brachyura, (Müller)

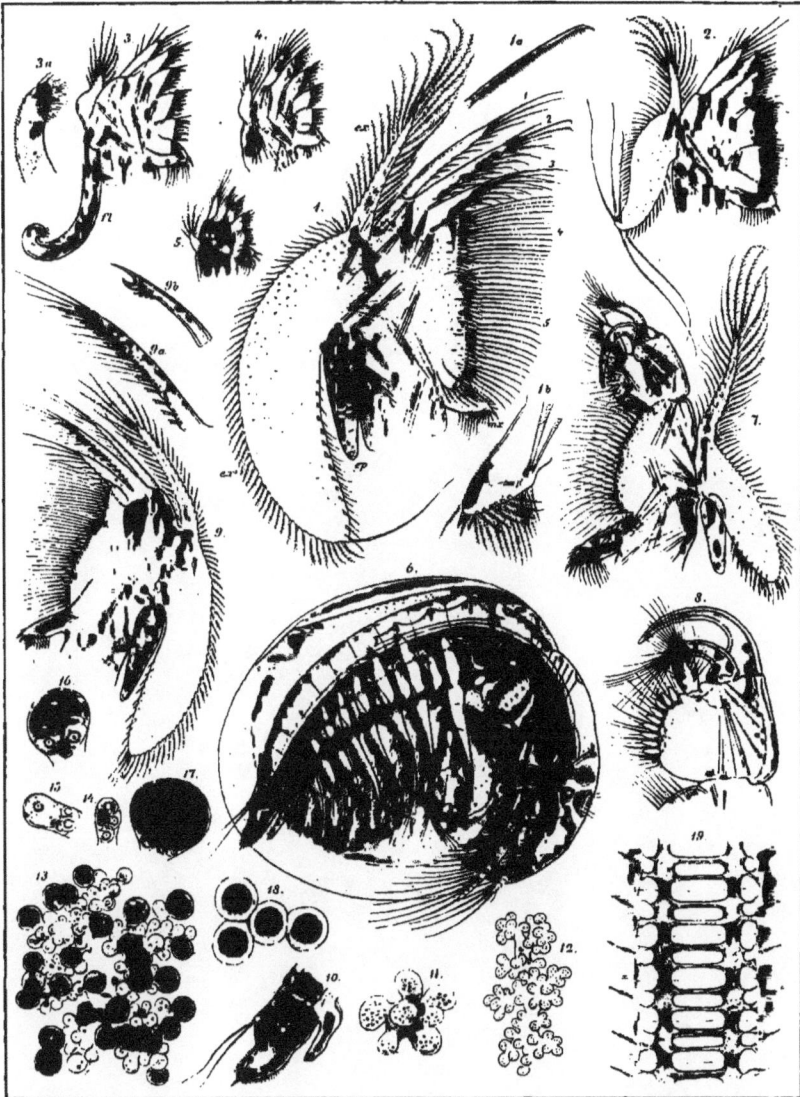

G. O. Sar. l.

M. Lyng. lith Anst Christiania.

Limnetis brachyura, (Müller).